Theodor Hermann

Zur Lehre vom Kaiserschnitt

Theodor Hermann

Zur Lehre vom Kaiserschnitt

ISBN/EAN: 9783744668224

Hergestellt in Europa, USA, Kanada, Australien, Japan

Cover: Foto ©berggeist007 / pixelio.de

Weitere Bücher finden Sie auf **www.hansebooks.com**

Zur

Lehre vom Kaiserschnitt

von

Dr. Th. Hermann.

Bern,
R. F. Haller'sche Buchdruckerei.
1864.

Den

Freunden meines seligen Vaters,

Herrn Dr. J. J. Hermann,

gew. Professors der Geburtshülfe an der Universität Bern,

sowie

allen meinen Freunden und Gönnern

widme aus Dankbarkeit

diese Schrift.

Th. Hermann.

Vorbemerkung.

———

Drei im hiesigen Gebärhause ausgeführte Kaiserschnittoperationen, sowie 5 Mittheilungen über solche von Freunden und Collegen, setzen mich in den Stand, einen kleinen Beitrag zur wichtigen Lehre dieser Operation zu liefern, welchem ein Anhang von mehreren zu derselben in Beziehung stehenden Geburtsfällen als nicht uninteressante Vervollständigung dienen mag.

Dieser Mittheilung von Operations- und Geburtsgeschichten erlaube ich mir einige Erörterungen über den Kaiserschnitt an Todten und an Lebenden beizufügen, ohne denselben indessen eine besondere wissenschaftliche Bedeutung vindiciren zu wollen. Dem wohlwollenden Leser überlasse ich übrigens gerne das billige und — ich ersuche darum — nachsichtige Urtheil.

Den verehrten Freunden und Collegen, welche es mir durch ihre gefälligen Mittheilungen ermöglichten, diese Arbeit vollständiger und interessanter zu machen, spreche ich hiemit meinen verbindlichsten Dank aus, und bitte Sie mich entschuldigen zu wollen, dass mein Versprechen der Veröffentlichung ihrer Referate nicht sofort in Erfüllung gehen konnte. Ich hoffe Sie werden sich weder durch diese Säumniss, noch durch die Art der Verwendung ihrer Berichte abhalten lassen, mich ferner mit interessanten Mittheilungen aus dem Gebiete der Geburtshülfe oder der Gynäkologie zu erfreuen und zu beehren.

Diese Schrift ist vor Allen den Freunden meines seligen Vaters gewidmet. — Aber auch meinen Freunden und Gönnern, welche zwar grossen Theils mit zu den Ersteren gehören, widme ich diese Arbeit als Zeichen der Anerkennung und des Dankes. — Indem ich nun dieser nur Freunden zunächst bestimmten Abhandlung eine kurze biographische Skizze meines theuren Vaters vorausschicke, glaube ich gewissermaassen eine Forderung des Dedicationszweckes zu erfüllen, anderer Seits aber auch die Pflicht des ersten Erben der Verdienste des Dahingeschiedenen.

Der Verfasser.

Inhaltsverzeichniß.

Corrigenda.

Der geneigte Leser möge die in der Schrift vorkommenden Styl-, Orthographie- u. dgl. Fehler, welche der leider zu flüchtig vorgenommenen Correctur entgangen sind, mit Nachsicht übersehen; die meisten sind indessen zu augenfällig, um einer besondern Aufzählung zu bedürfen und keine so sinnentstellend, dass sie einen Commentar nöthig machten.

Prof. Dr. J. J. HERMANN.

(Biographische Skizze.)

In der Voraussetzung, manchem Freunde und Collegen meines seligen Vaters ein willkommenes Andenken an einen geliebten und geachteten Dahingeschiedenen bieten zu können, erlaube ich mir eine kurze biographische Skizze eines Mannes zu bringen, der in so Vieler Herzen sich eine bleibende Stätte erworben hat. Es geschieht diese Mittheilung also nicht zum Zwecke, die Verdienste des Verstorbenen öffentlich hervorheben zu wollen, denn solches Beginnen würde der Denkungsweise desselben wenig entsprechen, sondern ich werde in anspruchsloser Weise, einzig im Gefühle der Liebe und Dankbarkeit, eine kurze Darstellung des Lebens und Wirkens eines Dahingeschiedenen mittheilen, dem Achtung, Liebe und Anerkennung von allen Redlichen gezollt wird, die ihn näher kannten, der in seiner ganzen Erscheinung das Bild der Einfachheit, Bescheidenheit und Redlichkeit darbot, in seiner Herzensgüte so gerne Jedem, der ihm auf seinem Lebenswege wohlwollend entgegen kam, die freundliche und biedere Hand reichte, gerne jedes Verdienstes Anderer sich freute, und selbst gegen Diejenigen die zarteste Rücksicht und Milde in Gesinnung und Handlung stets bewahrte, welche er nicht seine Freunde nennen durfte. — Sein Streben ging nicht nach Ruhm und Ehre, sondern mit frommer Hingebung, ja mit Selbstaufopferung widmete er sich einzig dem Dienste der leidenden Menschheit.

1

Am 10. November 1790 in Vevay in der Waadt geboren, verlor der Verewigte schon am neunten Tage seines Lebens die treue Mutter. Auf dem Gottesacker zu St. Martin wurde sie bestattet, und nie besuchte der Jüngling, der silbergraue Greis jene Gegend, ohne die Ruhestätte seiner nie gekannten Mutter zu besuchen. Es waren ihm diess heilige Augenblicke, deren Eindrücke nicht wenig zu der Stimmung seiner Seele im Allgemeinen, wie zu derjenigen des sorgsamen Arztes und Freundes an Schmerzenslager und Wiege beigetragen haben. — Obschon ihm also die Vorsehung das Glück entzogen hatte, in zarter Kindheit von sorglicher Mutterhand geschirmt und geleitet zu werden, so ersetzte ihm die Liebe und Sorgfalt eines vortrefflichen Vaters, was an Mutterliebe und Muttersorge ersetzt werden konnte. Ein Mann von strengster Biederkeit, vielleicht nur zu Enthusiast für alles Schöne, Edle und Gute, ein warmer Freund seines engern und weitern Vaterlandes, konnte nicht anders, als schon in der frühesten Jugend seinem Kinde das Gepräge strengster Rechtlichkeit, den Sinn für Edles und Schönes, und eine aufopfernde Vaterlandsliebe zu übermitteln, welche Eigenschaften denn auch Grundzüge des Dahingeschiedenen blieben bis zu seinem Sterbebette. Auch die Herzensgüte seines Vaters, getragen und ausgebildet in freundlichen Familienverhältnissen, giengen auf den Knaben über, und vermochte durch so viele Sorgen und Widerwärtigkeiten seines Lebens nicht geknickt zu werden.

Seine acht ersten Kinderjahre brachte der Knabe in Vevay zu, bis mit dem Einzuge der Franzosen in die Waadt sein Vater, als Angestellter der Regierung von Bern, sich flüchten musste, und denselben zunächst dem deutschen Pfarrer in Lausanne zur Obhut übergab, bis er ihn einige Wochen später, im Februar 1798, zu sich nach Bern nehmen konnte. Nicht ohne Gefahr war für den kleinen Flüchtling die Reise durch das mit Truppen angefüllte Land, doch der achtjährige Knabe kam als „Citoyen" glücklich durch die republikanische Soldateska.

Als der deutschen Sprache unkundig hatte es Schwierigkeiten, den Knaben in einer hiesigen Schule unterzubringen, und der „Wälsch", wie ihn die Schuljugend nannte, hatte viel Neckereien von derselben zu erfahren, bis er, seine angestammte Sanftmuth einmal verläugnend, in einer tüchtigen „Prüglete" eine respektvollere Stellung sich zu verschaffen wusste. — Das sogenannte „Meissner-Institut" war damals die angesehenste Schule der Stadt, in diese trat denn auch der Knabe ein, bis die neu reorganisirte Kantonsschule eröffnet wurde, in welche er sogleich übergieng, und die er nicht wieder verliess, bis er im Jahre 1808 als Stud. med. auf der bernischen Akademie immatriculirt wurde.

Die Wahl des Berufes schwankte zwar einige Zeit zwischen demjenigen eines „ Baumeisters " und dem des Arztes, sie konnte schliesslich aber doch wohl nicht anders und den Charaktereigenthümlichkeiten entsprechender ausfallen, als es geschehen, und es ist nicht zu verkennen, dass diese letzteren, sowie das Streben nach einem ächt und direkt menschenfreundlichen Wirken auch später die Bahn bezeichneten, auf welcher die gütige Vorsehung meinen Vater geleitet hat, trotz vieler Schwierigkeiten und eigenthümlicher Verhältnisse, die ihn so oft von derselben weg zu drängen drohten.

Während seiner Studienzeit waren es besonders die anatomischen Fächer, welche mein Vater mit besonderer Vorliebe bearbeitete, und manche Nacht brachte er theilweise oder ganz am Präparirtische zu. Er erwarb sich mehrere Prämien, aber namentlich auch das besondere Wohlwollen und die Freundschaft des später nach Tübingen berufenen, als Anatom und Physiolog noch jetzt unter den Gelehrten in hohem Ansehen gebliebenen Prof. Emmert, älter, sowie des damaligen Prosektors, Prof. Hofstetter, und vielleicht besitzt noch jetzt das anatomische Cabinet Präparate von meines Vaters Hand aus damaliger Zeit. Noch bis in sein späteres Alter erinnerte er sich mit Freuden jener Studienjahre, die neben angestrengter Arbeit auch so viele freundliche und erheiternde Stunden boten. In jene Zeit fällt auch die Begebenheit, welche mein Vater später in Zschokke's Erheiterungen (1817, Hft. 4) unter dem Titel: „ Eine Nacht auf der Anatomie " auf so ansprechende Weise beschrieben hat. Aber auch die Geburtshülfe widmete sich mein Vater schon damals mit Interesse; er stand in besonderer Gunst bei dem damaligen Lehrer des Faches, Herrn Prof. Schiferli, wie er denn auch überhaupt sich des Wohlwollens aller seiner Lehrer zu erfreuen hatte.

Nach drei Jahren fleissiger Studien nahm der junge Mann am Ostermontag 1812 den Wanderstab in die Hand, um sich auch im Auslande umzusehen und seine Kenntnisse zu bereichern. Was ihn bewog, seine Schritte nach Erlangen zu lenken, ist mir nicht bekannt, das aber ist gewiss, dass er vom dortigen Aufenthalt wenig befriedigt heimkehrte und fast nur Hildebrandts Collegien ihm in angenehmer Erinnerung geblieben sind. Was ihm übrigens den Aufenthalt in dem freundlichen Erlangen trübte und ihn vielleicht weniger empfänglich machte für die ihm dort gebotenen geistigen Genüsse, war einestheils ein etwas wild ausgeartetes Corpsleben der Studirenden, welches ernsten Studien so hinderlich ist, andererseits aber ein unaussprechliches Heimweh, das sich seiner bemächtigt hatte, und aus dem ihn seine wenigen treuen Freunde nicht heraus zu reissen vermochten. Er lebte erst wieder auf, als er den Entschluss gefasst hatte, sein liebes Bern, die lieben Seinen, und vor Allen die ihm damals schon mehr als blosse Jugendgespielin theuer gewordene Freundin, seine nachmalige Gattin, wieder zu besuchen. Im September gleichen Jahres durchwanderte er dann, den Sack auf dem Rücken, mit jedem Schritte kräftiger aufathmend, die Gauen Deutschlands seiner Heimath entgegen. Da er sich aber seiner vermeintlichen Schwäche schämte, so wurde die Reise incognito ausgeführt; nach eingebrochener Nacht umgieng er die Stadt, um zum Landhause zu gelangen, das seine Lieben bewohnten. Man kann sich wohl das Erstaunen und die freudige Ueberraschung derselben denken, als sie dem Pilger die Thüre öffneten und den einige hundert Stunden entfernt Gewähnten, in seinem Heimweh Betrauerten, vor sich stehen sahen! Offene Arme von allen Seiten empfiengen ihn, nur sein Vater konnte trotz der Freude des Wiedersehens eines leisen Kopfschüttelns sich nicht erwehren.

Doch des Verweilens am heimathlichen Herde war nicht lange, denn nur wenige Tage strengen Incognitos waren vergönnt. Im October 1812 wanderte mein Vater wieder mit dem Stock in der Hand über den Rhein, um die berühmte Universitätsstadt Würzburg zu besuchen, wohin ihn vorzüglich der Name Ad. Elias von Siebolds lockte, der als Professor der Geburtshülfe und Vorsteher des dortigen Gebärhauses zu den ersten Koryphäen seines Faches gehörte. Es wurde ihm auch die Freude, bei demselben später sein Domicil aufschlagen zu können und als Freund des Hauses gerne gesehen und geschätzt zu sein. — In welchem freundlichen Andenken bei allen Familiengliedern er verblieb, erfuhr ich selbst 30 Jahre später aus dem Munde des Physiologen Prof. Dr. von Siebold, eines Neffen des Obigen, damals in Erlangen, welcher in freundlicher Erinnerung an meinen Vater, der ihn so oft auf den Knieen geschaukelt, mich besonders zu sich einladen liess, als er meine Anwesenheit daselbst erfahren hatte.

So wenig meinem Vater der Aufenthalt in Erlangen entsprochen hatte, so vollkommen befriedigt war er von demjenigen in Würzburg. Der Spital, aber vor Allem das Gebärhaus nahmen seine volle Thätigkeit in Anspruch, und namentlich

ehrte und schätzte er die Lehren seines Meisters Siebold, dessen getreuer Jün-
ger er bis zum Ende seiner Tage blieb. Obschon nun als fleissiger Student
Kliniken und Hörsäle regelmässig besuchend, so blieb er dennoch andern Genüssen,
die sich ihm reichlich darboten, nicht fremd. Als angenehmer Gesellschafter wurde
er bald in viele öffentliche musikalische und gesellige Zirkel, sowie in engere
Familienkreise eingeführt und fühlte sich da bald heimisch. Als flotter Bursche
fehlte er weder bei den Commerschen noch auf dem Fechtboden, und wo namentlich ein Schweizer auf der Mensur einen „dummen Jungen" auszuwetzen hatte,
da musste der „Kypper" (sein damaliger Cerevisname) einschulen und secundiren.
Das gab ihm oft nur zu viel Distraktion in seine Studien, denn so oft wurde er
vom Studiertische geholt, wenn irgendwo „ein Scandal los war". Sein fried-
fertiger Sinn, die Achtung, welche er allgemein genoss, und die Art, wie er
sein Rapier zu handhaben verstand, machten ihm zu einer sehr geeigneten Persönlichkeit bei Schlichtung solcher Händel. Für seine Person stand er meines
Wissens niemals auf der Mensur, wohl aber wiederholt für Andere. So geschah
es z. B. auch ein Mal, als er aus patriotischem Eifer einem Compatrioten einen
dummen Jungen stürzte, der in rohen Auslassungen über die Regierung von
Bern raisonnirt und den damaligen Schultheissen von Wattenwyl auf gemeine
Weise beschimpft hatte.

Gegen das Ende seines Aufenthaltes in Würzburg gab's aus den wissen-
schaftlichen Studien nicht mehr viel. Die Franzosen durchzogen in grossen
Massen auf ihrem Rückzuge aus Russland auch die Stadt Würzburg; in Deutschland und namentlich unter der studierenden Jugend erwachte die Reaktion gegen
das Franzosenthum und bei jedem Anlasse machte sich dieser Franzosenhass
Luft, so dass bei der Menge französischen Militärs, welche stets in und um
Würzburg lagen, in allen Ecken und Enden Reibungen und Duelle zwischen
Offizieren und Studenten vorkamen, wobei Erstere fast immer den Kürzern
zogen.

In Würzburg befand sich damals ein grosser Militärspital, wo bei 400 französische Soldaten verwundet und krank lagen, und in welchem namentlich der
Typhus schrecklich hauste. Die deutschen Aerzte sollten diesen Spital besorgen,
es fand sich aber unter denselben wenig Lust zu solcher unerfreulicher Arbeit;
vier Schweizer waren es, die sich endlich aus Interesse und Mitleiden zu diesem
Geschäfte willig zeigten, nämlich: Stapfer, Salchli, Wyttenbach und mein

Vater. Allein es waren traurige Tage des Jammers, der Entbehrung und roher Behandlung, welche ihnen als Dank für ihre menschenfreundliche Aufopferung geboten wurden. Als die Beschwerden jedoch bis zur Unerträglichkeit gewachsen waren, verliessen alle vier mit einander den Ort des Schreckens, und mein Vater kehrte in seine Heimath zurück. Es war im October 1813. Noch in seinen späten Tagen erzählte er nur mit Abscheu von dem, was er während jenes Spitalaufenthaltes sehen und erfahren musste.

Nach seiner Vaterstadt zurückgekehrt, sollte nun das Staatsexamen absolvirt werden, allein bald wurde die Präparation auf dasselbe durch neuen Kriegslärm unterbrochen, denn nach wenigen Wochen (um Weihnachten 1813) marschirten schon die Alliirten durch die Schweiz, und in Bern, auf der Schützenmatte (Schützenhaus) wurde ein Militärspital errichtet, für welchen man auch meinen Vater requirirte. Kaum hatte er aber 14 Tage lang seinem beschwerlichen Dienste hier vorgestanden, als er vom schwersten Spitaltyphus ergriffen wurde. Lange lag er hoffnungslos darnieder, denn während sechs Wochen befand er sich in bewusstlosem Zustande und in steten Delirien, so dass täglich sein Ende erwartet werden musste. Erst im Frühjahre 1814 genas er endlich langsam aber vollständig von dieser schweren Krankheit.

Unterdessen hatte sich ganz Deutschland in ein Feldlager umgewandelt. Alles griff zu den Waffen, den Befreiungskrieg mitzufechten; überall bildeten sich Freiwilligenkorps und mein Vater wurde durch Vermittlung des Herrn Hofrath von Schiferli nolens volens ebenfalls in ein solches eingereiht. Er kam als Bataillonsarzt in preussischen Dienst, zu den preussisch-bergischen Jägern zu Fuss, ein Freikorps, aus jungen Leuten der gebildeteren Klasse zusammengesetzt, welche ihre Offiziere und Unteroffiziere aus ihrer Mitte frei wählten und einzig ihren Obersten von der Regierung erhalten hatten, ein Mann, dessen ganze Haltung Achtung und Liebe gebot.

Kaum von der schweren Krankheit wieder zu frischem Lebensmuth erwacht und gekräftigt, wurde also mein Vater in den Militärrock gesteckt, und ihm von gewisser Seite eine militärische Carriere bestimmt, zu welchem Zwecke es ihm nicht an hohen Empfehlungen gebrach. Einmal Soldat, konnte er sich nicht genug Glück wünschen, bei diesem Corps so angenehme Verhältnisse anzutreffen. Auch hier fand er sich bald in einem Freundeskreise, namentlich aber schloss sich mein Vater mit voller Wärme und mit aller Kraft jugendlicher Phantasie an einen der Offiziere — sein Erstgeborner musste dessen Namen tragen, und noch im grauen Haare schwoll ihm das Herz, wenn er der mit jenem Freunde selig durchschwärmten Stunden gedachte. Doch wie wenige dieser schönen Blüthen der Jugendfreundschaft erhalten sich frisch und ungeknickt bis unter den Schnee des Alters! — Das erfuhr unser guter Vater in der höflich-kalten Umarmung seines alten Waffengefährten nach 46 Jahren der Trennung! — Wie anders bei seinem Universitätsfreunde, Prof. Birnbaum in Giessen! — Hier empfieng ihn nach noch längerer Trennung die herzlichste Liebe! — In freudiger Erinnerung an die schöne Blüthenzeit ihrer Jugendfreundschaft quollen die Herzen der ergrauten Männer wieder wärmer auf, und die Betrachtungen ihrer mannigfaltigen Erlebnisse und reichen Erfahrungen in den Wechselfällen des Lebens gaben diesen trauten Stunden des Wiedersehens um so höhere Weihe, als beide Freunde mit dankerfülltem Gemüthe die wohlwollende Hand der Vorsehung anerkannten, die sie bis dahin durch so manche Prüfung geleitet hatte. In freudiger, aber ahnungsvoller Rührung besiegelten sie bei der letzten Umarmung durch den letzten Abschiedskuss den jugendlichen Freundschaftsbund. — Die treuen Freunde haben sich nach kurzer Trennung im Jenseits wiedergefunden!

Doch kehren wir zur militärischen Laufbahn meines Vaters zurück. Sie dauerte nicht lange. Im Mai 1814 traf er bei seinem Corps ein, und im Spätherbst gleichen Jahres, nicht lange nach dem Einzuge der Verbündeten in Paris, wurde dasselbe wieder abgedankt, worauf mein Vater in die Heimath zurückkehrte. Das Corps stand bei den Reserven und kam zu keinem erheblichen Treffen. Die Belagerung und Beschiessung von Mainz durch die Alliirten und der Einzug derselben in Stadt und Festung, während die Franzosen auf der gleichen Heerstrasse dieselben verliessen, gehören zu den interessantesten Episoden aus dem Kriegsleben meines Vaters. Es war aber überhaupt eine interessante Zeit, und er erzählte bisweilen z. B. von den Eigenthümlichkeiten der verschiedenen Truppenkörper so mannigfaltiger Nationalitäten, die er damals zu beobachten Gelegenheit hatte. Es ist jedoch einleuchtend, dass unter solchen Umständen zu militärärztlicher oder chirurgischer Ausbildung wenig Anderes geboten war, als was etwa die nicht geringen Strapazen aller Art, namentlich auf öftern strengen Tagmärschen mit schwer bepacktem Sacke mit sich brachten; denn da war kein Bagagewagen, der mit Tornistern beladen werden und für jede

Blätter am Fuss einen Invaliden aufnehmen konnte. Die Herrchen mussten als Soldaten nebst dem Tornister und einem kleinen Stutzer noch Munition und alle Feldgeräthschaften auf ihren Schultern tragen. Wo es aber hiess auszuhalten, marschirte der schnurrbärtige Oberst zu Fuss vor der Truppe her, und liess seine beiden Pferde an der Hand nachführen, ging überall mit seinem Beispiele voran, und theilte Freud und Leid ohne Unterschied mit seinen Soldaten. Im Quartiere liebte er bei strenger Disciplin Scherz und Heiterkeit, und wo's zu dergleichen Gelegenheit gab, durfte der Doctormajor nicht fehlen. In finsterer Nacht kam z. B. ein Mal eine Extrastaffete mit der Meldung, der Doctormajor solle eiligst in's Hauptquartier zum Oberst, wo ein wichtiger Fall seine Gegenwart verlange. Mein Vater liess satteln, ritt im scharfen Trabe in's entfernte Hauptquartier und fand da die Wohnung des Obersten mit Wachten umstellt, welche strenge Ordre hatten, zwar jeden Offizier in's Haus, aber keinen ohne Erlaubniss des Obersten hinaus zu lassen. In einem geräumigen Saale traf er nun eine zahlreiche Versammlung von Offizieren um eine grosse in der Mitte des Zimmers stehende Kufe versammelt, aus welcher glühender Punsch sein angenehmes Arom verbreitete. Mit freudigem Zuruf wurde der herbeigeeilte Doctor empfangen und die Burschenlieder, welche er anstimmen musste, abwechselnd mit Kriegs- und Vaterlandsgesängen durchhallten in fröhlichem Chore die Räume bis zum hellen Morgen.

Trotz der so angenehmen Beziehungen, in denen die Stellung meines Vaters nur eine erfreuliche sein konnte, ward er doch des Militärlebens herzlich müde, und nach Abdankung seines Corps wollte er keine militärische Stellung mehr annehmen, obschon seine Empfehlungen ihm eine schöne weitere Laufbahn in Aussicht stellten. Er wollte seine Kräfte dem Vaterlande widmen. Auch schien ihm die Stellung eines Militärarztes in Friedenszeiten keinen Wirkungskreis zu bieten, der seinem Streben nach einer nützlichen Thätigkeit in der menschlichen Gesellschaft entsprechen könnte.

Von Neuem zum heimischen Herde zurückgekehrt, sollte nun nach langer Unterbrechung die Präparation zum Staatsexamen das erste Geschäft sein, allein auch dieses Mal hatte es die Vorsehung anders gefügt Herr Dr. Flügel, nachmaliger eidgenössischer Oberfeldarzt, beabsichtigte zu dieser Zeit aus Locle, wo er etablirt war, in seine Vaterstadt Bern überzusiedeln und bot meinem Vater, seinem Jugendfreunde, an, die von ihm zu verlassende Stellung einzunehmen, was denn auch angenommen wurde.

Eine provisorische Bewilligung gestattete die Niederlassung als praktischer Arzt in Locle, und erst nachdem mein Vater sich bereits eine befriedigende Existenz gesichert hatte, wurde er unerwartet zur Bestehung des Examens einberufen, das er zur vollsten Zufriedenheit seines einzigen Examinators, Dr. de Pury, ablegte. Es bestand dasselbe jedoch in nichts Anderem, als in einer schriftlichen Arbeit und einem gemüthlichen Colloquium beim Mittagessen und schwarzen Kaffee über Studiengang und bisherige Laufbahn des Examinanden. Denn als dieser glaubte, nun werde er in das Prüfungslokal begleitet werden, machte ihm Herr Dr. de Pury ein Compliment und entliess ihn höflich mit der Bemerkung, er werde in den nächsten Tagen sein Patent erhalten.

Aber auch jetzt wieder machten der von Elba zurückgekehrte Napoleon und die Alliirten meinem Vater einen Strich durch die Rechnung, denn kaum hatte sich seine Stellung in Locle consolidirt, so musste er mit den Eidgenossen an die französische Grenze und mit einer neuenburgischen Artillerie-Compagnie, bei der Division Pourtalès, 14 Wochen im Felde stehen. Sie waren bis Pontalier in französisches Gebiet vorgerückt, als sie nach dem zweiten Sturze Napoleons wieder entlassen wurden.

Im Herbste 1815 wurde in Bern die Stelle des Prosectors der Anatomie vakant. Mein Vater bewarb sich um dieselbe, erhielt sie mit einem Gehalte von Fr. 800 a. W. und ward im Jahre 1816 als Docent der Osteologie habilitirt. Im folgenden Jahre (1817) machte er dann das chirurgische Staatsexamen und als kurz darauf die schon seit Jahren — zwar unregelmässig — bestandene Hebammenschule, wo mein Vater zeitweise Kurse gegeben hatte, mit der damals im Inselspital sich befindenden sogenannten Nothfallstube für arme Gebärende, welche kein Domicil hatten, vereinigt und zugleich reorganisirt wurde, übergab man ihm den praktischen Theil des Unterrichtes, während Herr Dr. Lindt den theoretischen Theil vortrug. Letzterer resignirte aber schon im folgenden Jahre auf diese Stelle, so dass von 1818 an mein Vater den Hebammenunterricht allein leitete.

Wir sehen ihn also im Jahre 1816 seine Laufbahn als akademischer Lehrer, freilich erst als unbesoldeter Dozent antreten, eine Bahn, welche er bis zu seines Lebens Ende nicht mehr verliess, auf welcher er nicht nur in verschiedenartige Stellungen gesetzt wurde, sondern auch den Wechsel des Glückes und die Wirkungen der Gunst oder Ungunst oft auf sehr empfindliche Weise erfahren musste. Im Bewusstsein treuer Pflichterfüllung jedoch, und in der tiefsten Ueberzeugung, dass alle menschlichen Gewebe der Leitung Gottes unterworfen — und dass, was Er thue, wohl gethan sei, liess er sich in seiner edlen Lebensanschauung nicht beirren, sondern nahm dankbar die ihm zukommenden Beweise der Anerkennung an, und wirkte muthig weiter zum Wohl der Leidenden.

Im Jahre 1819 wurde Prof. Meyer nach Bonn berufen, der erledigte Lehrstuhl für Anatomie und Physiologie aber nicht demjenigen übergeben, welcher die erste Anwartschaft auf denselben hatte, sondern einem Freunde meines Vaters, Herrn Dr. Ith, freilich mit der Bedingung, die Anatomie durch Erstern lesen zu lassen und das Honorar von Fr. 1600 mit ihm verhältnissmässig zu theilen, was denn auch nicht ohne Schwierigkeiten in Ausführung kam und nur dadurch möglich wurde, dass der loyale Charakter beider Betheiligten eine Uebereinkunft ermöglichte. Mein Vater war nun Prosektor und besoldeter Docent der Anatomie. Allein diese Anordnung war nicht nach dem Sinne gewisser Hochmögender, daher schon im Jahre 1821 Prof. Meckel auf den Lehrstuhl der Anatomie berufen wurde und ersterer in seine frühere Stelle als Prosektor und Docent der Osteologie, jedoch nicht für lange Zeit, zurücktreten musste. Meckels gerader und biederer Charakter liess indess meinen Vater diese Zurücksetzung nicht fühlen, sondern in Kurzem hatte sich zwischen Beiden das freundlichste Verhältniss gegenseitiger Achtung und Freundschaft eingestellt, von welchem der Verstorbene stets mit wohlthuender Erinnerung an jenen von ihm hochgeachteten Mann zu sprechen pflegte.

Im Frühjahr 1829 wurde Meckel von diesem Leben abberufen und seine Stelle zum Concurs ausgeschrieben. Neben Froriep und Mohl gab auch mein Vater Concursarbeiten ein und hatte die Satisfaktion, über die erstern den Sieg davon zu tragen. Im Jahre 1829 erhielt er also seine erste Professur nicht nur als Lehrer der Anatomie, sondern auch der gerichtlichen Arzneikunde und Diätetik. In dieser Stellung verblieb er bis zur Gründung der Hochschule 1834. — Im Verlaufe dieser Zeit wurde ihm — im Jahre 1831 — das Patent als Stadtarzt ertheilt.

Von 1816 bis 1834, also 17 Jahre lang, war demnach der Verblichene auf der Anatomie thätig. Ueber seine Leistungen könnten zunächst seine damaligen

Mitarbeiter Zeugniss ablegen, namentlich aber mögen solches seine noch lebenden Schüler thun, deren einstimmiges Lob, sowie die Aussprüche dankbarer und
freundlicher Erinnerung, welche ich aus jenen Zeiten von ihnen zu hören oft
genug Gelegenheit hatte, mich glauben lassen, dass diess nicht Schmeichelreden
waren, sondern der wahre Ausdruck freundlicher und anerkennender Gesinnung.
Aber auch die Cataloge und Berichte über die anatomische Präparatensammlung,
sowie die von mir noch vorgefundenen, von des Verstorbenen Hand geschriebe-
nen Zuhörerverzeichnisse beweisen thatsächlich den Fleiss, das Interesse und die
Erfolge, mit welchen der Verewigte damals sich seines Amtes annahm. Auch
über gerichtliche Arzneikunde und Diätetik fand ich in seinem Nachlasse fleissig
ausgearbeitete Hefte; wie ich aber aus seinem Munde vernommen, hatte er nur
ausnahmsweise Gelegenheit zum Vortrage dieser Fächer.

Unterdessen hatte der Professor der Anatomie über seinen daherigen Arbeiten
sein Lieblingsfach, die Geburtshülfe, nicht vernachlässigt, musste doch schon
seine Stellung als Hebammenlehrer ihm solche nahe bringen. Die geburtshülfliche Privatpraxis lag zwar damals grösstentheils in der Hand des auch als
Chirurg allgemein bekannten und geachteten Operators Leuch. Die freundlichen
Beziehungen zu diesem vielerfahrenen und treuen Beobachter der Natur, dessen
Assistent mein Vater bei vielen schwierigen Entbindungen war, machten indessen
auch die Erfahrungen dieses ausgezeichneten Praktikers zu den seinigen; wie
denn auch seine literarischen Arbeiten fast ausschliessslich geburtshülflichen In-
halts waren, theilweise Mittheilungen aus der Leuch'schen Praxis.

Als selbstständiges Werk erschien schon im Jahre 1824 das „Manuel des
sages-femmes, par J. J. Hermann, " als erstes, der neuern Geburtshülfe angepass-
tes französisches Hebammenbuch, welches vollkommene Anerkennung fand, und
vom Verfasser, nachdem das damals in Bern zum Unterrichte eingeführte Handbuch von Dr. R. A. von Schiferli vergriffen war, im Jahre 1832 in's Deutsche
übersetzt wurde. Der Lehrstuhl der Geburtshülfe, als eines Faches, welches
dem Streben nach direkterer Bethätigung zum Wohle der Leidenden weit höheres Gegnüge bieten konnte, als die allerdings höchst wichtigen und interessanten Doktrinen der Anatomie, war von jeher der Wunsch des nun Dahingeschiedenen. Es ist somit ganz natürlich, dass mit der Eröffnung der Hochschule, als es sich um die Ernennung eines Professors der Geburtshülfe handelte,
er sich vor Allem um diesen Lehrstuhl bewarb, wozu er um so mehr berechtigt

sein konnte, als er sich in diesem Fache bereits einen Namen erworben hatte, der zwar nicht weithin, aber im engern Kreise um so reiner klang. Dieser gute Name hatte manche Schwierigkeiten zu überwinden, die seiner Ernennung in den Weg gelegt wurden, und es auch vermochten, dass seine erste Ernennung nur eine provisorische war. Es erfolgte indess im folgenden Jahre 1835 die definitive Erwählung zum ausserordentlichen Professor der Geburtshülfe, als welcher er theoretische und praktische Geburtshülfe zu lehren hatte. Im gleichen Jahre wurde ihm, gleichzeitig mit den Herren Leuch, Flügel und Fueter, von der hiesigen medizinischen Fakultät das Doktordiplom überreicht.

Es würde zu weit führen, und wäre auch nicht ganz der geeignete Ort, hier, die geschichtliche Entwickelung der geburtshülflichen Anstalten zu verfolgen, von der Zeit an, wo sie von meinem Vater übernommen wurden, bis zu ihrem gegenwärtigen Bestande, um hieraus eine getreuere Einsicht in den daherigen Wirkungskreis und die Leistungen des Verstorbenen erhalten zu können, oder anzudeuten, welche Schwierigkeiten und wechselnde, oft wenig erfreuliche Situationen sich an diese Vorgänge knüpften. Es bedurfte mehr wie ein Mal der ganzen Herzensgüte und frommen Ergebenheit des Verstorbenen, um mit derselben aufopfernden Pflichttreue seine Arbeit fortzusetzen und den Muth und das Vertrauen auf eine höhere Leitung, die sich denn stets wieder bewahrte, nicht sinken zu lassen. In Kürze sei über die Stellung meines Vaters zu jenen Anstalten nur Folgendes erwähnt. In einem frühern Privathause befand sich ein kleines Etablissement, zum Zwecke einer geburtshülflichen Klinik. Im Inselspital die bereits erwähnte Nothfallstube, und ferner existirte eine geburtshülfliche Poliklinik für Hebammenschülerinnen. Alle drei Anstalten, indirekt zusammenhängend, waren dennoch getrennt und nur theilweise unter der Direktion des Professors der Geburtshülfe und Hebammenlehrers; auch waren sie alle drei sehr beschränkt. Im Jahre 1836 nun wurden dieselben im gegenwärtigen Gebärhause, einer früher zu ganz andern Zwecken dienenden Gebäulichkeit, vereinigt; jede Abtheilung für sich bestehend gelassen, aber ausgedehnt, und das Ganze mit einer minimen Gehaltszulage der Direktion meines Vaters übergeben. In Folge dieser Vereinigung wurde er dann im Jahre 1837 zum Vorsteher der vereinigten Entbindungsanstalten ernannt.

So einleuchtend es nun sein muss, dass eine solche Anordnung in allen Beziehungen als ein wesentlicher Fortschritt, als eine höchst zweckmässige

Massregel begrüsst werden musste; ebenso einleuchtend wird es dem Sach-
kundigen erscheinen, dass die meinem Vater dadurch erwachsende Aufgabe eine
zeitraubende, anstrengende und wissenschaftliche Arbeiten so zu sagen unmöglich machende war, wenn man bedenkt, dass die drei kleinen Anstalten in wenig
Jahren zu doppeltem Umfange anwuchsen, so dass im Jahre 1860 circa 350
Gebärende (ungefähr ein Dritttheil poliklinisch) besorgt wurden; dass der Vorsteher der Anstalt als Professor der Geburtshülfe die theoretischen Vorlesungen
zu halten, in der Klinik allen Niederkünften auf der akademischen Abtheilung
(circa 150 jährlich) beizuwohnen, die pathologischen Vorkommenheiten bei allen
350 Pfleglingen einzig zu besorgen, ferner als Hebammenlehrer während zehn
Monaten des Jahrs täglich zwei Stunden Unterricht zu ertheilen, und endlich
als Oeckonom des Hauses alle administrativen Geschäfte der vereinigten Anstalten
(akademischen Entbindungsanstalt, sogenannten Insel-Kindbettstube, geburtshülflichen Poliklinik und Hebammenschule) zu besorgen hatte. Zu diesem Allem war
ihm bis zum Jahre 1853 keine andere Assistenz geboten, als ein Kredit von
Fr. 60 a. W. für einen Studirenden, der ihn in der Buchführung zu unterstützen hatte, und bei diesem Geschäftskreise bezog er — beiläufig gesagt —
eine Besoldung, mit welcher er ohne Privatpraxis eine Familie kaum zu erhalten im Stande gewesen wäre. Erst im Jahre 1853 kam mein Vater um die
Bewilligung der Creirung einer Assistentenstelle für den Vorsteher der Entbindungsanstalt ein, welche denn auch ohne Anstand ertheilt, und in meiner
Person dieselbe besetzt wurde. Bis in sein 62stes Altersjahr also hatte mein
Vater die Zeit und Kräfte raubende Arbeit der einzigen Besorgung aller Geschäfte des Gebärhauses, sowohl als wissenschaftlicher Vorstand, wie als
Oeckonom auf sich getragen. Ich danke der gütigen Vorsehung, dass es mir
beschieden wurde, ihm einen Theil seiner schweren Bürde noch zu einer Zeit
abnehmen zu können, wo sie den früher kräftigen Mann noch nicht ganz er-
drückt hatte.

Was seine Leistungen als Lehrer der Geburtshülfe anbetrifft, so stände mir
persönlich wohl zunächst ein Urtheil über dieselben zu, da ich selbst sein
Schüler bin, übrigens namentlich in Rücksicht auf den Standpunkt seiner
Schüler als Geburtshelfer wohl eine Ansicht zu äussern wagen dürfte. Allein
ich enthalte mich dessen, und will meine Collegen selbst sprechen lassen. Nur

in kurzen Zügen sei mir erlaubt, die Grundsätze anzudeuten, denen mein Vater in seinem theoretischen und praktischen Unterrichte folgte. Vor Allem stellte er sich die Aufgabe, praktisch tüchtige Geburtshelfer zu bilden, eine Auffassung, welche namentlich für unsere hiesigen Verhältnisse, wie fast für alle nicht in sehr grossem Massstabe angelegten Hochschulen, die einzig richtige und erspriessliche sein kann. In seinen Vorträgen fasste er daher die wichtigsten Lehren des Faches in einen einfachen, leicht zu übersehenden Rahmen zusammen, ohne theoretische Grübelei, Schönreden oder Suchen nach Effekten, und hob namentlich das nach seiner reichen Erfahrung Praktisch-brauchbare bestimmt hervor. Am Geburtsbette musste jeder Schüler Hand anlegen; selbst die kleinsten Handreichungen, und sonst den Hebammen zukommende Hülfe durfte er nicht verachten, daneben aber auch alle nicht zu schwierigen operativen Eingriffe selbst ausführen. Damit sie aber zur getreuen Natur- oder Geburtsbeobachtung angehalten und nicht zu blinden Handlangern degradirt würden, mussten sie ohne Formulare, ganz frei nach eigener Auffassung die von ihnen besorgten Geburten protokolliren, ein Geschäft, das, wenn es auch Vielen sauer wird und langweilig erscheint, doch die Quintessenz des praktischen Unterrichtes ist.

Schon in obiger grundsätzlicher Auffassung der Aufgabe eines Lehrers der Geburtshülfe war mein Vater ein Schüler *Adam Elias v. Siebold's*, er war es in noch strengerem Sinne in Rücksicht der Schule, welcher er angehörte. Man unterschied früher und zum Theil noch jetzt in Deutschland die *Osiander*'sche und die *Boër*'sche Schule. Erstere dem System raschen, operativen Eingreifens huldigend, Letztere ein wohl zu weit getriebenes expektatives Verfahren einhaltend, den Naturkräften möglichst Alles anvertrauend. *A. E. v. Siebold* hielt die Mitte zwischen Beiden, jedoch mehr der Osiander'schen Schule zuneigend. Interressant war für mich in der Selbstbiographie *Ed. Caspr. von Siebold's*, (Geburtshülfliche Briefe. Braunschweig 1862) des Obigen Sohn, zu lesen, wie er aus seines Vaters Schule hervorgehend, mehr der aktiven Heilmethode ergeben war, wozu das noch jugendliche Blut des Anfängers in Luzinens Kunst meist nicht wenig dazu mitwirkt, allmählig aber mit wachsender Erfahrung immer mehr dem passiven Verfahren zulenkte und Boër's Schule je länger je höher schätzen lernte.

Ganz ebenso gieng es meinem Vater, obschon so lange ich Gelegenheit hatte, seine therapeutischen Grundsätze zu beobachten, ich ihn stets als einen

Fabius cunctator anzusehen geneigt war. Dieses expektative Verfahren bildete sich bei ihm je länger je mehr aus, und sein steter Zuspruch an mich, wie an seine Schüler war, dass in der Geburtshülfe durch vorzeitiges Eingreifen viel mehr geschadet werde, als selbst durch zu wenig thun, daher der richtigere Weg der sei, der Naturthätigkeit lieber zu viel als zu wenig anzuvertrauen. Wie oft trieb es den Praktikanten der geburtshülflichen Klinik nach durchwachten Nächten nicht nur die Geduld, sondern selbst den Schweiss aus, wenn sie schon lange die Indication zur Zange z. B. hergestellt glaubten, mein Vater aber immer noch zur Geduld mahnte! Er huldigte dem Grundsatze nicht, zu operiren, wo es nicht schaden könne! nur um den Studirenden Gelegenheit zum Selbsthandeln zu geben; und selten machte er eine Ausnahme von seiner strengen Handhabung der Indicationslehre, denn beim Operiren, sagte er, lernt man die Natur in ihren mächtigen Wirkungen so wenig beobachten, als aus den Lehrbüchern; öfter operiren macht leichtfertig und es ist eine grössere Kunst, richtig temporisiren zu lernen, und sichere Diagnosen und Indicationen zu stellen, als manuale oder instrumentale Eingriffe auszuführen. Ersteres kommt täglich vor und macht — richtig benutzt — erst den wahren Geburtshelfer, Letzteres ist seltener und kann am Phantom ziemlich genügend eingeschult werden, ohne den Menschen zur Maschine herabzuwürdigen. Wie ich, so lernte auch mancher Schüler des Verewigten bei reiferer Erfahrung den ihm anfänglich ängstlich scrupulös erscheinenden Satz begreifen und als wahr anerkennen.

Bis zu seinem Tode blieb mein Vater in der eben besprochenen Stellung, wirkte also 20 Jahre lang als Lehrer der Geburtshülfe und hatte — die 17 Jahre als Lehrer der Anatomie mitgezählt — eine akademische Laufbahn von 43 Jahren hinter sich, als ihn Gott von diesem Leben abrief. Ob ihm nun gleich die wohlverdiente Anerkennung nicht zu Theil geworden war, zum ordentlichen Professor befördert zu werden, so lebt er doch in freundlich dankbarer Erinnerung und hohem Ansehen als Freund und Meister in den Herzen seiner Schüler fort, was er stets für höher und lohnender ansah, als Würden und Titel, nach denen er nie verlangte.

Wenn ich behaupten darf, dass die Schüler meines Vaters sich mit Achtung und Liebe seiner erinnern so muss ich noch mehr sagen in Rücksicht auf seine Schülerinnen, welche Alle — wohl mit wenig Ausnahmen — ihn als einen edlen, wohlmeinenden, väterlichen Freund und Rathgeber ehrten und im dank-

baren Herzen bewahren. — 42 Jahre lang (seit 1818) ertheilte nämlich den Hebam-
men-Unterricht und ist somit der Lehrer fast aller im Kanton lebenden Hebammen. Leider aber haben ihm nicht alle durch ihr Leben und Wirken Freude
und Ehre bereitet; Jeder, der auf diesem Felde gearbeitet hat, wird die Erklärung dazu leicht zu geben wissen. Die Geduld und die freundlich ernste Weise,
mit welchen er dennoch unablässig die mühsame Aufgabe dieses Unterrichtes zu
lösen sich bestrebte, wurde ihm indessen durch manche erfreuliche Erfolge,
namentlich aber durch die treue Anhänglichkeit der meisten seiner Schülerinnen
gelohnt, von denen so viele ihm aufrichtige Thränen ins kühle Grab nach-
weinten.

Als Schriftsteller suchte der Verblichene seinen Ruhm nicht. Zwar erschienen in den Zwanziger Jahren, in der damals viel gelesenen medizinisch-chirurgischen Zeitung bisweilen Arbeiten von ihm, theils Abhandlungen, theils Auszüge
oder Recensionen namentlich französischer Schriften, sowohl aus dem Gebiete
der Chirurgie als der Geburtshülfe. Eine nicht kleine Zahl seiner Aufsätze be-
wahrt das Archiv der medizinisch-chirurgischen Kantonalgesellschaft, unter welchen
namentlich seine Eröffnungsrede am 25. Jahrestage der Gesellschaft (22. Juli 1835)
als ein interessantes und lehrreiches geschichtliches Gemälde derselben dem
Drucke übergeben wurde. Im Jahre 1824 schrieb er — wie schon erwähnt —
sein Manuel des sages-femmes, welches er 1832 ins Deutsche übersetzte und
1856 umarbeitete. Auch verdient noch das in Bern sehr beliebte Schriftchen:
Anleitung zur Krankenpflege etc., 1839, der Erwähnung. Womit sich aber mein
Vater ein grosses und bleibendes Verdienst erworben hat, ist seine auf Anordnung der Erziehungsdirektion gedruckte Arbeit: Ueber das Bedürfniss von
Taubstummen-Anstalten im Kanton Bern (eine Inaugural-Rede, gehalten am 12.
Juni 1833). Sie erfreute sich der anerkennendsten Recensionen auch im Auslande
und rief, ihrem Zwecke entsprechend, namentlich in unserm Kanton solche Anstalten in's Leben, die mit ihren segensreichen Folgen diesem zur hohen unbe-
rechenbaren Wohlthat wurden. Es liefert übrigens diese Arbeit auch einen der
sprechendsten Beweise, mit welcher Liebe und Aufopferung der Verstorbene
der sich gestellten Lebensaufgabe der Linderung der Leiden seiner Mitmenschen
seine Kräfte zu widmen strebte. Eine Hauptaufgabe derselben bestand z. B. in
der Aufstellung einer möglichst genauen Statistik über die Zahl der Taubstummen
im Kanton Bern, indem der Ansicht des Verfassers nach die amtliche Zählung

ein ungenaues Resultat lieferte. Diese Rektifikation herzustellen, nahm er persönlich eine Zählung der Taubstummen im Amte Bern vor, besuchte in diesem ausgedehnten, bevölkerten Bezirke (mit Ausnahme der Stadt) jedes Haus und besichtigte selbst jedes in die Kategorie der Taubstummen zu zählende Individuum. Während Wochen sass er halbe und ganze Tage zu Pferde, um von Haus zu Haus seine Inspektionen vorzunehmen, und scheute weder Mühe noch alle Arten von Schwierigkeiten, die sich ihm entgegen stellten. Das Resultat war, dass statt nach amtlicher Zählung nur 188, nach der seinen 305 Taubstumme (1 : 65 Seelen) im Amte sich fanden. — Wie viele sind, die ein Gleiches thun?

Das Taubstummenwesen im Allgemeinen und namentlich der Taubstummen-Unterricht gehörten speziell zu seinen privaten Lieblingsbeschäftigungen. Das Unglück eine taubstumme Tochter zu haben, die jedoch frühe starb, leitete ihn natürlicherweise auf diese Bahn. Während vielen Jahren war mein Vater ein thätiges Mitglied der Privat-Mädchen-Taubstummen-Anstalt auf dem Aargauerstalden zu Bern, wo er unter Anderem auch ein unglückliches Kind auf seine Kosten erziehen liess. Doch seine vielseitigen Berufsgeschäfte bei vorgerücktem Alter und erschütterter Gesundheit nöthigten ihn, sich von dieser Wirksamkeit zurück zu ziehen, die indessen stetsfort sein regstes Interesse in Anspruch nahm, und somit schied er 1855 zu allgemeinem Bedauern der näher Interessirten aus der Direktion jener Anstalt.

Aber nicht nur in angedeuteter Weise, sondern überall, wo er im Interesse Einzelner oder des Ganzen Hülfe bieten konnte, fand man ihn stets bereit. Als z. B. anno 1832 über Bern zum ersten Male die Cholera-Angst kam, und man Allem aufbot, diesen unheimlichen Gast gebührend zu empfangen, wurde mein Vater um Abfassung einer betreffenden Krankenwärter-Instruktion von der Sanitätsbehörde angesucht. Ob er diese ausarbeitete ist mir nicht bekannt, dagegen liegt unter seinen hinterlassenen Papieren ein Schreiben aus jenen Tagen, worin ihm von der Regierung der besondere Dank für die freiwillige Uebernahme eines Krankenwärter-Unterrichtes abgestattet und ihm eine Entschädigung für die diessorts gehabten Bemühungen angeboten wird. Im Jahre 1833 wandte sich die Erziehungsdirektion mit dem Wunsche an ihn, er möchte eine populäre Schrift über die unglücklichen Folgen des Genusses geistiger Getränke ausarbeiten, welchem Ansuchen er freilich — so viel mir bekannt — nicht entsprechen konnte.

3

Im Jahre 1826 wurde der Verstorbene zum Mitgliede und Secretär des Sanitätscollegiums gewählt; letztere Stelle versah er bis zum Jahre 1833 und blieb mit kurzer Unterbrechung Mitglied dieser Behörde bis 1838, wo er in Begleit der meisten Mitglieder derselben seine Demission eingab, in Folge einer — wie sie wohl mit Recht glaubten — die Würde dieser Behörde schwer compromittirenden Verfügung der Regierung.

Volle 40 Jahre lang, von 1821 bis zu seinem Tode, war mein Vater Mitglied der medizinisch-chirurgischen Kantonal-Gesellschaft, in den Jahren 1833 bis 1837 Präsident derselben. Seine Wiederwahl lehnte er ab, weil seine leidende Gesundheit es ihm unmöglich machte, fernerhin diese Stelle mit derjenigen Theilnahme zu verwalten, wie er es im Interesse der Gesellschaft für Pflicht hielt. Er war eines der thätigsten und fleissigsten Mitglieder derselben, bis in die letzten Jahre fehlte er selten bei einer Zusammenkunft und meist hatte er eine lehrreiche Mittheilung aus der neuern Literatur, oder eine interessante Beobachtung aus seiner geburtshülflichen oder gynäkologischen Praxis in Bereitschaft; leider aber musste er dieselbe bei dem eingeführten Modus, nach den aufgestellten Traktanden die Verhandlungen zu führen, oft wieder heim nehmen, was ihm die Lust zu fernerer vergeblichen Mühe benahm. Die collegialischen und freundlichen Zusammenkünfte dieser die Aerzte des Kantons vereinigenden Gesellschaft zum Zwecke wissenschaftlicher Communication und engern freundschaftlichen Anschlusses der Fachgenossen unter sich gehörten zu den vergnügtesten und angenehmsten Stunden in dem vielbewegten Berufsleben meines Vaters. Sein Eifer für die Erfüllung des Gesellschaftszweckes, sein heiteres, heimeliges und anspruchloses Wesen, seine gemüthlichen nie verletzenden Scherze, und sein treuer gerader Sinn, machten ihn nicht nur zum gern gesehenen Gesellschaftsgenossen, sondern auch bald zum Freunde Aller, wie mir diess seine Zeitgenossen oft in den verbindlichsten Ausdrücken versicherten.

Erst im Jahre 1839 trat der Verstorbene als Mitglied in die schweizerische naturforschende Gesellschaft, zu der er sich indessen, bei seltener Theilnahme an ihren Zusammenkünften, in vollkommen passiver Stellung verhielt. — Als Kunstliebhaber war er Jahre lang Mitglied der bernischen Künstlergesellschaft; der er in den ersten Zeiten seiner Theilnahme viele genussreiche Stunden verdankte.

Die Wirksamkeit des Verstorbenen als praktischer Arzt bewegte sich fast ausschliesslich im Bereiche der Geburtshülfe und der Gynäkologie. Ueber die Erfolge will ich die so grosse Zahl derjenigen sprechen lassen, welche seine Hülfe und Pflege in Anspruch genommen haben. Dieser Wirkungskreis beschränkte sich nicht auf eine gewisse Klasse der Bevölkerung, sondern mit derselben Berufstreue stieg der nun Dahingeschiedene über die dunkeln Stiegen in die oft schmutzigen engen Wohnungen der Armuth, wie auf weichen Teppichen in die Gemächer der Reichen und Vornehmen. Mit derselben Sorgfalt und freundlichen Theilnahme legte er eigenhändig den armen Verlassenen ihre Bettstücke zurecht und unterstützte ihre mühsamen Bewegungen, wie er am wohl ausgestatteten Lager reicher Damen Nächte durchwachte. Derselbe wohlwollende Zuspruch ermuthigte und tröstete reiche und arme Leidende. Und so auch mass er nie die Dankbarkeit der Menschen nach dem materiellen Lohne, sondern nach der Liebe und Freundschaft, die sie ihm kundgaben; seinen höchsten Lohn aber suchte er stets in der innern Befriedigung nach ernster Prüfung. Er hatte den Grundsatz, als Arzt sei er nicht nur berufen, Arznei zu verschreiben, chirurgische Hülfe zu bieten, sondern es liege wesentlich auch in des Arztes Aufgabe, die Linderung der Leiden nach jeder Richtung zu versuchen, physisch und psychisch wohlthuend zu wirken; daher auch sein persönliches Interesse, das er an allen seinen Patienten nahm, seine ausserordentliche Geduld und Ausdauer, seine stete Freundlichkeit und Theilnahme auch bei unheilbaren Kranken, die solcher Rücksichten ja vor Allen bedürfen. Auf diese Weise und nicht durch Ruhmredigkeit und grosssprecherisches Wesen suchte er das Vertrauen der Kranken. Dass er auch wirklich bei der Mehrzahl derselben nicht nur Arzt und Helfer in der Noth war, sondern als Freund derselben, wie ihrer Familie, in freundlicher und dankbarer Anerkennung verblieben, das beweisen viele Erscheinungen, unter welchen z. B. das Vorfinden des Bildes des Verstorbenen in so manchem Familienzimmer zu Stadt und Land, ja über den Leidensbetten so mancher schwer Geprüften wohl als eine der sprechendsten genannt werden darf.

Doch war nicht nur Dank und Anerkennung sein Lohn, sondern er musste auch Undank und Zurücksetzung erfahren; ja selbst das ihm schmerzliche Gefühl der Misskennung, der Eifersucht und des Uebelwollens wurde ihm nicht erspart; er durfte in dieser Beziehung sich keiner Ausnahme vor Andern rühmen! — Allein so sehr ihn solche Erfahrungen bemühten, so vermochten sie dennoch nicht sein Gemüth zu verbittern, seinen freundlichen und wohlwollenden Gesinnungen Abbruch zu thun, denn er hatte seine Lebensaufgabe ja nicht auf Ehre und Ansehen, Geld und Gut gestellt! — An Gottes Segen ist Alles gelegen! hatte er zum Wahlspruch; dass aber dieser Segen auch ihm reichlich zu Theil wurde, das anerkannte er dankbar und stählte ihn stets neu zum muthigen Fortarbeiten zur Ehre des Herrn!

Im öffentlichen politischen Leben suchte der Verstorbene niemals eine vorragende Stellung, indem er sich höchstens in Zeiten grösserer Bewegungen in daherigen Tendenz-Versammlungen sehen liess. Bei seiner warmen Vaterlandsliebe giengen indessen keine der so vielfachen und in so verschiedenen Richtungen sich bewegenden kleinern und grössern politischen Stürme, die er mit erlebte, ohne rege Theilnahme an ihm vorüber, und wo es sich darum handelte, seinen Mann zu stellen, mochte es mit der Waffe in der Hand, oder an der Wahlurne sein, da liess auch er sich finden. Anno 1831 und 32 z. B. sah man ihn als Wachtmeister der Bürgerwache mit seinen Schülern als Soldaten die Wache aufführen, an welche Begebenheit er sich stets noch mit grossem Vergnügen erinnerte. Als Wahlmann erschien er ferner zu jenen Zeiten bei den Wahlverhandlungen. Auch im weitern und engern Gemeindeleben verweigerte er seine Dienste nicht, wo er zu solchen berufen wurde. Zu Anfang der dreissiger Jahre finden wir ihn als Mitglied des grossen Stadtrathes bis zu dessen Auflösung 1835. Von 1831 an bis zu seinem Tode, also während 30 Jahren, war er Mitglied des Vorgesetzten-Botes seiner väterlichen Zunft (zum Affen), wo sein humaner Sinn, sein stets gemeinnütziges Wirken und seine väterliche Fürsorge für die Armen und Hülfebedürftigen ihm das schöne Andenken eines edlen und wohlmeinenden Mannes gesichert haben, dessen Verlust schmerzlich empfunden wurde. In den letzten Jahren (von 1857 an) hatte er noch aus verschiedenen ehrenwerthen Rücksichten das ihm in so vielen Beziehungen beschwerliche Amt eines Almosners der Gesellschaft übernommen.

Nach seinen politischen Grundsätzen war der Verblichene ein Altberner im edelsten Sinne des Wortes. Er hieng mit treuer Liebe an seiner Vaterstadt, schloss aber in diese Liebe alles ein, was zu Bern gehörte, bernisch war, also den ganzen Kanton; und wie kann Einer ein guter Berner sein, ohne zugleich auch ein wahrer Schweizer zu sein? Das schöne Schweizerland, mit allem seinem Glück, seinem Segen, aber auch mit seinen Leiden und Schmerzen, wie

warm lag es ihm am Herzen! Die erhebende Geschichte des engern und weiteren
Vaterlandes erfüllte ihn mit Achtung vor den alten Zeiten, und er ehrte daher
ihre Institutionen, ohne ihn darum zum blinden Anbeter alles dessen zu machen,
was alten Herkommens war. So war er auch nichts weniger als Feind aller
neuern politischen Schöpfungen, dagegen weit entfernt, sich allen auftauchen-
den Ideen in die Arme zu werfen, Chorus zu machen mit dem Gesang von
Freiheit und Gleichheit, obschon er selbst in seinem innersten Wesen das Prin-
zip der Gleichberechtigung und der Würdigung eines Jeden als Mensch aufrecht
erhielt, wie wahre Menschenliebe es nur vermag. Freiheit mit Ordnung, ruhiger
Fortschritt mit humanen Rücksichten, Unterordnung des Bürgers unter das Gesetz
das gleiche Elle hält und Jedem sein Menschenrecht wahrt, und Ehre dem Ehre
gebührt — vor Allem durch Verdienst gebührt, — das war der Standpunkt
seines politischen Urtheils. Nebstdem, dass ein tief religiöses Gefühl ihn das
Staatsleben einzig dann als ein richtiges ansehen liess, wenn es die Grundsätze
der christlichen Kirche zu seinem Stützen wählt.

Der Verstorbene war ein treuer, biederer und aufopfernder Freund. Obschon
liebevoll Jeden in seinen wohlwollenden Busen aufnehmend, blieb sein engerer
Freundeskreis doch auf wenige Getreue beschränkt. Ein einziger, ihm stets
auf's Innigste verbundene Jugendgenosse, der würdige Geistliche Herr Ludwig,
Pfarrer am Münster, überlebte ihn, alle Andern half er mit blutendem Herzen
zu Grabe tragen. Wie ergreifend war der Augenblick, da dieser ehrwürdige
Mann betend an dem Bette stand, wo mit dem Ausdrucke ewigen Friedens unser
theure Vater im Todesschlafe lag! Wohl auch einer der letzten Jugendgenossen,
dessen Bahre er zu Grabe zu geleiten hatte. Gott segne ihn für seine treue
Freundesgesinnung.

Doch nicht nur dieser einzige Freund blieb ihm, nein, der Verstorbene
hatte noch Andere, die ihm nahe waren, die ihm in wahrer treuer Liebe in
Freude und Leid zur Seite standen, Viele, die er mit Recht seine Freunde
nennen durfte. Zu den Ersten und Nächsten zählend, muss ich hier dankend
unter den noch Lebenden seines Freundes und meines Gönners, Herrn Dr. Med.
Wild, erwähnen, dessen Vater schon ein Wohlthäter unserer Familie war. Wir
werden nie vergessen, was wir solch edler Gesinnung zu danken haben. Aber
auch allen andern guten Freunden sei hier der herzlichste Dank der Hinterblie-
benen ausgesprochen, ein Dank, der nur ein schwaches Erbtheil der Gesinnung

des theuren Verblichenen, die er Allen widmete, welche ihm ihre Freundeshand boten, Dank namentlich auch den Collegen des „ medizinischen Leistes," in deren Mitte mein seliger Vater während so vielen Jahren von seinen vergnügtesten Stunden der Belehrung, Unterhaltung und des cordialen freundlichen Beisammenseins genoss. Es ist diess die einzige geschlossene Gesellschaft, der er bis zu seinem Ende treu und ergeben blieb, weil sie auf den Grundlagen unbedingter harmonischer Uebereinkunft, echt collegialischer Gesinnung und aufrichtiger Freundschaft fusste.

Im engern Familienkreise fühlte sich der Verstorbene am zufriedensten und glücklichsten, hier vor Allem suchte er namentlich in den letzten Jahren seines Lebens Ruhe und Erholung von seiner ihn immer mehr angreifenden Berufsthätigkeit. Er hatte aus zweiter Ehe seines Vaters einen Bruder, Herrn Ludwig Hermann, Pfarrer in Siselen, und eine Schwester, Charlotte, erste Gemahlin des Herrn Direktors Hugendubel. Mit der grössten Zärtlichkeit hiengen diese drei Geschwister an einander, und nachdem nur zu frühe die theure Schwester von diesem Leben abberufen worden, verknüpfte eine verdoppelte Innigkeit die Brüder. Sie waren ein Herz und eine Seele, und Wohl und Wehe des Einen waren auch Wohl und Wehe des Andern. Der Hinschied des geliebten Bruders war für unsern theuren Oheim ein schmerzlicher, unersetzlicher Verlust; seine herzliche Bruderliebe macht ihn uns Kindern des Verstorbenen zum zweiten lieben Vater. Auch mit seinem Schwager blieb der Verblichene ununterbrochen in brüderlicher Freundschaft, und sein liebster Spaziergang in den Stunden der Muse war nach dem nahen Landgute desselben, wo im freundlichen Familienkreise er gerne gesehen war und wo er sich so wohl, so heimisch fühlte.

Im Februar 1817 hatte sich mein Vater mit der ihm von Kindheit an theuer gewordenen Jugendfreundin, Elise Hermann, sein Geschwisterkind, verheirathet, mit welcher er denn auch 42 Jahre einer glücklichen Ehe verleben durfte. Sie war ihm sowohl in geistiger als gemüthlicher und ökonomischer Beziehung treue Lebensgefährtin und Stütze seines Hauses, deren Verlust im Jahre 1859 ihm fast den letzten Lebensmuth geknickt zu haben scheint. Sieben Kindern, von denen drei frühe zu Grabe getragen wurden, und unter denen Schreiber diess das älteste und zugleich der einzige Sohn ist, war der Selige ein Vater im umfassendsten Sinne des Wortes, nur zu gut, nur zu aufopfernd — nie kann solche Liebe gelohnt werden! Nie wird kindliche Anhänglichkeit und Dankbarkeit ihr

ein Genüge bieten! Kann doch nur des Himmels reichster Lohn hiezu ausreichen.
Er wird diesem treuen Vater an seinen Kindern, diesem liebevollsten der Gatten
nicht fehlen.

Als Knabe stets gesund und einen Theil seiner Kinderjahre eine fast unge-
bundene ländliche Freiheit geniessend, als Jüngling rüstig und voll frischen
Lebensmuthes, kam der nun Betrauerte als eine kräftige Constitution ins Man-
nesalter, obschon der erwähnte Spitaltyphus, im Uebergangsstadium vom Jüngling
zum Manne, den jungen Baum fast gebrochen hätte. Die angestrengte Thätigkeit, welcher er fast rastlos oblag, blieb nicht ohne erschütternde Wirkung,
allein das edle Waidmannswerk, das der Verstorbene mit Vorliebe, namentlich aber
auch aus Gesundheitsrücksichten bis zu seinem spätern Alter in den Ferien-
zeiten trieb, stählte wieder die abgespannte Faser und brachte frischen Muth
und neue Kraft. Der sich hier bietende Genuss der schönen und freien Natur,
wie erquickend war er für diesen Mann voll Sinn für die Herrlichkeiten der
Schöpfung im Grossen wie im Kleinen! Die Bewegung, selbst die Strapatzen
brachten neues Leben in Seele und Körper. Leider aber hatte auch theilweise ein
solcher Ausflug, im Winter 1827/28, eine schwere Krankheit zur Folge! Die
kräftige Constitution indessen überstand sie ohne erhebliche Nachwirkung, bis
dann zum dritten Male in den Jahren 1844 und 45 eine in der beschwerlichen,
ja selbst gefährlichen Berufsthätigkeit erworbene, eigenthümliche, viele Monate
dauernde und meinen Vater während mancher Woche am Rande des Grabes hal-
tende Krankheit die bereits etwas erschütterte Kraft des Mannes für immer
knickte. Statt des Waidmannswerkes mussten jährliche Badekuren die sich immer
mehr ermüdenden Kräfte wieder auffrischen. Sie thaten es, und die Hand der
gütigen Vorsehung waltete auch hier liebreich über dem alternden Greise, denn
obschon die Alterschwächen körperlich, weniger geistig, allmählig stärker sich
bemerkbar machten, die grösste Vorsicht gegen jeden schädlichen Einfluss, vor
Allem gegen die geringste Erkältung nöthig wurde, so blieb er doch, kleinere
Unpässlichkeiten abgerechnet, die den Verstorbenen hie und da ans Zimmer ban-
den, von irgend welchem eigentlichen Gebrechen verschont. Er behielt noch bei
ganz ergrautem Scheitel und Barte eine gewisse körperliche und geistige Lebens-
frische, welche ihm bis zu seinem schnell eintretenden Tode eine beinahe unein-
geschränkte Thätigkeit gestatteten. In den letzten zwei Jahren hatte sich ein
hartnäckiger, doch nicht heftiger Husten eingestellt, der meinen Vater veran-

lasste, im Jahre 1860 eine Kur in Ems machen zu wollen. Leider missglückte
sie bei dem im Alter bereits vorgerückten Manne. Was aber das Emser-
Wasser nicht vermochte, ja sogar was es geschadet hatte, das machte eine
Reise und — wie mein Vater selbst sagte — der Rheinwein wieder gut. Auf
dieser Reise war es, wo er seinen treuen Birnbaum in Giessen, den hochgeachteten Lehrer, in Amt und Würden hochgestellten Rechtsgelehrten, aber
stets noch treuherzigen biedern Freund besuchte, nach den alten Erlanger- und
Würzburger-Freunden sich erkundigte, die aber beinahe Alle bereits zu Grabe
getragen waren; wo er in Köln den frostig-höflichen Empfang seines geliebten Kriegskameraden von 1814 erleben musste, dagegen die Freude hatte,
von seinen Collegen Ritzen, Kilian und Andern auf's Zuvorkommendste und
Freundschaftlichste empfangen und beehrt zu werden. Auf dieser Reise ver-
säumte er auch nicht, für sein Fachstudium zu sammeln, und sehr befriedigt in
dieser Rücksicht kam er wieder in sein heimathliches Haus, mehr als je be-
dauernd, dass ihm nicht vergönnt gewesen war, solche Reisen schon früher von
Zeit zu Zeit ausführen zu können.

Das Schicksal jedes Sterblichen sollte den guten und getreuen Arbeiter im
Weinberge des Herrn bald erreichen. Die zweite, so schwere Krankheit, welche
ihn auf dem Wege der Erfüllung seiner Berufspflichten erfasst hatte, liess seinen
Lebensfaden nur noch blöde und in seinen kräftigsten Fasern geschwächt sich
fortspinnen, und der Tod der theuren Gattin wurde dem tief Erschütterten zum
steten Sterbegeläute, denn dass er ihr bald folgen werde, war ein Gedanke,
der ihn nie verliess. Wie oft sprach er denselben aus! wie rührend und
freundlich erzählte er, wie selten vorher, in ruhigen Abendstunden im Kreise
seiner Lieben von seinen Erlebnissen und namentlich von All' dem Guten, das
ihn die Vorsehung geniessen liess, wie dankbar anerkannte er alle die Seg-
nungen des Himmels, die er in seinem bewegten Leben in so reichem Maasse
genossen zu haben sich freuen durfte! Im Angesicht des Grabes erschloss sich
sein gutes und frommes Gemüth fast noch mehr wie früher, umfasste sein liebe-
volles Herz mit grösserer Innigkeit alle seine Lieben und Getreuen, und nur mit
einem Seufzer der Wehmuth, ohne Bitterkeit gedachte er der schweren Prüfun-
gen, die ihm zu Theil geworden waren, sie als eine Fügung des Himmels zur
eigenen Läuterung in der Schule des Lebens anerkennend. Mit wahrhaft kind-
lich frommem Sinne sah der Verstorbene seinem nahenden Ende entgegen, und

seine einzige Sorge war die Zukunft der Seinen, denen er keine irdischen Glücksgüter zurücklassen konnte, denen er aber ein grösseres Vermächtniss hinterliess, nämlich eine sorgfältige Erziehung, die unveräusserlichen Eindrücke edler, frommer Eltern und den göttlichen Segen. Mögen sie dieses hohen Vermächtnisses sich stets klar bewusst bleiben!

Im Brachmonat 1861 wurde der Verewigte von einem Grippenfieber ergriffen, das einen recht malignen Charakter annehmen zu wollen schien, und schwere Besorgnisse erweckte. Er selbst trug in sich Ahnungen des nahen Scheidens, so dass er seine entfernten Lieben noch zu sehen und bei sich zu haben wünschte. Ruhe und Friede umgab dabei seine Seele, und gossen Balsam in die bekümmerten Herzen der Seinen. Allein nach längerem ernstlichem Unwohlsein wich allmälig die Krankheit, man hatte wieder die Freude, den Theuren sich und so Vielen, denen er unersetzlich schien, erhalten zu sehen. Schon hatte man in einer warmen Nachmittagsstunde mit ihm eine kleine Ausfahrt gewagt, bei der er still vergnügt der lieben Sonne sich freute, und der Tag der Abreise zu einem Landaufenthalte beim treuen und lieben Bruder, der des Reconvalescenten in freudiger Erwartung harrte, war bereits bestimmt, als eines Abends (den 18. Juni) plötzlich, wie durch Zufall, die Krankheit eine unerwartete und erschreckende Wendung nahm, die den trostlosen Seinen das nahe Ende des lieben Vaters nur zu deutlich vor Augen führte. Im geräumigen, nach der Nordseite der Stadt gelegenen Saale mit freundlicher Aussicht ins Freie, dem Lieblingsaufenthalte der seligen Mutter, und seit ihrem Tode um so mehr des guten Vaters, hatte dieser Besuch empfangen. Er fühlte sich so behaglich und war so heiter gestimmt, dass er in diesem stets kühlen Lokale verweilte, bis es ihn zu frösteln begann, und obschon er sich sofort zu Bette legte, so befiel ihn dennoch ein heftiger Frostanfall, der indessen bald vorüber war. Wer beschreibt aber den Schrecken meiner guten Schwestern, welche den Vater pflegten, als sie sofort nach diesem Zufall eine auffallende Veränderung in seinem Wesen wahrnahmen? — wer den meinen, als ich, bald darauf heim kommend, mich überzeugen musste, dass seine geistigen Funktionen eine auffallende Trübung erlitten, indem die von ihm mir erzählten Berichte weniger verworren, als vielmehr — namentlich in Rücksicht auf Zeitverhältnisse — vollkommen irrig waren, wobei sich offenbar auch in der Sprache eine Spur von Lähmung bemerklich machte. Man kann sich denken, wie mir zu Muthe war. Diesen

4

Augenblick werde ich nie vergessen! Von mir, der ich mich selbst nicht täuschen konnte, erwarteten meine tief betrübten, die Nähe des Todes-Engels ahnenden Schwestern Beruhigung und Hoffnung, welche mir selber dahingeschwunden waren. So standen wir um das Bett unseres guten Vaters, dessen ruhiger, freundlicher, liebreicher Blick uns Trost sprechen sollte, denn offenbar hatte er ein, doch wohl nur unvollständiges Bewusstsein von dem Vorgefallenen und unserm Kummer.

Lähmung einzelner Organe und Gebilde war keine vorhanden, aber mit den psychischen Thätigkeiten erlahmten allmälig auch die organischen, und so entwich langsam das Leben ohne Leiden und ohne Schmerzen, bis am 20. Juni 1861, Morgens um 5 Uhr, die edle Seele ihre irdische Hülle verliess, um sich mit den lieben Vorangegangen wieder zu vereinigen und in freiern, höhern Sphären der Glückseligkeit zu geniessen, die ein frommer Christ, ein in Liebe, aufopfernder Pflichterfüllung, und im Bewusstsein einer höhern als nur irdischen Bestimmung sich stets bethätigender Sterblicher durch die Gnade Gottes zuversichtlich erwarten darf. — Während seines Krankenlagers, das nur 36 Stunden dauerte, bis kurz vor seinem Hinschiede (denn ein gewisser Grad von Bewusstsein blieb ihm bis auf die letzten Stunden) war er immer der gute, freundliche, zärtliche, geduldige und Gott ergebene Freund und Vater.

Am 23. Juni wurde der Dahingeschiedene zur letzten Ruhestätte geleitet. Diese Leichenfeier war eine Feier im wahren Sinne des Wortes, ein laut sprechendes Zeugniss für den Dahingeschiedenen. — Dank, herzlichen Dank im Namen des Verblichenen allen Denen, die durch ihre liebreiche Theilnahme die traurige, aber erhebende Feier verschönern halfen. Seine Hinterlassenen, im Bewusstsein, wie er diese Theilnahme auf's Tiefste und Wohlthuendste empfunden hätte, werden diesen schmerzlichen Ehrentag ihres theuren Verewigten in dankbarer Anerkennung behalten. — Dem durch die unerschöpflich fliessenden Liebesgaben reich bekränzten Leichenwagen giengen die Studirenden der Hochschule voran, welchen vor Allem der schöne Feiertag zu verdanken ist, die den Wagen und Sarg mit eigenen Händen geschmückt und einen prächtigen Lorbeerkranz mit einem sinnigen Spruche zum Haupte des Gefeierten gelegt hatten. Die Lehrer der Hochschule und eine lange Reihe von Freunden und Collegen von Stadt und Land folgten dem Sarge. Eine schöne Trauermusik gab dem feierlichen Zuge einen ergreifenden Eindruck. Wie manche Thräne sahen die Begleiter des Sarges während seiner Wanderung zum kühlen Grabe dem allgemein Betrauerten nachfliessen, auch Hände sah man betend sich falten, treue Frauenseelen sprachen ihren letzten Segenswunsch dem Verewigten nach.

Am Grabe hielt Herr Professor Jonquière, ein lieber Schüler und Freund des Verstorbenen, eine warme, zu aller Herzen gehende Gedächtnissrede, worauf einer seiner letzten, geschätzten Schüler, Herr Stud. Med. Modou, aus dem Kanton Waadt, der Wiege des Verstorbenen, mit der Lebendigkeit der französischen Zunge und des französischen Temperamentes eine Ansprache voll anerkennenden Dankes und liebevoller Gesinnung, zunächst an seine Mitstudirenden, aber auch an die übrigen Anwesenden richtete. — Auch diesen werthen Freunden der wärmste Dank! — Grabesmusik ertönte noch von der letzten mit Kränzen geschmückten Ruhestätte des Beerdigten, als Diejenigen, welche ihm die Ehre des Leichengeleites gegeben, wohl mit ernsten, erhebenden Gedanken bereits den Rückweg angetreten hatten. Aber Viele, die dem Guten diese letzte Ehre nicht erweisen durften, besuchten und besuchen noch heute den Ort, wo ein einfacher, mit Epheu umrankter Stein, im Schatten einer Trauerweide die Stelle bezeichnet, wo ein wackerer Bürger, ein ehrenfester Mann und ein treuer lieber Helfer in der Noth seinen letzten Schlummer des Friedens schläft. Viele werden, wie aus dem eigenen Busen aufsteigend, den Grabspruch lesen:

> „ Ach! sie haben
> Einen guten Mann begraben!
> Und uns war er mehr!

Beiträge

zur

Lehre vom Kaiserschnitt.

Man sollte glauben, dass die Lehre von einer Operation, welche als Kaiserschnitt an Todten schon sechshundert Jahre vor Christi Geburt eine solche Bedeutung sich erworben hatte, dass sie (unter Numa Pompilius) gesetzliche Bestimmungen zu bewirken vermochte, wie sie uns aus der Lex regia in den Pandekten aufbewahrt sind; einer Operation, welche seit mehr als dreihundert Jahren, nach dem Vorgange des Schweineschneiders Jakob Nufer (Kantons Zürich, anno 1500) an Lebenden geübt und also seit Langem eine praktische Wichtigkeit von grosser Tragweite erlangt hat; einer Operation endlich, die seit 80 bis 100 Jahren, d. h. seit den Abhandlungen von LEVRET (um die Mitte des vorigen Jahrhunderts) und von STEIN d. ä. (gegen Ende desselben) eine wissenschaftlich begründete Stelle in der Reihe der geburtshülflichen Operationen einnimmt, und sich der Aufmerksamkeit so vieler ausgezeichneter Männer vom Fache zu erfreuen hatte; ich sage, man sollte glauben, dass eine solche Lehre auf vollkommen festen Grundlagen ruhen würde. Dem ist aber nicht ganz also! Zwar hat sich dieselbe in den letzten Decennien in Rücksicht auf das Operationsverfahren und z. Thl. auch in Betreff der Nachbehandlung um Vieles geläutert und vereinfacht, und in Beziehung auf die Indicationen haben einige Grundsätze festen Fuss gefasst; aber manche Punkte in dieser und jener Beziehung bleiben noch zu erörtern und zu verificiren übrig, obschon man die Beobachtungen bereits zu Hunderten zählen kann. Unter so bewandten Umständen wird es wohl gerechtfertigt erscheinen, wenn hier zu der fraglichen Lehre ein kleiner Beitrag geliefert wird, da man namentlich auch auf dem Wege der Statistik einzelne Hauptfragen zu erledigen sucht, wie z. B. diejenige über die Prognose der Operation, an welche so viele wichtige Consequenzen sich anschliessen.

BEOBACHTUNGEN.

I. KAISERSCHNITT von Dr. Hiltbrunner und Dr. Zimmerli.

M. E. H., eine 28 Jahre alte unverheirathete Erstgebärende, von torpider Constitution, wohnte bei ihrem Vater an einem fast unzugänglichen Orte der Gemeinde Lyssachengraben, gut $1^1/_2$ Stunden von der Wohnung der genannten Aerzte entfernt. Ihre Grösse betrug kaum vier Fuss, sie war rhachitisch. Die Wirbelsäule zeigte sich in den Lenden stark nach einwärts gebogen, die Oberschenkelknochen beschrieben einen Bogen nach vorn und bei der geburtshülflichen Untersuchung fand man das Promontorium ausserordentlich stark und ganz spitz vorragend, so dass die Conjugata vera auf ungefähr zwei Zoll geschätzt wurde, während der Querdurchmesser nicht auffallend verkürzt schien. Der Kindskopf stand, so gut sich beurtheilen liess, und wie sich auch nachher ergab, in erster Scheitellage auf dem Beckeneingange; der Leib hieng als starker Vorhängebauch über die Schoossbeine hinunter; die Schwangerschaft hatte ihr normales Ende erreicht.

Den 15. August 1861 wurde Dr. H. zu der Gebärenden berufen, bei welcher er um 1 Uhr Mittags eintraf. Was vor seiner Ankunft mit der Person vorgegangen sein mochte, konnte er nicht erfahren, so viel aber schien gewiss, dass schon Allerlei versucht worden war. Die Hebamme, eines jener alten superklugen und einbildischen Weiber, welche Wunder zu erzählen wissen von ihren Kuren und Operationen, ja sogar — wie es scheint — auch College H. damit regalirte, weilte schon über 24 Stunden bei der Frau und gewiss nicht unthätig. Auch wurde später in Erfahrung gebracht, dass am vorhergehenden Tage der allbekannte Emmenthaler-Quacksalber Zürcher-Ulli und sein damaliger Adjutant, Arzt St., (horribile dictu et auditu!) auf Ort und Stelle gewesen seien. Indessen konnte alles bisher Angewandte nicht wesentlichen Schaden gestiftet haben, denn unser College fand das torpide Subjekt wenig von der Geburt afficirt, und beschloss daher bei der Schwierigkeit des Falles einen benachbarten Collegen, Herrn Dr. Zimmerli in Sumiswald, zur Consultation herbeizuziehen, der aber erst Abends 7 Uhr am bestimmten Orte eintreffen konnte.

Während des Nachmittags hatten sich zwar einige ziemlich kräftige Contraktionen des Uterus eingestellt, doch hatte sich bis Abends 7 Uhr weder im Allgemeinbefinden noch in den örtlichen Verhältnissen etwas verändert. Ersteres „ war gut, der Puls wenig beschleunigt. “ Der Muttermund war wenig eröffnet, die Fruchtwasser abgeflossen, wie es hiess schon am vorhergehenden Abend, und der Kindskopf stand beweglich auf dem Beckeneingang. Ueber das Leben der Frucht erhob sich einiger Zweifel, denn Dr. Z. glaubte den Fötalpuls bei seiner ersten Untersuchung zu hören, Dr. H. aber bemerkte zwar ebenfalls ein analoges Geräusch, zweifelte jedoch, dass es der Herzschlag des Kindes sei; ebendasselbe Geräusch hörte er auch 12 Stunden später, gleich vor Beginn der Operation. Der Entscheid über den einzuschlagenden Weg zur Entbindung war bald gefasst, da — bei wahrscheinlich noch lebendem Kinde — kaum eine andere Operation in Frage kommen konnte als der Kaiserschnitt. Unterdessen war aber die Nacht eingebrochen und zur Operation fehlten Instrumente und Vorbereitungen. Man musste sich also entschliessen, die Morgenfrühe als Zeit zur Operation festzusetzen, und wollte unterdessen noch einige Collegen zur Assistenz bei der Operation einladen. Gegen die Vornahme derselben wurden von Seite der Betreffenden keine Einwendungen erhoben.

Den 16. August Morgens, zur bezeichneten Stunde, fanden sich die beiden Aerzte in Begleit eines Assistenten, Herrn Stud. med. Burger, bei der Gebärenden ein, welche ungefähr in demselben Zustande wieder gefunden wurde, wie man sie Abends verlassen hatte. Als Operationslager dienten zwei Tische, auf welche ein Brett und ein Sack mit Spreuer gelegt war. Nachdem die Frau durch Chloroform in vollkommene Anästhesie versetzt worden war, machte Dr. H. den Schnitt in der Linea alba, 1—1½ Zoll über der Symphise beginnend, bis linker Seits über den Nabel hinauf, in der Länge von 7 Zollen; zwischen Schoossbein und Nabel würde bei der kleinen Person der Schnitt zu kurz ausgefallen sein. Das Bauchfell wurde in der Mitte der Wunde eingeschnitten, und nachdem es 1—2 Zoll eröffnet war, floss circa ein halbes Glas voll einer gelblichen klaren Flüssigkeit aus der Wunde. Der Uterus drängte sich durch die erweiterte Schnittwunde nicht vor, und seine Wandungen zeigten sich so dünn, dass der

5

Operirende überrascht war, schon mit dem ersten Schnitt in dieselbe das Kind blosgelegt zu haben; ob noch etwas Fruchtwasser abfloss, weiss er sich nicht mehr, zu erinnern. Nach Erweiterung des Schnittes nach oben und unten klaffte die Uteruswunde stark und das Kind stellte sich mit der rechten Schulter in derselben. Seine Extraktion geschah nicht ohne Mühe, da die Füsse ziemlich schwierig zu fassen waren, daher Herr Dr. Z. den Steiss des Kindes nach und nach aus der Oeffnung hervor zu schieben suchen musste, während Dr. H. die vorliegende Schulter nach abwärts drängte. Das Kind war todt, konnte aber kaum schon längere Zeit abgestorben sein, und bot alle Zeichen der Reife.

Abgesehen von der etwas schwierigen Entwicklung der Frucht, war bis dahin die Operation ganz nach Wunsch von Statten gegangen, die Blutung war mässig, die Chloroformnarkose aber bereits am Verschwinden. Nun stellten sich folgende Complicationen ein. Die Placenta, welche sofort nach dem Kinde entfernt wurde, war adhärent, dazu etwas eingesackt und konnte blos mit Mühe, ein wenig zerfetzt, extrahirt werden. Nach Entleerung des Uterus wollte sich derselbe lange nicht contrahiren, aus dem untern Winkel der klaffenden Wunde machte sich eine heftige Blutung, welche trotz Compression und Tamponade mit kalten Schwämmen nicht aufhörte, und nachdem bei einer Viertelstunde diese Versuche zur Blutstillung fortgesetzt worden waren, zwang die eingetretene Anämie zur Unterbindung der blutenden Gefässe, worauf dann freilich die Hämorrhagie sofort aufhörte, die Frau aber kalt und pulslos wurde und in Ohnmacht fiel, was zur schnellen Vollendung des Verbandes nöthigte. Der Uterus hatte sich unterdessen ordentlich verkleinert, doch schloss sich die Wunde nur unvollständig und war noch drei Zoll lang. Zur Schliessung der Bauchwunde wurde die Kopfnaht gewählt, das Peritonäum wurde nicht mit gefasst, der untere Wundwinkel offen gelassen und ein Sindon eingelegt. Die ganze Operation mochte ungefähr eine Stunde gedauert haben.

Die Entbundene erholte sich allmälig aus der Ohnmacht, nachdem sie aber auf ihr Lager gebracht worden war, wurde sie von einem heftigen Schüttelfroste befallen, der indessen noch während der Anwesenheit der Aerzte vorübergieng. Diese Anwesenheit hatte im Ganzen zwei und eine halbe Stunde gedauert. Als sie die Operirte verliessen, befand sie sich im Zustande grosser Erschöpfung, war kalt, blass, mit beschleunigtem, kaum fühlbarem Pulse. Eine roborirende Behandlung, namentlich halbstündlich einen Esslöffel voll Wein bis zu eintretender Reaktion wurde verordnet, aber circa 24 Stunden nach der Operation verschied die Patientin. Nach erhaltenen Berichten hatten sich weder Nachblutungen noch Schmerzen, dagegen wiederholte Fröste eingestellt. Dr. H. glaubt, die Kranke sei an Erschöpfung gestorben.

—◦⋙⋘◦—

II und III. ZWEI KAISERSCHNITTE an derselben Person, von den Herren Dr. Tièche in Reconviller und Dr. Kaiser in Tramelan.

(Taf. II. Fig. 1 und 2.)

Die erste dieser beiden Operationen wurde von Herrn Dr. Tièche unter Assistenz des Herrn Dr. Kaiser ausgeführt, die zweite von Herrn Dr. Kaiser unter Assistenz des Herrn Dr. Joliat in Saignelégier.

Ueber den erstern, in verschiedenen Rücksichten besonders interessanten Operationsfall erhielt ich durch die Bereitwilligkeit der beiden Herren Collegen. welche die Operation ausführten, interessante Mittheilungen, von welchen diejenige des Herrn Dr. Tièche zum wörtlichen Abdrucke bestimmt war, die andere mehr als confidentieller Brief mir zukam. Da aber letzterer Bericht den erstern in mehreren, in praktischer Beziehung charakteristischen Punkten vortrefflich ergänzt, so kann ich nicht umhin, die beiden Referate einigermaassen zu verschmelzen, die systematischere Abhandlung von Herrn Dr. Tièche jedoch als Grundlage festhaltend und ihr nahezu wörtlich folgend.

Opération césarienne.

Mort de l'enfant, guérison de la mère.

par Mr. le docteur TIÈCHE de Reconviller.

Herr Dr. Tièche schickt seinem Berichte folgende Bemerkungen voraus:

„On a beaucoup discuté sur l'opération césarienne, et il suffit de jeter un coup d'œil sur les ouvrages des accoucheurs célèbres pour s'apercevoir que les grands maîtres n'ont pas toujours été d'accord sur son opportunité. "

„ Quelques médecins même du siècle dernier, se fondent sur ce qu'elle était nécessairement mortelle, l'avaient rejetée de la pratique. Mais aujourd'hui que l'obstétrique a fait des progrès, que les indications pour la pratique sont mieux fixées, la proportion des succès est devenue trop favorable pour ne pas être convaincu, qu'on s'en est trop exagéré les suites. "

„ On sait que les indications pour l'opération césarienne sont de deux espèces: *absolues ou relatives.* "

„ Tous les auteurs s'accordent à dire qu'elle est d'une nécessité absolue, lorsque le diamètre antéro-postérieur du bassin n'a qu'un pouce et demi de longueur, que l'enfant soit vivant ou mort. "

„ Au-dessus de deux pouces de diamètre sacro-pubien, la nécessité de l'opération n'est plus que relative, c'est-à-dire, qu'elle n'est plus indiquée selon la plupart des accoucheurs français et allemands, que dans le cas où le fœtus est vivant. Quant aux Anglais, ils poussent encore plus loin la circonspection, puisque selon, J. Burns, aucun accoucheur anglais ne fera l'opération césarienne, s'il a l'espoir de terminer l'accouchement par les voies naturelles après avoir détruit la vie de l'enfant, tant en Angleterre on compte peu sur ce genre d'opération. Cependant d'après la statistique recueillie par Kayser de 1750 à 1839, la mortalité ne serait pour les mères que de 0,62 puisque sur un total de 338 cas il a trouvé 128 guérisons. "

„ Il est donc évident que les chirurgiens d'outre-Manche tout, en s'exagérant les dangers de la gastro-hysterotomie, se font illusion sur l'embryotomie et sur son innocuité. En effet, si le diamètre antéro-postérieur n'excède pas deux pouces et demi, la mutilation du fœtus présente des difficultés si grandes, des obstacles si souvent insurmontables pour le chirurgien, et pour la mère des douleurs d'une durée si longue, qu'il vaut mieux dans ce cas préférer l'opération césarienne alors même que la mort de l'enfant est constatée, l'accouchement ne pouvant pas se terminer par les voies naturelles. "

„ D'ailleurs l'inertion des parois abdominales et de la nature n'exposera certainement pas d'avantage les jours de la mère que les manœuvres longues et irritantes qu'il faudra employer pour dépécer un enfant à terme dans l'intérieur de l'uterus à travers un passage étroit, et à l'aide de crochets et d'instruments tranchants ou piquants. Les difficultés de ce genre d'opération sont encore augmentées, si l'on considère que chez les sujets rachitiques, l'étroitesse du bassin se complique le plus souvent d'un rapprochement considérable des branches sous-pubiennes et d'une courbure exagérée du coccys, ce qui gêne singulièrement les manœuvres de l'accoucheur. "

„ Dans l'observation que je rapporte ci-dessous, et que j'ai l'honneur de vous soumettre, si j'ai donné le choix à l'opération césarienne, bien que le diamètre antéro-postérieur eut encore 68 millimètres, et que la mort de l'enfant ne laissat aucun doute, c'est que dès les premières tentatives pour opérer l'embryotomie, je rencontrai des difficultés si grandes et des obstacles si insurmontables à manœuvrer les crochets et autres instruments quelconque, que je fus forcé de renoncer à ce genre d'opération, qui m'exposait à blesser et à contendre les parties de la mère. — Si c'est toujours vrai que la fin justifie les moyens, je ne dois pas regretter d'avoir suivi une marche qui, bien qu'opposée à l'opinion de certains accoucheurs, a eu pour résultat de sauver les jours de la mère en procurant une guérison qui a éxigé à peine six semaines. "

Den 9. August 1859, Morgens, wurde Herr Dr. Tièche zu einer jungen erstgebärenden Frau berufen, welche am regelmässigen Ende ihrer Schwangerschaft angelangt war, und bereits seit 14 Tagen ohne irgend welchen Beistand und Kindeswehen gelegen hatte, ohne Aussicht auf baldige Erlösung.

Die Person, Namens Eugénie Hirschi geb. Keller, wohnte bei ihren armen Eltern in einem finstern, engen und niedrigen Dachzimmer einer übrigens sonnig und hygiänisch günstig gelegenen Pächterwohnung, 20 Minuten vom Dorfe Tavannes. Sie war 19 Jahre alt, von kleiner Statur (4' 8''), zarter kachektischer Constitution, mager, bleich, rhachitisch, nach Dr. K. mit einer leichten Scoliose behaftet. Sie lernte erst im 9. Jahre gehen. Ihr Charakter war bös, leidenschaftlich und rachsüchtig. Herr Dr. Tièche fand sie auf einem elenden, stinkenden Lager, in Verhältnissen, welche die höchste Armuth verriethen, und in einer mephitisch-stinkenden, durch die an diesem Tage herrschende Hitze der Hundstage noch unerträglicher gewordenen Athmosphäre. Die Frau war in die höchste Muthlosigkeit verfallen, den Tod als einzig mögliche Erlösung aus ihren Leiden verlangend.

Seit ungefähr einem Jahre verheirathet, hatte die H. eine ganz glückliche Schwangerschaft durchgemacht, und soll nach Aussage ihrer Eltern am 1. oder 2. August die ersten Kindswehen verspürt haben, die Hebamme dagegen berichtete, dass schon vor 14 Tagen die Wasser abgeflossen seien, worauf sich Wehen eingestellt hätten. Diese sollen, wie die Eltern erzählten, ziemlich anhaltend und kräftig gewesen sein; dennoch widersetzte sich die Gebärende bestimmt dem Herbeirufen einer Hebamme, indem sie stetsfort, wenn man hievon sprach, wiederholte: „cela viendra déjà assez tout seul." Indessen wurde doch am 8. August die Hebamme geholt, welche die Beckenbeschränkung nicht zu beachten schien, sondern eine regelwidrige Kindeslage (Schulterlage) diagnosticirte, dessen ungeachtet aber erst am 9. Morgens früh den Arzt herbeirief. Was bis dahin mit der Frau vorgegangen, ist unbekannt.

Um 9 Uhr Morgens fand sich Herr Dr. T. bei der H. ein, es gelang ihm aber nur mit Mühe die Person zu bewegen, eine Untersuchung vornehmen zu lassen, indem sie längere Zeit jede ärztliche Hülfe von der Hand wies, trotzdem sie schon viel gelitten hatte. Die endlich bewerkstelligte Untersuchung stellte dann heraus: zunächst eine bedeutende Annäherung der Schenkel des Schambogens, starkes Vorwärtsgebogensein des Steissbeins in die Recto-Vaginalgegend, und höher gegen den Beckeneingang hinauf fühlte man einen harten vorragenden Körper; es war der Angulus sacro-vertebralis, welcher einen starken Vorsprung bildete, zwischen ihm und der Simphisis oss. pub. blos eine Distanz von 68 Millimetres (2 Zoll Conjugata vera) lassend. Uebrigens erschien das ganze Becken nach dem geraden Durchmesser verengt. Der Kindskopf wurde in erster Scheitellage durch heftige, beinahe anhaltende Wehen gegen den Beckeneingang gedrängt, ein blutig-schleimiger Ausfluss mit putridem Geruch floss aus dem Uterus, und die Frau wollte schon seit acht Tagen keine Kindsbewegungen mehr bemerkt haben. Das Allgemeinbefinden war wenig beunruhigend, keine nervösen Zufälle waren vorhanden, der Puls noch passabel.

„Il ne restait plus aucun doute sur la mort de l'enfant, mais deux indications se présentaient: pratiquer l'embryotomie ou avoir recours à l'opération césarienne. J'eus d'abord l'idée de m'arrêter à la première de ces opérations, mais après plusieurs tentatives inutiles, d'appliquer les instruments sur la tête de l'enfant, pour arriver à son extration par écrasement, je dus renoncer à cette première manœuvre, puis tenter la délivrance par la perforation du crâne, l'application des pinces d'extraction, et des crochets, mais malheureusement tout fut inutiles."

Diese Entbindungsversuche durch Perforation des Schädels und Anziehen am Kopfe mittelst Kopfzange, scharfen Zangen, stumpfen Hacken u. s. w., die mit

grosser Mühe bis zur Articulation des Kinns und selbst in die Mundhöhle (Dr. K)
angesetzt werden konnten, hatten blos den Erfolg, dass einzelne Stücke der
Kopfknochen abgetragen, ein Theil der behaarten Kopfhaut entfernt, und der Kopf
etwas tiefer in das Becken herunter gebracht wurde, so dass Dr. K. den spätern
Widerstand für die Entbindung vorzüglich den Schultern des Kindes zuschreibt.
Nach drei Stunden mühevoller Arbeit, welcher zahllose Schwierigkeiten entge-
genstanden, namentlich aber der Umstand, dass es kaum gelang, mit vier Fingern in das Becken einzudringen, stand Herr Dr. Tièche von weitern Entbin-
dungsversuchen ab, aus Rücksicht gegen die Frau, welche in Folge der unerhörten
Leiden sehr erschöpft war und weitere operative Eingriffe von sich zu weisen
begann; ferner aber auch weil der Operateur selbst höchst ermüdet war, ohne
besondere Vortheile von seiner angestrengten Arbeit gewonnen zu haben.

Man musste wohl zur Gastro-hysterotomie seine Zuflucht nehmen, als dem
einzigen Wege des Heils für diese unglückliche Frau, und in dieser festgestell-
ten Absicht, zugleich aber auch um der armen Kranken unterdessen einige Ruhe
zu gönnen, liess Herr Dr. Tièche seinen Collegen, Herrn Dr. Kaiser in Tramelan,
zur Assistenz berufen, welcher um 1½ Uhr Nachmittags eintraf.

Nachdem Herr Dr. T. seinem Collegen die vorliegenden Verhältnisse und
seine Ansichten über den Fall mitgetheilt hatte, wollte Letzterer eine Untersuchung
vornehmen, wurde aber barsch und roh von der Gebärenden zurückgestossen,
welche sich nicht einmal den Puls von ihm befühlen liess, und jede ärztliche
Hülfe beharrlich zurückwies. Ja ihre Reden waren so roh und beleidigend, dass
die beiden Aerzte im Sinne hatten, fort zu gehen, und Patientin ihrem traurigen
Schicksale zu überlassen. Es war ihnen indessen zu bemühend, eine Gebärende
zu verlassen und dem unvermeidlichen Tode Preis zu geben, ohne noch das
letzte Rettungsmittel versucht zu haben. Diese Rücksicht hielt sie bei der Kranken zurück. Sie theilten den beunruhigten Eltern und der furchtsamen Kranken
ihre ganz übereinstimmende Ansicht mit. Letztere aber wies, trotz ihren grossen
Leiden, den Vorschlag zur Operation mit Entschiedenheit zurück, „préférant
mille fois la mort à une mutilation à laquelle elle n'accordait aucune confiance."
Trotz allen Bemühungen, ihr Muth einzuflössen, indem man ihr unter Anderm
Beispiele von günstigen Erfolgen aufzählte, verharrte sie während wenigstens
zwei Stunden auf ihrer Weigerung, und gab endlich erst ihre Einwilligung zur
Operation, nachdem man sie versichert hatte, dass dieselbe schmerzlos, während

eines Augenblickes von Schlaf ausgeführt werde und beim Erwachen vollendet sei. Die Gebärende stellte aber die Bedingung, dass erst Abends oder am folgenden Morgen operirt werde, wenn sie ausgeruht hätte; auch forderte sie die Herren auf, sich zu entfernen, was geschah und worüber sie grosse Befriedigung an den Tag legte.

Die beiden Herren Collegen verliessen jedoch die Wohnung der Patientin nicht, sondern hielten es für ihre Pflicht, nach der nun einmal erhaltenen Bewilligung zur Operation, ihre Ausführung nicht zu lange zu verschieben. — Wie aber der unzugänglichen Person beikommen? — Folgender Rath des Herrn Dr. K. wurde angenommen und ausgeführt. Er hatte circa vier Unzen Chloroform bei sich, welches der Hebamme anvertraut wurde, nachdem sie über dessen Gebrauchsweise gehörig unterrichtet worden war. Diese sollte nun die Frau vorläufig bis zum Aufgeben des Widerstandes anästhesiren, unter dem Vorwande sie beruhigen und gegen die Entzündung wirken zu wollen. Der Kunstgriff gelang! Als die Herren wieder ins Zimmer traten, war die Anästhesie noch nicht vollständig, sie zauderten aber nicht, dieselbe bis zur Vollständigkeit zu bringen.

Erst jetzt wurde es Herrn Dr. Kaiser möglich, die Gebärende zu untersuchen und sich von der Lage der Dinge zu überzeugen, wie sie ihm von Herrn Dr. Tièche mitgetheilt worden waren. Das Chloroform hatte die tonische Contraktur des Uterus nicht gemindert, wenn aber auch der Kindskopf etwas beweglich erschien, sagt Dr. K. in seinem Briefe, so war es nur, weil er entleert war und daher weniger Widerstand bot, während dieser durch den Rumpf bedingt wurde, und übrigens die nicht unbedeutende Anschwellung der mütterlichen Weichtheile auch das Ihrige dazu beitragen mochten. Es schien Herrn Dr. K. indessen doch noch möglich, das Kind durch Anziehen am Kopfe zu extrahiren, zu welchem Zwecke er mit Einwilligung seines Collegen noch einen Versuch wagte. Allein scharfe Zangen und Haken blieben fruchtlos, und der tief in die Mundhöhle eingesetzte Finger, nebst gleichzeitigem Fassen des Kindskopfs mittelst der mühsam in die Genitalien eingebrachten Hand vermochten keinerlei Vorrücken des Kindes zu bewirken. Er versuchte eine Lageveränderung, eine Drehung der Schultern zu bewerkstelligen, vermochte aber nur den Kopf, nicht aber jene zu bewegen. Die Anlegung der Zange war schwierig, weil man die Breite der Blätter kaum im geraden Durchmesser zu halten vermochte; sie gelang jedoch, aber nach wenig Traktionenen glitt sie leer aus den Geburtstheilen. Auch Herr Dr. Tièche versuchte noch einmal, aber vergeblich, die Entbindung auf in Rede stehende Weise, und es blieb somit nichts mehr übrig als der Kaiserschnitt oder die Zerstückelung des Kindes. „ La première alternative nous parut encore préférable et nous regrettions même de ne l'avoir pas adoptée immédiatement, toutes ces manœuvres que nous avions faites ayant été inutiles et compromettantes même pour le résultat de l'opération césarienne. Le diamètre antéro-postérieur du détroit supérieur nous avait paru avoir un peu plus de deux pouces, et c'est pourquoi nous avions eu tant de peine à renoncer à l'espoir d'amener l'enfant par les voies naturelles, surtout parce que la tête, principal obstacle, avait déjà franchi de détroit supérieur " — schreibt mir Dr. Kaiser.

Diese Entbindungsversuche hatten ungefähr eine halbe Stunde gedauert, dennoch liess man die Frau in der Anästhesie verharren. Der Puls war 120—130, Athem frei und regelmässig, die Anästhesie wird bis zur vollständigen Erschlaffung der Muskeln gesteigert.

Da kein anderes Operationslager zur Verfügung stand, musste man die Frau auf dem jetzigen und zwar ungefähr in der bisherigen Position belassen, nämlich quer über das näher zum Fenster gerückte Bett gelegt, die Füsse auf zwei Stühle aufgestellt und von Gehülfen gehalten, der Rücken von einem zur Hülfeleistung herbeigeholten Manne unterstützt. Der Bauch, dessen konische Form sich fast senkrecht erhob, wurde durch Herrn Dr. Kaiser von beiden Seiten gehalten. Ehe man jedoch zur Operation schritt, glaubte man deutlich durch das Gefühl und den matten Percussionsschall die gefüllte Harnblase über der Symphise zu erkennen, als eine Geschwulst, welche sich von derjenigen des Uterus abgrenzte. Allein alle Versuche, mittelst eines gewöhnlichen Catheders in die Blase einzudringen, blieben vollkommen fruchtlos, und es musste ohne diese Entleerung zur Operation geschritten werden.

Mittelst eines confexen Bistouris wurde von Herrn Dr. Tièche der Einschnitt in der Medianlinie gemacht, 3 Centimeter (1 Zoll) unter dem Nabel beginnend, und nach unten bis auf 7 Centimeter (circa 2 Zoll) über der Symphise fortgesetzt. Er hatte ungefähr 18 Centimeter (6 Zoll) Länge, und trennte die Haut mit dem unterliegenden Zellgewebe. Hierauf wurde im untern Abschnitte der Wunde die weisse Linie getrennt, mittelst eines geknöpften Bistouris auf dem eingeführten Finger die Gewebe bis zum obern Wundwinkel gespalten und auf dieselbe Weise mit gleicher Vorsicht das Peritonäum eröffnet.

Es floss eine geringe Menge einer gelblich-trüben, wässerigen Flüssigkeit aus, und dieser seröse Erguss war es, der für die Blase gehalten worden war, welche nicht sichtbar wurde. Der Uterus stellte sich in der Wunde und war an seiner eigenthümlich violetten Färbung, sowie an seiner starken Gefässentwickelung leicht zu erkennen. „Le placenta se présentait comme un corps dur, parfaitement circonscrit à la base de l'uterus, légèrement incliné vers la droite" (Dr. T.). Ein vierter Einschnitt endlich, auf gleiche Weise, mit den gleichen Instrumenten und mit der gleichen Vorsicht in derselben Ausdehnung, wie die äussere Wunde in den Uterus geführt, liess den Fötus bald zu Gesicht bekommen, welcher den Rücken in der Wundöffnung darbot. Sehr wenig Fruchtwasser floss ab, aber ungefähr ein Drittheil des obern Wundwinkels war von der Placenta bedeckt. Die Entwicklung des Fötus geschah unter sorgfältiger Vermeidung der Placenta, indem die Füsse aufgesucht und das Kind ähnlich wie bei der Wendung aus der Oeffnung extrahirt wurde. Blos die Entwicklung des in Folge der vorangegangenen Entbindungsversuche in den Beckeneingang leicht eingepressten Kopfes bot einige Schwierigkeit. Unterdessen hielt Herr Dr. K. die Abdominalwundränder stets fest an die Uteruswand angepresst.

Während dieser Extractio entleerte sich Kindspech aus dem After des Kindes, dessen Körper die Entwickelung einer reifen wohlgebildeten Frucht weiblichen Geschlechts zeigte, aber schon im Zustande weit vorgeschrittener Zersetzung sich befand. Die Hirnschale enthielt sehr wenig Hirnmasse mehr, und ein grosser Theil der Schädelknochen war entfernt worden.

Die Nachgeburt mit den Eihäuten wurde nun extrahirt, worauf der Uterus sich sofort selbstständig zusammenzog, so dass sein Grund 3 bis 4 Querfinger unter den Nabel herunterstieg.

Während dieser Operation, welche ungefähr 12 Minuten gedauert hatte, gieng Alles nach Wunsch und begegnete man keiner Schwierigkeit, als einer ziemlich bedeutenden Blutung im oberen Wundwinkel des Uterus aus zwei in der Dicke der Wundlippen sitzenden Gefässen. Ihre innige Verbindung mit dem Gewebe des Uterus, welcher in diesem Augenblicke anfieng sich fest zu contrahiren, hinderte, dieselben mit der Pincette zu fassen, man wurde aber dadurch Meister der Blutung, dass man die ganze Dicke der Wundlippe einen Augenblick zwischen den Fingerspitzen zusammenpresste. Nach Stillung der Blutung überliess man diese Wundlippe den Contraktionen der Gebärmutter, ihre Vereinigung mit der andern befördernd. Diese Aufgabe vollbracht, blieb noch übrig, die Abdominalhöhle von dem ergossenen Blute zu reinigen, was mittelst der Hand geschah, worauf dann sofort zur Schliessung der Wunde „par première intention" (Dr. T.) geschritten wurde. Die Vereinigung geschah mittelst der umschlungenen Naht, indem 12 Stahlnadeln, welche die Wundlippen, ohne das Peritonäum zu fassen, so durchsetzten, dass sie zwischen den äussern zwei Drittheilen und dem innern Drittheile der Wundränderdicke zu liegen kamen; ein gewichster Faden diente zur Vollendung der umschlungenen Nath. Während der Anlegung der Nadeln hatte man Mühe das vorgefallene Netz zurück zu halten, was erst dann vollkommen möglich wurde, nachdem 5 bis 6 Nadeln eingelegt waren. Ungefähr ein Centimeter des untern Wundwinkels wurde zum leichtern Ausfluss des Blutes und später des Eiters offen gelassen. Die Spitzen der Nadeln schnitt man ab und zu ihrer Unterstützung legte man folgenden Collodiumverband an: Zu beiden Seiten der Wunde, ihren Rändern parallel, wurden 1—1¼ Zoll breite, mit Collodium bestrichene Longuetten von alter Leinwand so gelegt, dass ihr innerer Rand die Spitzen der Nadeln berührte. Die Wunde selbst bedeckte man der Länge nach mit Charpie und einer Compresse, und quer über diese kamen drei oder vier Bänder von acht bis zehn Zoll Länge, welche nur an ihren Enden ein bis zwei Zoll lang mittelst Collodium festgeklebt, dabei aber ziemlich fest angezogen wurden. Das Ganze endlich wurde mittelst einer Leibbinde, als leichtem Compressiv-Verband, fest gehalten.

Jetzt erst hielt man mit den Chloroform-Inhalationen inne, welche ungefähr 1½ Stunden gedauert haben mochten und über drei Unzen Chloroform aufzehrten. Nicht dass Patientin während dieser Zeit anhaltend von demselben geathmet hätte, sie wurde aber stets unter dessen Einfluss erhalten, und wie sie sich erholen zu wollen schien, die Chloroform-Compresse wieder vorgehalten, was übrigens oft genug geschah.

Man brachte nun die Frau zu Bette, indem es durch die Beihülfe einiger wohlthätiger Nachbarn, welche reine Wäsche herbeibrachten, möglich ward, ein ordentliches Lager zu bereiten und daselbst die kalten Glieder der Patienten zu erwärmen. Der Puls zählte 150 und war sehr klein. Man erwartete mit Ungeduld das Erwachen der Kranken aus der Chloroformnarcose, was nach etwa fünf Minuten allmälig eintrat, indem sie einen tiefen Seufzer ausstiess, mit verstörtem Blicke sich umsah, eine convulsivische Bewegung machte und mit den Händen

nach den Verbandstücken griff, um sie aufzulösen, weil dieselben sie zu sehr schnüren würden. Eine halbe Stunde dauerte es, bis die Operirte den vollen Gebrauch
ihrer Sinne wieder erlangt hatte. Ueber das, was mit ihr vorgegangen, schien
sie wenigstens anfänglich nichts zu wissen, indem sie auf die Bemerkung: „ Vous
devez être heureuse d'être délivrée et cela sans avoir rien senti " antwortete:
„ Je n'en sais rien; on verra. " Die Hirschi scheint sich aber auch noch in anderm Sinne geäussert zu haben, und zwar eigenthümlicherweise dahin, dass sie
Alles gesehen, aber nichts gefühlt habe. Nach der Operation klagte sie über
keinen andern Schmerz, als über ein lebhaftes Brennen in der Gegend des Schnittes. Den Uterus fühlte man etwas nach rechts geneigt, hart, und fest contrahirt. Der Bauch war gross und etwas aufgetrieben, Schluchzen und Aufstossen,
selbst heftiges Erbrechen stellte sich ein, der Puls war erbärmlich, zeigte eine
Frequenz von 150 bis 160 ; ein heftiger Frost erschien, die Extremitäten wurden
eiskalt und kalter Schweiss bedeckte den ganzen Körper. Es schien als hätte
die Unglückliche kaum mehr eine halbe Stunde zu leben. Das Verabreichen
einiger Löffel Bouillon ohne Brod, Einwicklung in warme Tücher, Krüge zu den
Füssen und eine kalte Compresse auf den Leib vermochten zwar die Erscheinungen zu mässigen, aber — schreibt Dr. Kaiser: — „ nous nous hâtons de quitter
la maison, dans la crainte, je dois l'avouer, que l'opérée périra en notre présence,
ou entre nos mains. — Lorsque je revis notre malade, elle était convalescente,
et à peine s'était-il écoulé trois semaines depuis le jour de l'opération! "

Die strengste Diät wurde auf's Pünktlichste angeordnet, und blos eine Abkochung von Gerste und (chiendent) Graswürze (?) ordinirt. Während der ganzen
nächstfolgenden Nacht dauerte das Erbrechen einer meist gallig-gelblichen Materie fort. Den folgenden Tag sah Herr Dr. Tièche die Kranke wieder, welche
er Abends zuvor mit seinem Collegen um 7 Uhr ohne Vertrauen auf Erfolg und
ohne Hoffnung verlassen hatte; aber zu seinem Erstaunen fand er keine Ver-
schlimmerung. Leichte Oppression, etwas Husten, Haut warm aber trocken, Puls
klein, gespannt, 150 Schläge, kein Stuhlgang, häufiges Erbrechen, Frösteln,
Unterleib angeschwollen, aber wenig empfindlich, Uterus nach rechts geneigt,
hart und schmerzhaft bei der Berührung ; kein Lochialfluss. Brüste schlaff und
wenig entwickelt. Die Kranke will nichts als kaltes Wasser trinken. Drei Dosen
Calomel je zu gr. i, kalte Limonade, erweichende Clystiere, beständig kalte
Aufschläge auf den Verband wurden verordnet.

Am 11. grosse Aufregung den ganzen Tag über; Bauch stets noch aufgetrieben, Puls klein, beschleunigt, 160, fast beständiges Erbrechen. Die Kranke besteht darauf, nur kaltes Wasser trinken zu wollen. Kein Stuhlgang, Harnentleerung frei. Keine Lochien, keine Milchsekretion. Drei Dosen Calomel, kalte Aufschläge auf die Tücher des Verbandes.

12. Bangigkeit immer noch beträchtlich; das Brechen dauert fort. Bauch schmerzhaft bei der Berührung, leichte Leibschmerzen, Puls immer schwach, sehr beschleunigt, 160. Kein Stuhlgang, einige Spuren von Lochien; ein fauliger Geruch entweicht der Wunde, eiterige Ausschwitzung aus ihrem untern Ende. Brüste entwickeln sich nicht. Clystier mit Ricinusöl, Calomel wie oben.

13. Puls immer im gleichen Zustand, Bauch empfindlich, schmerzhaft, beginnende Peritonitis. Unterleib aufgetrieben, Eruption von phlyctänösen Pusteln auf seiner Haut und an den Schenkeln, der Kranken einen lebhaften Schmerz erzeugend; eine reichliche Leibesöffnung. Die Nadeln sind immer an ihrem Orte und halten gut. Verband mit einer Pomade aus Camphor, Kohle und China. Mit dem Gebrauch der kalten Aufschläge wird fortgefahren.

14. Zunge weiss, Durst glühend, Puls 150; etwas weniger Spannung des Bauches, Uterus stets nach rechts und schmerzhaft beim Drucke; diarrhoische Stühle mit etwas Kolikschmerz. Die Wundränder sind etwas geschwollen, die Nadeln ein wenig locker geworden; ein graulicher Eiter mit widerlichem Geruche schwitzt aus. Die Phlyctänen bestehen noch. Tisane von Reis mit Citronen- und Quittensyrup; Mercurialeinreibung auf den Bauch, gleiche Aufschläge, gleiche Salbe zum Verband.

15. Allgemeiner Zustand wie Tags zuvor, gleiche Behandlung, leichte Grützenbrühe.

16. Die Lochien sind reichlich, aber von fauligem Geruch, der Bauch ist ausserordentlich gespannt, droht die Stellen, wo die Hefte liegen, zu zerreissen und ist bei der leichtesten Berührung schmerzhaft. Fluktuation in der Bauchhöhle, der Ausfluss ist wegen der zu klein gelassenen Oeffnung im untern Wundwinkel behindert, was den Arzt bestimmt, an dieser Stelle zwei Nadeln zu entfernen, um der in der Bauchhöhle angesammelten Flüssigkeit genügenden Ausfluss zu verschaffen. Nach dieser Eröffnung floss sofort ein Strom einer blutig-eiterigen, stinkenden Flüssigkeit aus der Wunde, was eine merkliche Abspannung des aufgetriebenen Leibes mit fühlbarer Erleichterung der Kranken hervorbrachte. —

Im Uebrigen gleicher Verband, gleiche Behandlung, Fortsetzung des Calomel während noch drei Tagen.

19. Zustand besser. Der Puls, obschon klein, ist weniger beschleunigt und auf 100 herab gesunken. Der Leib ist weniger schmerzhaft, weicher. Wieder werden drei Nadeln, welche anfangen sich zu lockern, vom obern Wundwinkel entfernt, und durch Diachylonstreifen ersetzt, welche um den Leib herum gehen und sich auf der Wunde kreuzen, deren Vernarbung gut vorwärts schreitet. — Lochialfluss dauert fort, ist aber immer stinkend und corrodirend, was zu öftern erweichenden Einspritzungen Veranlassung gab. — Noch wenig Schlaf, Aufregung, Kranke hatte zweimaliges Erbrechen, Stühle diarrhoisch. — Bouillon, leichte Abkochung von China, gleiche Salbe, Clystiere von Mohnköpfen und Ammermehl.

21. und 22. Die Besserung ist auffallend; die Kranke verlangt zu essen. Puls 95. Stühle weniger wässerig. Die Wunde reinigt sich von necrotisirten Stücken, man beginnt ringsum Adhäsionen mit den unterliegenden und umgebenden Theilen zu erkennen. Die Ränder der Wunde, sowie ihr Grund erhalten ein lebhaft-rothes Ausschen, Granulationen treten auf und die Schmerzen des Unterleibs verlieren sich. — Die Diachylonstreifen werden, weil etwas reizend, mit Collodialstreifen vertauscht. Im Uebrigen gleiche Behandlung und gleicher Verband. Fleischbrühe und zwei Griessuppen.

24. und 25. Allgemeinzustand je mehr und mehr beruhigend. Der Leib wird weich: die Bauchhaut fängt an sich zu falten; Zunge rein; Puls 90—95. Nur zwei Stühle in 24 Stunden. Die Operirte verlangt zu essen, man vermehrt die Suppen. Die Collodialstreifen werden belassen, da sie sich in Nichts verändert hatten. Die Wundlippen scheinen gut vereinigt (bien effrontées), der Eiter findet einen leichten Ausfluss durch die unten frei gelassene Oeffnung. — Man verlässt die kalten Aufschläge.

26., 27. und 28. Zustand sehr befriedigend. Der Puls ist bis auf 80 gesunken; die Abdominalwunde verkleinert sich je mehr und mehr, ihre Vereinigung macht sich vom Grund aus nach der Oberfläche. — Auf dem Unterleib bemerkt man eine der Uterusincision entsprechende Oeffnung, durch welche eine eiterige Materie ausfliesst und die Wunde bespühlt, was befürchten lässt, dass sich hier später ein Fistelgang bilden möchte. — Die Kräfte nehmen allmälig zu. Man bemerkt etwas Auftreibung des Gesichtes und Oedem an den Füssen.

29., 30. und 31. Besserung immer zunehmend. — Alle Nadeln sind entfernt. Puls zählt nur 70. Der Bauch verliert sein Volumen, der Schmerz ist null. — Man hat die Kranke in ein Bett des Erdgeschosses gebracht, wo sie durch die grosse Hitze weniger leidet, welche herrscht. Sie kann einen Augenblick auf ihrem Bett sitzen bleiben. Der Bauch ist durch ein Compressivverband mit Collodium unterstützt. Die Wunde erhält ein je länger je besseres Aussehen und der Eiter scheint nur noch aus der mit der Gebärmutter communicirenden Oeffnung zu fliessen. Die Lochien dauern fort. — Die Kranke geniesst drei Suppen und etwas von Früchten über Tag.

Von nun an schritt die Besserung stets fort, die Kräfte nahmen von Tag zu Tag zu, der Appetit kehrte wieder, ebenso der Schlaf, die Funktionen der Haut wurden frei und die Kranke konnte vom 10. September an einen grossen Theil des Tages ausser dem Bette zubringen; die Wunde aber war erst am 20. September vollständig geschlossen. Die Lochien blieben zurück und die Kranke konnte ohne Schwierigkeit gehen. Der Anempfehlung, einen Gurt zu tragen, um die Bauchwandungen zu unterstützen und dem so häufig nach dieser Operation folgenden Auseinanderweichen der Linea alba vorzubeugen, wurde nicht Folge geleistet.

Die Menses erschienen vier Monate nach der Operation wieder, dem Zeitpunkte, wo die Frau ihren Beruf als Uhrenmacherin wieder auszuüben begann. Da die Person aber unglücklicherweise zu den mittelmässig Befähigten gehörte, so ward es ihr während der Stockung in den Geschäften dieser Industrie nicht möglich, sich genugsam in ihrem Berufe beschäftigen zu können, daher sie schon während des Winters, sowie später, ihrem Manne bei der weit beschwerlicheren Landarbeit Hülfe listen musste, ohne dass sie jedoch die mindesten Nachtheile verspürt hätte. Alles war bis zum Oktober 1859 in seinen Normalzustand zurückgetreten, und Frau Eugènie Hirschi befand sich damals schon seit längerer Zeit im Zustande vollkommener Gesundheit.

Herr Dr. Tièche schliesst seinen interessanten Bericht mit folgenden Bemerkungen:

„L'embriotomie qui eut autrefois de nombreux partisans, ne doit plus être aujourd'hui pratiqué que très rarement. Ce qui déjà a lieu en France, et c'est heureux."

„ Lorsque le rétrécissement du bassin est tel qu'il exige le morcellement de l'enfant dans le sein de sa mère, ne devrait-on pas préférer l'opération césarienne, quoique l'enfant soit mort? On conçoit facilement en effet, quels dangers court la femme quand on démembre ainsi l'enfant dans la matrice avec des instruments conduits au hazard, puisque la main ne peut pénétrer pour les diriger, et que l'œil ne saurait concourir à venir en aide à l'opération. "

„ Des faits nombreux viennent à l'appui de cette assertion, et sans trop m'étendre sur ce que dit GARDIEN *que les femmes succombent ordinairement après cette manœuvre*, et traite *d'action infâme* l'opération qui a pour but de faire périr l'enfant dans le sein de sa mère (Gr. Dict. des sc. méd. tome. II, pages 512 et 513). Je citerai encore des faits qui ont eu de fâcheuses conséquences, en les empruntant textuellement au Journal de médecine par CORVISART, LEROUX et BAYER; voici cet extrait : "

„ J'ai vu pratiquer plusieurs fois cette opération (*le déchirement de l'enfant par lambeaux*) par des hommes les plus distingués, et les femmes ont succombés immédiatement après. Dans deux cas, dit l'auteur, jai assisté à faire l'extraction de l'enfant par lambeaux: les femmes ayant péri peu d'heures après cette horrible manœuvre; chez l'une les intestins traversaient la matrice et venaient se présenter devant les lambeaux à extraire, et chez l'autre, le vagin et la partie postérieur de la matrice se trouvaient étrangement déchirés. "

„ On comprend que les suites funestes qui accompagnent l'extraction de l'enfant par lambeaux ont dû porter les accoucheurs prudents à pratiquer de préférence l'opération césarienne, et je n'hésite pas à croire que l'on finira par ne recourir à l'embriotomie que dans les cas extrêmement rares où cette opération est de nécessité absolue et où tous les autres moyens seraient insuffisants ou impraticables. "

III. OBSERVATION

d'un cas d'opération césarienne

pratiquée pour la seconde fois sur la même femme et suivie de mort
au bout de 48 heures.

Lue à la **Société médicale** du **Jura** et à la **Société médico-chirurgicale** du Canton
de **Berne**, par Mons. le docteur **KAYSER** à Tramelan.

~~~~~~~~

Le 21 Novembre 1860, à 3 heures après midi, Mr. le Dr. Joliat de Saignelégier et moi, nous pratiquâmes sur la femme Hirschi, née Keller, l'opération
césarienne qui fait l'objet de cette observation, et à la suite de laquelle l'opérée
mourut au bout de 48 heures. On se rappellera, sans doute, que Mme Hirschi
est la même femme qui, au mois d'Août 1859, subit cette opération une première fois et avec succès, quoique dans des circonstances très-défavorables.

M. le Dr. Tièche qui a fait la première opération et que j'ai assisté alors,
ayant donné déjà dans l'intéressant travail, qu'il a lu à notre dernière réunion,
des détails très-circonstanciés sur le développement physique et intellectuel de
Mme Hirschi, sur sa position sociale, ses antécédents, etc., je ne m'arrêterai pas
sur ce sujet, ne pouvant rien ajouter à ce qu'à déjà dit mon honorable collègue
et j'aborderai directement la seconde opération dont l'histoire ne sera en quelque
sorte que le complément ou plutôt la suite de l'observation de Mr. le Dr. Tièche.

Toutefois, avant d'arriver à mon sujet, je crois utile de dire quelques mots
sur les faits qui se sont passés entre les deux opérations. Dès qu'on put se
convaincre que Mme Hirschi résisterait à l'hystérotomie pratiquée en 1859, Mr. le
Dr. Tièche et moi nous nous fîmes un devoir de la prévenir, elle et son mari,
que dans le cas d'une nouvelle grossesse, il faudrait, pour la délivrer, pratiquer
de nouveau l'opération césarienne et, conséquemment, qu'en s'exposant à devenir
enceinte, elle courrait le danger d'une mort quasi-certaine, malgré le succès
obtenu une première fois. Cet avertissement fut souvent renouvelé aux époux
Hirschi qui, sans en tenir compte, continuèrent de vivre ensemble, espérant,

7

disaient-ils, que dans un autre accouchement la délivrance serait sans doute plus facile, plus heureuse. Ce que l'on pouvait craindre arriva, Mme Hirschi redevint enceinte.

Je crois que comme moi, Mr. le Dr. Tièche ne fut informé de cette nouvelle grossesse que par la rumeur publique et seulement vers le deuxième ou le troisième mois. Pour éviter les difficultés et les dangers qui se présenteraient nécessairement au terme de la grossesse, aurions-nous dû, peut-être, intervenir auprès de cette femme, lui conseiller, lui proposer un accouchement prématuré ou même l'avortement? Si l'on songe que Mme Hirschi, quoique parfaitement instruite de la gravité de sa position, ne demanda jamais ni à l'un ni à l'autre de nous d'être débarassée de sa grossesse; si l'on considère, en outre, qu'à l'exception de quelques accoucheurs anglais, presque tous les praticiens, ceux dont le nom fait autorité dans la science, n'approuvent pas l'avortement dans ces circonstances; enfin, si l'on veut se rappeler que des femmes ont subi deux, trois et même quatre fois *) l'opération césarienne, on comprendra facilement pourquoi nous n'avons pas pu nous arrêter à la pensée de provoquer un avortement pour délivrer la femme Hirschi d'une grossesse qu'elle n'avait même pas cherchée à prévenir.

Quant à un accouchement prématuré, j'étais, pour ma part, intimément persuadé que, vu l'étroitesse du bassin, il n'était pas beaucoup plus facile qu'un accouchement à terme et qu'un enfant viable, c'est-à-dire arrivé au moins au septième mois, ne pouvait pas être extrait vivant du sein de la mère par les voies naturelles. Si même à cette époque l'enfant devait donc être tué et mutilé, autant valait provoquer l'avortement à une époque moins avancée.

Cependant, vers le sixième mois de la grossesse et pour l'acquit de notre conscience, Mr. le Dr. Tièche et moi, sans avoir été appelés, nous nous rencontrâmes au domicile de Mme Hirschi pour nous rendre compte de la marche de sa grossesse, prévenir les accidents qu'il serait possible d'éviter, la placer dans les meilleures conditions en vue d'une nouvelle opération césarienne et même lui ménager les chances d'un accouchement prématuré dans le cas où il serait jugé possible et avantageux. Voici dans quel état elle se trouvait:

_____

*) Il y a environ une quarantaine d'années qu'une femme, en Allemagne, a subi pour la quatrième fois l'opération césarienne.

La femme Hirschi vaque à ses occupations et ne paraît nullement incommodée de sa nouvelle grossesse qui cependant est arrivée déjà au sixième mois. Le ventre est déjà très-saillant; la matrice offre évidemment une obliquité antérieure, une espèce d'antéversion, de manière à présenter ce que l'on appelle un *ventre en besace.*

Les parois antérieures de l'abdomen, surtout entre la symphise pubienne et l'ombilic, sont tendues et très-amincies ; on sent très-facilement et très-distinctement le corps de l'uterus; la peau est brune luisante notamment dans le voisinage de la cicatrice résultant de l'opération césarienne. Vers le milieu de cette cicatrice, conséquemment sur la ligne médiane, existe un ulcère en pleine suppuration, assez profond, ovale, long d'environ $2^1/_2$ pouces sur $1^1/_2$ de largeur. Depuis un mois et demi la mère sent les mouvements de l'enfant. Le toucher ne ,découvre rien de remarquable, sinon qu'il permet de reconnaître encore l'extrême étroitesse du détroit supérieur dont le diamètre antéro-postérieur ne nous paraît pas avoir plus de deux pouces. Le col de l'utérus est très-haut et passablement en arrière ; on reconnaît une présentation de la tête.

Avant tout, nous conseillons à cette femme de soutenir son ventre au moyen d'un bandage de corps, car l'extrême minceur de la peau, l'ulcère dont elle est le siège, l'antéversion de la matrice nous font craindre une éventration qui nous paraît même imminente En outre, nous lui donnons l'avis de se rendre le plus tôt possible à l'hôpital de Berne où elle pourra mieux se ménager et recevoir plus facilement les soins que peut réclamer son état, soit pendant la grossesse, soit au moment de la délivrance. Pour l'engager plus fortement à suivre nos conseils, nous lui rappelons encore tous les dangers de sa position et même nous la menaçons de lui refuser nos soins, si elle persiste dans l'intention d'attendre chez elle le terme de sa grossesse.

Contrairement aux promesses que nous fit alors la femme Hirschi, elle ne suivit aucun de nos avis, elle ne voulut même pas faire usage d'un bandage de corps, ou du moins si elle en porta un, ce ne fut pas longtemps, sous prétexte qu'il la gênait. Elle quitta la commune de Tavannes pour se rendre chez les parents de son mari, dans une ferme à une lieue du village de Tramelan. C'est là qu'elle attendit patiemment le terme de sa grossesse, non toutefois, sans consulter tous les charlatans des environs et, entr'autres, celui de Lyss qui doit lui avoir promis un remède infaillible pour la faire accoucher aussi facilement qu'une autre femme.

Malgré l'insouciance et l'imprévoyance de cette femme, elle arriva sans accident à la fin du neuvième mois. Dans la nuit du 19 au 20 Novembre apparurent les prodrômes de l'accouchement; mais ce n'est que dans la journée du 20, vers midi, que le travail s'établit d'une manière régulière. On fit venir la sage-femme de Tramelan qui, sachant d'avance que l'accouchement était impossible par les voies naturelles, se borna à surveiller la marche du travail en attendant l'arrivée d'un médecin. Ce n'est que vers trois heures de l'après-midi, sur la route de Tavannes, où je me rendais pour un cas pressant, que je fus prévenu de ce qui se passait. Je recommandai expressément de ne tenter aucune manœuvre et d'engager la jeune femme à attendre patiemment mon arrivée.

A mon retour, à huit heures du soir, je trouvai chez moi le mari, Mr. Hirschi, il m'apprit de la part de la sage-femme que les douleurs devenaient de plus en plus fortes, mais que les eaux ne s'étaient pas écoulées et que, du reste, il ne se présentaient rien d'alarmant ni du côté de la mère ni du côté de l'enfant. Jugeant inutile de me rendre auprès de Mme Hirschi, attendu que seul je ne pouvais pas l'opérer, surtout de nuit, je donnai un peu d'huile de jusquiame pour frictionner le ventre et une potion calmante d'eau de Laurier-cerise à prendre par cuillerées, d'heure en heure. J'annonçai que j'allais faire prévenir mon collègue, Mr. le Dr. Joliat de Saignelégier, et que le lendemain matin, immédiatement après son arrivée, nous irions ensemble la délivrer.

Le lendemain, 21 Novembre, Mr. Joliat n'arriva que vers midi à Tramelan, ensorte qu'il était près de $2^1/_2$ heures lorsque nous entrâmes au domicile des époux Hirschi. C'est une petite ferme isolée, située sur le versant nord de la montagne qui sépare du Vallon de St-Imier le village de Tramelan, dont elle est éloignée d'environ une lieue. La chambre de la malade est petite, basse, mal éclairée, humide; car les fenêtres n'atteignent même pas le niveau du sol. Ces dernières, obstruées en partie par la neige tombée deux jours auparavant, sont étroites et au nombre de deux, une au midi, l'autre à l'est. Du côté de l'ouest se trouve la chambre principale, encore plus enfoncée dans le sol et séparée seulement par une légère cloison et par un fourneau de terre commun aux deux pièces. L'air extérieur est assez froid et sec; par contre l'appartement est convenablement chauffé.

Madame Hirschi nous attendait avec la plus grande impatience; les contractions de l'utérus sont devenues si fortes, si précipitées, si douloureuses que
la pauvre femme ne veut même pas nous laisser le temps de l'examiner. Au
nom du ciel, endormez-moi, opérez-moi, répète-t-elle à toutes nos questions.
La sage-femme qui ne la, pour ainsi dire, pas quittée depuis la veille, nous
apprend que la poche des eaux s'est rompue à trois heures du matin et, qu'à
partir de ce moment, les douleurs sont devenues de plus en plus fortes au point
qu'elles paraissent en ce moment intolérables et que la femme Hirschi affirme
n'avoir jamais éprouvé, pendant toute la durée de son premier accouchement,
des douleurs dans le ventre aussi fortes, aussi violentes que celles qu'elle ressent.
En outre, la sage-femme pense que l'enfant est mort depuis environ deux heures,
attendu que depuis cette époque, elle n'a plus pu distinguer les battements du
cœur du fœtus et qu'il s'écoule une quantité de méconium par le vagin.

Depuis la veille, Mme Hirschi n'a pas quitté son lit, pauvre grabat, composé
d'un peu de paille, d'un mauvais drap de lit, d'un maigre coussin et d'un lit de
plume pour couverture. La face de la patiente est rouge, animée et semble ac-
cuser des douleurs inouïes. L'abdomen présente une forme insolite qui nous
frappe au premier coup d'œil. En effet, l'antéversion de la matrice qui existait
déjà au sixième mois est maintenant convertie en une espèce d'antéflexion; le
ventre, en forme de besace, repose presqu'en entier sur les cuisses quoique
l'ombilic soit plus haut que d'habitude et se trouve, pour ainsi dire, à l'épi-
gastre. On voit que la portion de la paroi abdominale située entre la symphise
et l'ombilic a seule suivi le développement de la matrice, ce qui explique l'extrême minceur des téguments dans cette région. On a lieu de s'étonner comment en refusant de porter un bandage de corps cette femme a pu, dans les
derniers temps de sa grossesse, se tenir debout et marcher sans être atteinte
d'une rupture des parois abdominales. L'ulcère qui existait déjà au sixième mois
de la grossesse persiste encore; il est un peu plus petit, de la grosseur d'une
pièce de deux francs et recouvert d'une croûte épaisse, semblable à la croûte
de Rupia. On ne comprend pas comment cet ulcère qui est si profond n'a pas
ouvert déjà la cavité abdominale; on verra plus tard à quelle circonstance cela
tenait.

Il est très-facile de juger de la fréquence et de l'intensité des contractions
utérines; car, à tout moment, on voit l'abdomen se soulever brusquement

au-dessus de la symphise pubienne, prendre une forme sphérique et chercher à placer la matrice dans le sens de l'axe du détroit supérieur du bassin. Chaque douleur dure environ $\frac{1}{2}$ minute et, pendant le court intervalle qui les sépare, l'abdomen retombe sur les cuisses. En palpant le ventre, on sent très-facilement toutes les parties de l'enfant, surtout quand la matrice n'est pas contractée. Par contre, à l'auscultation on ne distingue plus que le souffle placentair du côté gauche; quant aux mouvements du cœur du fœtus, il nous est impossible de les entendre. Au toucher, nous constatons, en premier lieu, l'étroitesse du bassin que si souvent déjà on a eu l'occasion de reconnaître. Très-haut et en arrière, le doigt sent l'orifice de la matrice passablement dilaté et devant lequel se présente la tête du fœtus très-mobile et sans tuméfaction du cuir chevelu, ce qui permet de constater avec la plus grande facilité une présentation de l'occiput en deuxième position. En arrière et à droite, vis-à-vis de la symphise sacro-iliaque, on trouve deux ou trois anses du cordon ombilical dont la compression aura sans doute provoqué l'évacuation du méconium qui sort abondamment par la vulve.

Au premier examen, il ne nous est pas possible de sentir des pulsations dans les vaisseaux du cordon ombilical, circonstance qui, jointe à l'impossibilité d'entendre les battements du cœur du fœtus, nous fait penser que la sage-femme disait vrai en annonçant la mort de l'enfant. Mais dans un examen subséquent, fait pendant un moment de repos de la matrice et en refoulant un peu la tête, nous sentons des pulsations très-faibles, il est vrai, dans les anses du cordon ombilical. Il est donc évident que l'enfant n'est pas mort, mais que probablement il ne pourra plus résister longtemps à la compression du cordon qui se fait à chaque contraction utérine.

L'état général de la mère est encore satisfaisant, le pouls est régulier, souple, marquant 76 pulsations à la minute; langue très-belle; selle abondante quelques instants avant notre arrivée; vessie vide; aucun accident nerveux jusqu'ici.

Qu'avions-nous à faire? fallait-il tenter l'extraction de l'enfant par les voies génitales? L'expérience du passé parlait assez haut et, lors du premier accouchement, j'avais pu déjà me convaincre de l'inutilité de tous les efforts que nous pourrions faire dans le but d'extraire l'enfant-même mutilé par les voies naturelles. D'ailleurs, l'enfant vivait et la plupart des accoucheurs condamnent, dans ces circonstances, la céphalotripsie qui, cependant, était bien évidemment la seule opération pouvant, peut-être, permettre la délivrance de la mère, par les organes génitaux. Pour ceux qui considèrent la mère comme ayant seule le droit de décider s'il faut sacrifier l'enfant ou tenter l'hystérotomie, je rappellerai que Mme Hirschi nous suppliait de pratiquer au plus vite l'opération césarienne.

Mon collègue et moi, nous étions donc bien convaincus que cette dernière opération était le seul moyen de mener notre tâche à bonne fin. Mais devions-nous attendre encore, ou bien, fallait-il opérer immédiatement ? Voici le motif pour lequel nous dûmes nous adresser aussi cette question :

A la réunion de la société médicale et pendant la discussion qui suivit la lecture du travail de Mr. Tièche sur la première opération césarienne subie par la femme Hirschi, Mr. le Dr. Blœsch, de Bienne, loin de s'étonner du résultat heureux de l'opération, quoique la femme se trouvât épuisée par un travail qui avait déjà duré 18 jours et par les tentatives d'extraction, émit l'opinion que cet épuisement devait même être considéré comme une des principales causes du succès. La femme Hirschi, a dit notre honorable collègue, vit encore parce qu'elle n'a pas eu la force de mourir, et, si je devais l'opérer, j'attendrais jusqu'au troisième ou quatrième jour de la durée du travail. Cette phrase qui paraît d'abord paradoxale est juste à certains égards; il semble, en effet, que les sujets affaiblis, épuisés se rapprochent de l'état des animaux à sang froid qui, chacun le sait, ont le privilège de ne point donner prise à l'inflammation. Mais, dans les circonstances où nous nous trouvions, pouvions-nous, devions-nous attendre encore deux ou trois jours? N'était-ce pas condamner l'enfant à une mort inévitable? Et si, après l'opération, la mère devait être menacée d'un travail inflammatoire trop violent, n'avions-nous pas la ressource d'une médication antiphlogistique plus ou moins énergique? D'ailleurs, Mr. le Professeur Stolz de Strasbourg qui en 1852 avait déjà pratiqué six opérations césariennes dont quatre avec succès, semble partager une opinion diamétralement opposée à celle de Mr. le Dr. Blœsch. Il veut que la femme, lorsque c'est possible, soit préparée à l'opération par un régime nourrissant et tonique et il conseille d'opérer avant la rupture de la poche amniotique.

Ces considérations auxquelles nous pourrions, peut-être, ajouter encore l'impatience de la femme nous engagèrent à ne point différer l'opération.

Restait à choisir le procédé selon lequel on opérera. L'incision sur la ligne blanche même qui avait parfaitement réussi la première fois, nous parut contre-indiquée par l'ulcère qui se trouvait sur cette ligne et qui eut entravé la suture. Nous prîmes le parti d'inciser les téguments parallèlement à l'ancienne cicatrice, à environ un pouce de la ligne blanche; c'est, du reste, le lieu d'élection que préconise Mr. le Professeur Stolz.

Le lit étant beaucoup trop large et ne permettant pas un accès facile auprès de la malade, nous plaçons Mme Hirschi comme le jour de la première opération, c'est-à-dire qu'elle est amenée au bord du lit et couchée au travers, la tête soutenue par un aide. Les jambes dépassant le bord du lit sont maintenues écartées par deux autres personnes de manière à tenir les cuisses et les jambes un peu fléchies. Mon collègue et moi, nous nous plaçons entres les jambes de la femme; Mr. le Dr. Joliat se charge de maintenir appliquées contre la matrice les bords de la plaie abdominale.

Nous faisons d'abord respirer du cloroforme à la patiente et elle a assez de peine à s'endormir. Il est vrai que nous poussons l'anesthésie jusqu'à insensibilité complète. Dans cet état, le pouls n'a pas cessé d'être régulier; il bat 60 coups à la minute; la respiration en rapport parfait avec la circulation ne présente rien d'extraordinaire. L'anesthésie n'a exercé aucune influence sur les contractions utérines qui continuent aussi fortes et aussi fréquentes qu'auparavant; le fond de la matrice se relève encore chaque fois pour donner à l'organe la direction de l'axe du détroit supérieur.

L'incision de la peau longue d'environ 6 pouces est faite ainsi que nous en étions convenus sur le côté gauche de la ligne médiane à un pouce de cette dernière et s'arrête à environ 2 pouces de la symphise. La peau est tellement mince que du premier coup de bistouri, nous nous trouvons sur le corps de la matrice. Cet organe est ouvert avec précaution et parallèlement à la plaie externe; il ne renferme plus que très peu de liquide amniotique teint par du méconium, en sorte que l'enfant se présente dès que nous sommes arrivés dans la cavité. Après avoir agrandi suffisamment la plaie utérine nous introduisons la main dans l'utérus et saisissant le fœtus par les extrémités inférieures, nous en opérons l'extraction avec la plus grande facilité. L'incision de l'utérus est tombée au bord même du placenta qui, situé à gauche, sur le fond de la matrice, se décolle au moment où cet organe revient sur lui-même; l'extraction du placenta ne présente donc aucune difficulté. Jusqu'à ce moment l'opération na pas durée plus de cinq minutes.

Quoique la matrice se soit assez bien contractée il se fait une hémorrhagie artérielle très-forte, très inquiétante et qui dure de 20 à 25 minutes malgrè l'application dépongés imbibées d'eau à la température de 0°.

Je suis convaincu que la perte de sang est beaucoup plus forte qu'à la première opération et voici probablement pourquoi : Le péritoine qui recouvre la partie antérieure de la matrice est considérablement épaissi et même calleux par suite, sans doute, de là première opération; il empêche à raison de cet état anatomique, les bords externes de la plaie uterine de se rapprocher autant que les bords internes, ensorte que les extrémités des vaisseaux incisés dans l'épaisseur de la paroi utérine ne se trouvent pas rapprochées et donnent un libre écoulement au sang. L'écartement des bords externes de la plaie uterine mesure près d'un pouce et demi.

Pendant l'hémorrhagie il survient des nausées et des contractions tres-violantes de l'estomac et des parois abdominales, contractions qui ne disparaissent qu'après le vomissement de quelques matières biliaires. Pendant l'opération, pendant l'hémorrhagie et pendant les efforts de vomissements, les parois abdominales ont été constamment appliquées contre l'uterus, ensorte qu'il n'a pénétré probablement ni sang ni liquide amniotique dans la cavité abdominale.

Par suite de l'hémorrhagie l'opérée à singulièrement pali, le pouls est devenu très-faible et marque 136.

Dès que le sang a cessé de couler, nous fermons la plaie abdominale au moyen d'épingles et de la suture entortillée. La peau étant très-mince, nous sommes obligés de rapprocher les épingles et de traverser toute l'épaisseur de la paroi abdominale, le péritoine compris. (A la première opération, les épingles ne traversaient point le péritoine.) Quatorze épingles sont placées sur une longueur d'environ onze centimètres et demi (4 pouces) laissant à l'angle inférieur une ouverture d'environ 4 centimètres pour l'écoulement des liquides. En passant les épingles, on constate que la paroi abdominale adhère à la matrice dans toute la surface qui correspond à l'ulcère que nous avons signalé. Cette adhérence avec l'utérus explique comment, malgré la profondeur de l'ulcère la cavité abdominale n'a pas été ouverte par l'amincisssement des téguments.

La paroi abdominale semble avoir perdu toute espèce de tonicité ; elle ne revient pas sur elle-même et demeure flasque, formant une quantité de plis au milieu desquels se dessine parfaitement la forme de la plaie utérine. Vu l'absence

8

de tension des parois abdominales et la liberté d'écoulement laissée au liquides, il n'est rien ajouté au pansement, ni bandelettes agloutinatives, ni bandage de corps. Le pansement terminé la femme revient à elle et déclare se trouver parfaitement bien et n'avoir rien senti. La paleur de la face a diminué et le pouls bien que très-petit ne bat plus que 112 fois par minute. Soixante grammes (2 onces) de chloroforme ont été employés pour maintenir la femme endormie depuis le commencement de l'opération jusqu'à la fin du pansement.

L'enfant, au moment où il fut extrait de la matrice paraissait souffrant; mais à la suite de soins qui lui furent immédiatement donnés par la sage femme, il revint à la vie et finit par pousser des vagissements qui ne laissèrent plus aucune inquiétude sur son compte. C'est une fille présentant tous les caractères d'un enfant né à terme, très-bien constituée et pesant 7 livres trois quarts.

Après l'opération, la malade fut placée dans son lit dans le décubitus dorsal; on lui appliqua sur le ventre des compresses imbibées d'eau froide et une cruche d'eau chaude aux extrémités inférieures. Au moment où nous quittâmes la ferme, environ une heure après l'opération, la mère se trouvait dans un état très satisfaisant: La vue de son enfant sembla lui faire oublier toutes ses souffrances, elle se trouva heureuse d'être mère.

Le ventre avait très-peu augmenté de volume; le pouls était à 112. Point d'hémorhagie apparente ni par la plaie ni par le vagin.

Prescription. Toutes les heures une cuillerée de la potion suivante:

B. Tinct. opii crocat. gtt. XX.

Kal. nitric. dep. 4. 00

Syr. simpl.   30. 00

Aq. destillat.   200. 00

Quelques petits morceaux de glace s'il survenait des vomissements; combattre le froid des extrémités; compresses froides et même un peu de neige sur le ventre; repos; diète absolue etc.

Le lendemain, 22 Novembre à 11 heures du matin, je trouvai notre opérée dans un état qui n'offrait rien d'inquiétant. Elle n'avait eu que deux ou trois vomissements dans la soirée, et ils avaient cessé après qu'on lui eut fait prendre quelques petits morceaux de glace. Depuis l'opération elle avait été très-calme et, pendant la nuit, elle avait même dormi plusieurs heures. Elle n'avait pris jusqu'alors que 6 ou 7 cuillerées de sa potion, et les compresses froides n'avaient été changées que rarement dans la crainte de l'éveiller. Les réponses de la malade étaient bien nettes; elle n'accusait aucune douleur ni dans le ventre, ni ailleurs. La peau de l'abdomen était un peu revenue sur elle-même et ne formait plus des plis aussi marquée que la veille quoique le ventre n'eût pour ainsi dire pas augmenté de volume. On distinguait très-facilement l'écartement des bords externes de la plaie uterine; cet écartement avait même augmenté.

Ecoulement d'un liquide rosé inodore par la plaie abdominale, rien du côté du vagin. Pieds chauds; peau froide à la figure et aux mains; Pouls 112, moins faible que la veille et toujours régulier. Langue très-belle, humide; point de selles, mais la malade a uriné.

Prescription: Continuer la potion et suivre le même traitement.

Il me fut impossible de retourner auprès de la malade dans la soirée du même jour; toutefois, vers 8 heures du soir la sage-femme vint me faire rapport sur l'état dans lequel elle l'avait trouvée. Elle m'affirma que Mme Hirschi se trouvait aussi bien qu'au moment de ma visite et qu'elle n'avait rien découvert d'alarmant. La malade n'avait eu dans la journée que deux ou trois vomissements que l'emploi de la glace avait fait cesser.

Il parait que pendant une bonne partie de la nuit du 22 au 23, l'opérée continua de se trouver assez bien; par contre, j'ai appris le lendemain que vers 3 heures du matin, il survint tout-à-coup des vomissements fréquents que rien ne pouvait plus arrêter. Le ventre parut augmenter un peu de volume, les extrémités devinrent froides et le facies changea d'expression d'une manière effrayante. A part les vomissements la malade ne parut pas, il est vrai, souffrir d'avantage; elle n'a pas accusé de douleur dans la cavité abdominale.

Malgré l'ordre que j'avais donné de m'avertir au premier accident qui viendrait à surgir, les parents de la malade ne me firent point prévenir de ce changement qu'ils avaient cependant remarqué et qui alla toujours en empirant. Je fus donc bien surpris lorsqu'à ma visite, vers 11½ du matin, je trouvai l'opérée dans un état de prostration qui ne laissait plus aucun espoir de la sauver. Le corps était froid, le pouls des artères radiales avait disparu et les pulsations du cœur se succédaient avec une rapidité telle qu'il était impossible de les compter. Les facultés intellectuelles, cependant, étaient encore intactes et la malade nous supplia de lui accorder du café au lait. Les deux ou trois cuillerées qu'on lui donna ne restèrent pas 10 minutes dans son corps. Le ventre n'offrait aucun changement notable ; les parois en étaient froides; il s'écoulait par la plaie et par le vagin un liquide légèrement rouge, inodore, semblable à celui de la veille. Depuis ma dernière visite la malade n'avait pas pris de sa potion pour le motif qu'elle ne la trouvait pas bonne.

Je voulus tenter encore l'effet d'une infusion d'Arnica avec Gouttes d'Hoff-mann etc.; mais, lorsque deux heures après, le commissionnaire arriva avec la potion, la malade expirait.

L'autopsie faite 44 heures après la mort, n'a pas été complète, dans ce sens que la cavité thoracique et le cerveau ne furent point examinés. Encore ai-je eu beaucoup de peine d'obtenir des parents la permission de toucher au cadavre déjà habillé pour l'inhumation. Il n'y consentirent que lorsque je leur eus fait la promesse d'ôter simplement les épingles et de me contenter de voir par la plaie ce qui s'était passé dans le ventre. Il va sans dire que je n'ai pas tenu parole et que laissé seul auprès du cadavre avec un de mes amis et la sage-femme, j'ai exploré toute la cavité abdominale. J'ai même fait plus, j'ai enlevé le bassin.

Le ventre du cadavre présentait un volume pour le moins aussi grand que celui qu'il avait avant l'opération, les plis de la paroi abdominale avaient disparu et celle-ci était fortement tendue. Ce ballonnement ne s'était produit que 24 heures après la mort. Lorsque les épingles furent arrachées, la plaie abdomi-nale s'ouvrit largement et les intestins firent hernie. Il n'y avait encore aucun travail de cicatrisation; les bords de la plaie offraient le même aspect que le jour de l'opération, excepté qu'ils étaient plus livides et plus flasques.

Arrivé dans la cavité abdominale que j'explorai avec soin, je ne découvris aucun signe anatomique d'une péritonite récente. Point d'épanchement, point de pus, point d'injection des tissus, point d'adhérences récentes. Le péritoine présentait partout une surface luisante et unie. Il est vrai que la portion de cette séreuse qui recouvrait le corps de l'utérus était plus épaisse et comme calleuse; elle offrait, en outre, une forte adhérence avec la paroi abdominale dans tout l'étendue correspondant à l'ulcère dont nous avons parlé plus haut. Mais ces altérations pathologiques étaient évidemment des suites de la première hystérotomie, puisque nous avions pu les remarquer au moment de l'opération: elles n'étaient, du reste, pas de formation récente.

L'utérus fut extrait tout entier du bassin et ne m'offrit rien de particulier. L'incision avait été faite très-nettement; partant du fond de l'utérus, à gauche de la ligne médiane, elle descendait obliquement de droite à gauche. L'ancienne cicatrice plus rapprochée de la ligne médiane et également oblique de droite à gauche, avait moins d'épaisseur que les parois de l'utérus et à deux places elle était beaucoup plus large qu'ailleurs; elle paraissait n'être formée que de tissu fibreux.

Les intestins et l'estomac distendus par des gaz qui s'étaient produits après la mort ne présentaient également rien d'extraordinaire, soit à l'intérieur, soit à la surface péritonéale. Le rectum ne contenait qu'un peu de matière fécale grise et molle. La vessie était vide; le foie, la rate et les reins semblaient être à l'état normal.

Enfin, je dois avouer que l'autopsie ne m'a rien appris sur la cause probable de la mort et que j'ai été fortement surpris de ne point découvrir les traces d'une péritonite alors que la malade me paraissait avoir succombé à une affection de ce genre.

J'ai déjà dit que j'étais parvenu à m'emparer du bassin, je l'ai préparé et au lieu de vous en faire une longue description je vais vous le présenter. (Tab. II, Fig. 1 et 2.)

Vous verrez qu'il offre à un haut degré les caractères d'un bassin rachitique. Je ferai seulement remarquer une chose, c'est que à l'état naturel, les diamètres étaient encore plus courts qu'ils ne le paraissent maintenant. Les ligaments sacro-vertébral antérieur, sacro-iliaques, ainsi que celui de la symphise pubienne avaient une épaisseur triple de celle qu'on trouve ordinairement, ensorte que le diamètre antéro-postérieur du détroit supérieur qui mesure maintenant 65 millimètres en comptait à peine 60 à l'état frais. *)

---

*) Das sceletirte Becken bietet folgende Dimensionsverhältnisse: Höhe des ganzen Beckens 15¹/₄ Centim. 5'' 2'''. Höhe der hintern Beckenwand 10¹/₂ Centim. 3'' 5''', der vordern Beckenwand 3¹/₂ Centim. 1'' 2''', der seitlichen 8¹/₂ Centim. 2'' 8'''. Länge des Kreuzbeins 9 Centim. 3''.
Beckeneingang: gerad. Durchm. 7¹/₄ Cent. 2'' 4''', querer 14¹/₂ Cent. 4'' 6''', schiefer 12¹/₂ Cent. 4'' 2'''
Beckenhöhle: „   „   10¹/₂ „   3'' 5''',   „   14   „   4'' 7''',
Beckenausgang: „   „   10   „   3'' 3''',   „   14   „   4'' 7''',
Diagonalconjugate 8³/₄ Cent. 2'' 9'''. Distant. bispinal. 25 Cent. 8'' 4'''. Dist. sacrocotyloid. 7 Centim. 2'' 3''', Dist. pubor synchondr. 11 Centim. 3'' 6'''. Wölbung des Schoossbogens circa 100°. Winkel der vordern Beckenwand mit der Conjugate 100°, der hintern 130°.

Une dernière observation que je crois utile de consigner ici, c'est que avant de disséquer le bassin, conséquemment, avant d'avoir coupé un seul ligament, j'ai été frappé de la grande mobilité que présentait le sacrum. En effet, cet os n'était point lié aux deux iliaques à la manière des symphises ou amphi-arthroses; les articulations sacro–iliaques avaient plutôt les caractères des arthrodies, avec des cartilages articulaires lisses et une membrane synoviale. La coction a malheureusement fait disparaître ces caractères de la préparation. Malgré l'épaisseur extraordinaire des ligaments sacro–iliaques, le sacrum pouvait donc opérer entre les deux os iliaques surtout de haut en bas et d'avant en arrière, un glissement de plusieurs lignes. Je ne pense pas que la grossesse ait été la cause unique de cette mobilité insolite, car on se rappellera que Mme Hirschi était rachitique et qu'elle n'a pas pu marcher avant l'âge de 10 ans. Sa marche, du reste, même hors l'état de grossesse ressemblait à celle du canard ce qui dépendait probablement de la mobilité qu'avait conservé le sacrum.

IV. KAISERSCHNITT von Dr. Büchler

in Steffisburg.

Ich erlaube mir, hier den mir als confidentielle Mittheilung und nicht zur wörtlichen Veröffentlichung von Herrn Dr. Büchler gefälligst übersandten Brief dennoch nach seinem Wortlaute mitzutheilen. Er datirt vom 29. November 1860 und lautet:

„In der Nacht vom 18. auf den 19. November 1860 wurde ich zu einer 32 Jahre alten, schwächlichen Erstgebärenden von 4 Fuss 4 Zoll Länge gerufen und konnte schon aus den Berichten des Boten (Vater der Gebärenden) nach Mittheilungen der Hebamme auf einen sehr schweren Fall mich gefasst machen, daher ich mich auch sofort mit allen möglicher Weise nöthigen Geräthschaften versah."

„An Ort und Stelle (etwa 1$^{1}/_{2}$ Stunden von Steffisburg) angekommen, überzeugte ich mich sogleich, dass hier weder Zange noch Perforatorium helfen

könnten, denn das Becken war rhachitisch missstaltet, mit einer Conjugata von
kaum zwei Zoll, das Kind lebend, denn ich erkannte deutlich den Herzschlag
der Frucht. Die Fruchtwasser waren schon seit einiger Zeit abgeflossen, der
Muttermund stand offen, und auf dem Beckeneingang befand sich, wie ich vermuthete und sich später bestätigte, der Kindskopf in erster Scheitellage. Obschon
die Mutter schon seit 16 Stunden in kräftigen und theils schmerzhaften Wehen
gelegen hatte, so war doch noch kein bedeutender Grad von Erschöpfung vorhanden."

„Was war zu thun? — Nach dem Rathe aller Schriftsteller war der *Kaiserschnitt* angezeigt. Sollte ich denselben ohne Assistenz eines Collegen vornehmen?
oder einen solchen herbeiholen lassen? was vier Stunden gedauert hätte, während welcher Zeit die Mutter mehr erschöpft, und möglicher Weise das Kind
abgestorben, also die Prognose misslicher, und ein Hauptzweck der Operation
verloren gegangen wäre!"

„Es sträubte sich Niemand gegen die Operation, ich entschloss mich daher,
sie sogleich vorzunehmen und brachte alle nöthigen Utensilien in Bereitschaft,
wie Nadeln, Heftpflasterstreifen, warmes Wasser, Schwämme etc. etc., sowie
ferner die nöthigen, oder möglicher Weise nothwendig werdenden Instrumente,
als Bistouri, Hohlsonde, Pincette, Scheere u. s. w."

„Wo nun aber die Assistenten hernehmen, welche man bei einer solchen
Operation haben soll? — Da war die Hebamme, der Vater der Gebärenden und
eine Frau aus einem Nachbarhause, die mir behülflich sein wollten, sonst wagte
Niemand dabei zu sein. Ich hätte übrigens in der engen Stube auch Niemand
mehr placiren können, ohne dass sie mir im Weg gewesen wären."

„Operationstisch konnte ich keinen herrichten, setzte daher die Gebärende
auf den rechten Rand des Bettes, den Oberleib ein wenig gehoben, den ganzen
Körper etwas mehr auf die rechte Seite gekehrt, damit — wie ich glaubte, und
wie auch wirklich geschah — der Uterus sich mehr nach rechts lege. Die Beine
wurden mit einem Leintuch befestigt, um ihre Bewegungen zu verhindern."

„Den einen Gehülfen, nämlich den Mann, placirte ich, nachdem ich ihn wohl
instruirt hatte, auf das Bett neben die Gebärende; die Nachbarsfrau musste
sich auf die rechte Seite neben den Kopf der Frau stellen, um mir zu leuchten,
oder, wenn nöthig, die Gebärende zu halten oder ihr Getränk zu verabreichen.
Die Hebamme, welche mir namentlich behülflich sein musste, nahm Platz zwischen

mir und letzterer Gehülfin. Ich selbst stand rechts neben der Gebarenden, der Operationsstelle entsprechend."

„Blase und Mastdarm waren entleert, und nachdem nun die Gebärende gehörig chloroformirt worden war, machte ich sorgfältig, einen Zoll unter dem Nabel beginnend, einen Zoll langen Schnitt in der weissen Linie bis auf das Peritonæum, wobei es etwas blutete, aber sogleich nachliess. Hierauf öffnete ich mit einem kleinen Schnitt das Bauchfell, führte die Hohlsonde ein, und erweiterte die Wunde mit dem geknöpften Bistouri nach unten bis ein Zoll über den Schambeinen, wobei ich auch keinen Tropfen Blut bemerkte, was ich theilweise dem Umstand zuschreibe, dass ich die weitere Eröffnung der Wunde mit dem hintern, wenig mehr scharf schneidenden Theile des Messers ausführte und daher mehr sägte als schnitt! — Gedärme drangen fast gar nicht durch die Wunde vor, obschon solche zwischen Uterus und Bauchwand gelagert waren, welche ich auch zurückschieben musste, um den Einschnitt in die Gebärmutter machen zu können. In den Uterus machte ich wieder im obern Theile der Wunde einen kleinen Schnitt und erweiterte denselben nach unten auf dem eingebrachten linken Zeigefinger. Die Oeffnung in der Bauchwand war 4 Zoll und 4 Linien, diejenige in der Gebärmutter mochte etwas kleiner sein."

„Die Entwicklung des Kindes geschah, indem ich dasselbe mit der linken Hand beim Steiss ergriff und auszog, während die rechte Hand den Kopf fasste. Es wurde neben die Mutter gelegt und sogleich die Nachgeburt entfernt, welche bereits losgelöst sein musste, daher die Wegnahme ganz leicht geschah. — Entfernung des Kindes und der Nachgeburt dauerte kaum eine halbe Minute."

„Das Kind lebte und wurde der Hebamme zum Abnabeln und zur weitern Besorgung übergeben."

„Da ich kein Blut an den Gedärmen und in der Bauchhöhle bemerken konnte, schritt ich sogleich zur Vereinigung der Wunde; die Gedärme waren leicht zurück zu halten. Ich legte neun Knopfnähte an und zwischen ihnen Heftpflasterstreifen, welche nicht ganz um den Leib herum giengen; der untere Wundwinkel wurde nicht offen gelassen, weil ich es wegen des vollkommen fehlenden Ergusses in die Bauchhöhle nicht für nöthig hielt. Ueber die Wunde kam eine Compresse, das Ganze befestigte ich mit einer Leibbinde und — Gottlob! — die Operation war zu Ende! — "

„Patientin war unterdessen aus dem Schlaf erwacht und erhielt eine Erfrischung. Besser hätte sie aber nicht eingeschläfert werden können, was auch ein grosses Glück war, denn wäre sie während der Operation erwacht, worauf ich freilich gefasst war, so hätte dieser Zufall doch jedenfalls eine bedeutende Störung gebracht. "

„Das Kind war und blieb gesund; "

„*Wochenbett.* Folgenden Tags, den 19. November, verordnete ich Ol. Ricini 2 bis 3 Esslöffel und 2 stündlich 1 gr. Calomel. — Diess verursachte aber keinen Stuhlgang."

„Abends desselben Tages befand sich Patientin wohl und klagte nur über etwas Kopfschmerz, Puls 104. "

„Den 20. Morgens war auch noch kein Stuhlgang erfolgt, daher ich auch eine Gabe von gr. 5 Calomel verordnete, worauf sich mehrere Stühle einstellten. "

„Abends befand sich Patientin wohl, klagte über keine Schmerzen, und der Lochialfluss fieng an normal zu fliessen. Etwas Husten hatte sich eingestellt, wogegen ein Pulvis Doweri gegeben wurde, worauf die Nacht ruhig verlief. "

„Den 21. Allgemeinbefinden verhältnissmässig gut, Puls 120; Urinabgang in Ordnung. — Noch habe ich vergessen zu bemerken, dass ich sogleich nach der Operation kalte Aufschläge auf den Unterleib machen liess. — "

„So blieb sich das Allgemeinbefinden während mehreren Tagen ungefähr gleich, bei einem Puls von 110 bis 114; nie erschien erheblicher Frost oder Fieberhitze. Die Zunge war stets feucht, Patient klagte nie über starken Durst, verlangte dagegen nach Suppen. — Der Bauch wurde allmälig kleiner, die Gebärmutter zog sich gehörig zusammen, und über Schmerzen in der Wunde oder sonst wo, wurde nie geklagt. "

„Den 23. (also am sechsten Tage nach der Operation) nahm ich zwei Drittheile der Nähte weg und ersetzte sie mit Collodialstreifen, zwei Tage später wurden auch die andern Ligaturen entfernt und ein Collodiumverband angelegt. Die Wunde begann an einigen Stellen zu eitern, wo dann Chamillen-Compressen aufgelegt und mit einer Leibbinde gehalten wurden. — Der Verband wurde täglich erneuert."

„Am 26. (neun Tage nach der Operation) war der Puls bereits auf 80 herabgesunken, und ist seither nicht wieder gestiegen. Die Zunge reinigt sich. "

9

„Heute, den 29. (zwölf Tage nach der Operation) befindet sich die Wöchnerin — wie übrigens fast während der ganzen Zeit — als ob die Geburt regelmässig vorüber gegangen wäre. Die Wunde ist fast ganz verwachsen und zugeheilt. — So glaube ich, die Frau sei nun bei irgend ordentlicher Besorgung ausser Gefahr. "

Da ich nun über diese Mittheilungen noch einzelne Aufschlüsse wünschte, so hatte Herr Dr. Büchler die Gefälligkeit, mir unterm 4. März 1861 folgende Ergänzungen seines obigen Berichtes zukommen zu lassen, die ich ebenfalls wörtlich mittheile.

„Die fragliche operirte Person hatte an Rhachitis gelitten, sowie auch ihre Geschwister. Sie lernte desshalb sehr spät gehen und dazu noch schlecht. Ich kannte die Person vorher nicht. Die Hebamme liess mir sagen, es handle sich um einen schwierigen Fall. Ich habe wirklich kein Heftpflaster mit mir genommen, konnte dasselbe aber schnell holen lassen; das Uebrige hatte ich bei mir, wie ich es gewöhnlich mitnehme (Chloroform, Etui u. s. w.). — Der Uterus neigte sich nach links und die Gedärme lagen hinter der Linea alba, daher die bezeichnete Lagerung der zu Operirenden. — Der Mann hinten auf dem Bette hat eigentlich nichts gethan; er war bestimmt, die Bauchdecken und den Uterus zu halten. Diess war aber gar nicht nöthig, da die Hebamme die Gedärme zurück hielt. Der Uterus drängte sich nicht in die Bauchwunde; bei Eröffnung des Bauchfelles bemerkte ich keinen Ausfluss einer serösen Flüssigkeit. Die Blutung bei der Eröffnung des Uterus war höchst unbedeutend, die Placenta traf ich nicht. Das Kind stellte sich mit der rechten Seite in die Wunde; ich entwickelte zuerst den Steiss mit der linken Hand aus dem obern Wundwinkel und nachher den Kopf mittelst der rechten Hand über dem untern, indem ich die Hand unter den Kopf schob und ihn hervorhebelte. Das Kind schrie sogleich und hatte die Zeichen der Reife. Ich entfernte die Nachgeburt ohne vorher abzunabeln; wo sie angeheftet und ob sie schon vor der Operation losgelöst war, kann ich nicht bestimmt sagen. Der Uterus zog sich sogleich zusammen und die Wunde klaffte nicht, wie gross sie nach der Entleerung des Uterus war, darauf habe ich nicht acht gegeben. Die Gedärme, besonders das Netz, hatten sich etwas vorgedrängt. Ich suchte zu vermeiden, das Bauchfell mitzufassen, es wurde aber gleichwohl mit einzelnen Heften gefasst. Die Wunde hatte 4 Zoll 4 Linien Länge. Ich legte desshalb so viel Ligaturen, weil sich das Netz immer

in der Wunde vordrängen wollte. Nach der Operation war Patientin in ganz
gutem Zustande; sie wusste nicht, wie sie entbunden worden war und vernahm
es erst nach zwei Tagen. Ich hatte ihr vor der Operation allerdings gesagt,
was ich machen wollte, und sie hatte eingewilligt, schien mich aber nicht begriffen zu haben. Ich weiss wirklich nicht, wie lange die Operation gedauert
hat, jedenfalls keine Stunde, vielleicht kaum eine halbe. Patientin fühlte durchaus nichts von derselben. Es stellte sich folgenden Tages etwas Auftreibung des
Unterleibes ein, ohne besondere Empfindlichkeit. Die Wunde heilte per primam
intentionem, blos einzelne Stellen eiterten oberflächlich. Es wurden fünf Tage
lang kalte Aufschläge gemacht. Ich gab Anfangs Calomel, um Stuhlgang zu
befördern, später nur Aq. Laurocer, und Abends Pulv. Doweri gr. V, weil etwas
Husten da war. Nach dem zweiten Tage hatte sich tägliche Leibesöffnung eingestellt. Der Schlaf war immer gut und Patientin klagte nie über Schmerzen.
Die Operirte hat selbst gestillt. Am 21. Tage nach der Operation wollte ich sie
aufstellen, kam aber zu spät, sie war schon selbst aufgestanden und zwar, wie
ich vernommen, natürlich gegen mein bestimmtes Gebot, schon einige Zeit vorher
mehrere Male. Ich hatte ihr befohlen die Leibbinde ja nicht abzulegen, als sie
aber nach einigen Wochen mich besuchte, war dieselbe weg und der Bauch
längs der Wunde bedeutend vorgetrieben, sowie die Wunde selbst, ein Wunder,
dass sie nicht wieder auseinander getrieben war; sie sieht übrigens ganz schön
aus. Patientin erfreut sich seither einer relativ guten Gesundheit, sowie auch
ihr Kind; nur ist sie schwach, wie schon früher, worüber man sich aber nicht
verwundern darf, da sie statt einer guten Kost und etwas Wein, wie ich verordnet, von ihrem Vater nur Vorwürfe und Prügel erhält! Es wäre für sie und
ihr Kind ein Glück gewesen, wenn sie hätten sterben können, aber — aber —
gerade desshalb ist die Operation gelungen!"

V, VI und VII. DREI KAISERSCHNITTE im Gebärhause zu Bern.

Erster Fall.

(Taf. II. Fig. 3, 4 und 5.)

Elisabeth Weber, 39 Jahre alt, war die Jüngste von acht Geschwistern, von denen die Meisten in der ersten Kindheit starben, die noch lebenden aber nicht eben zu den körperlich und geistig Bevorzugten gehören sollen. Vom Vater heisst es, dass er ein torpides Subjekt, von der Mutter, dass sie stets kränklich gewesen und „ an der Auszehrung " gestorben sei.

Ueber die Kinderjahre der E. W. konnte man wenig Zuverlässiges in Erfahrung bringen. Erst im dritten Altersjahr habe sie gehen lernen, was indessen bis auf die letzte Zeit immer mühsam genug zugieng, bis zum sechszehnten Altersjahre aber so beschwerlich war, dass die W., wenn sie vorwärts schreiten wollte, immer erst einige Augenblicke stehen bleiben und sich gleichsam sammeln musste, worauf dann der Entengang langsam und beschwerlich angetreten wurde. Dieser wackelnde Gang, indem sich Patientin von einem Bein auf das andere balancirte und beim Vorschreiten ein innwärtsgebogenes Knie vor das andere stellte, dauerte bis zur Entbindung fort. Die W. bezeichnete ihr früheres Leiden als Gliedersucht, weil einiger Schmerz in den Schenkeln damit verbunden war; in ihrem sechszehnten bis neunzehnten Altersjahre will sie diese Gliedersucht durch den mehrmaligen Gebrauch von Ol. jecor. As. geheilt und sich seither einer guten Gesundheit erfreut haben, was so viel heissen mag, als: die Person habe keine besondere Krankheit durchgemacht. Nach dem letztmaligen Gebrauche des Leberthrans im neunzehnten Altersjahr erschienen die Menses, welche während circa acht Jahren zwar von keinen besondern Beschwerden begleitet, aber in Beziehung auf ihr Auftreten sehr unregelmässig waren. Von 1848 hinweg blieben sie sich jedoch gleichmässig und erschienen ohne Beschwerde, je dreiwöchentlich während nur vier bis fünf Tagen ziemlich stark.

Zu Anfang August 1860 berieth sich die Pflegemutter der W. bei der hiesigen Armenhebamme, Frau Lemp, ihr dieselbe vorstellend, ob die E. W. nicht vielleicht schwanger sei. was bejaht wurde, indem Fr. L. nach dem Stande des Uterus zu schliessen, den Termin der Schwangerschaft auf den siebenten Monat ungefähr feststellte, und mit Bestimmtheit glaubte Kindsbewegungen bemerkt zu haben. Das Aussehen und die kleine Statur der Person veranlassten jedoch die Hebamme, dahin zu wirken, dass die Weber baldmöglichst einer genauern geburtshülflichen Untersuchung unterzogen werde, welche indessen erst Mitte Augusts von meinem Vater vorgenommen werden konnte.

Die Weber misst 39¹/₂ Par. Zoll, auf den ersten Blick erkannte man die Disproportion der einzelnen Körperparthien, das Aussehen war mehr torpid scrophulös, die Haut blass, die Muskeln schlaff, die Extremitäten mager, die obern verhältnissmässig lang, die untern kurz und rhachitisch verbogen, Kopf etwas dick, Gesichtsausdruck nicht gerade stupid, aber nichts weniger als intelligent. Die zurückgezogene Lebensweise als Nätherin bei einer geistesarmen, abergläubischen Frau konnte nicht anders als eine sehr beschränkte intellektuelle Entwickelung zur Folge haben. Die Aussagen der W. waren indessen damals sehr bestimmt und consequent. Diese lauteten in Beziehung auf ihre Schwangerschaft dahin: der 22. Febr. 1860 sei der letzte Tag ihrer zum letzten Male regelmässig erschienenen Menstruation gewesen, seither hätten sich nur drei Mal zu unbestimmten Zeiten Spuren von Blutabgang gezeigt. Leichter Fluor albus, den sie schon im Verlauf des letzten Winters bemerkt hätte, sei seither etwas stärker geworden. Aus der Zeit des Zurückbleibens der Menses schloss sie, dass sie Ende Februars oder Anfangs März schwanger geworden sei, in welchem Glauben sie dadurch bestärkt wurde, dass zu dieser Zeit das Gefühl von Unwohlsein, Ekel vor Speisen und Appetitlosigkeit sich eingestellt hätten. Diese Beschwerden veranlassten die W. nach Ostern Laxierspecies zu gebrauchen, worauf vollkommenes Wohlsein wiedergekehrt sei. Auch — wie sie sagte — gliedersüchtige Schmerzen in der Gegend der untersten Rippen, welche später auftraten, will sie durch Waschungen mit Lavendelgeist im Brachmonat ganz kurirt haben. Ueber die Zeit der beginnenden Ausdehnung ihres Leibes und über die Entwicklung der Brüste sagte die Person aus, dass sie beide Erscheinungen ungefähr gleichzeitig um Pfingsten (27. Mai) bemerkt hätte; zu Ende Mai aber habe sie die ersten Kindsbewegungen verspürt. Ueber die Art dieser letztern giebt sie aber sehr unklare Auskunft.

als ein Gefühl von Blähung, von Wellenbewegung, von „rühren", hie und da von zappeln u. dgl. Diese Empfindungen hätten allmälig zugenommen, seien deutlicher und bis Mitte August zeitweise, sowohl bei Tag als bei Nacht sehr lebhaft geworden, besonders bei vielem Sitzen am Tag.

Bei der Untersuchung ergaben sich zunächst folgende Dimensionsverhältnisse des Körpers: Die ganze Länge betrug $45^{1}/_{2}$ Zoll eidg. M. ($39^{1}/_{2}$ Par.-Zoll), die Länge der untern Extremitäten 18 Zoll (Oberschenkel $6^{3}/_{4}$ Zoll, Unterschenkel $11^{1}/_{4}$ Zoll) und die Länge vom obersten Rückenwirbel zur Scheitelhöhe $6^{1}/_{2}$ Zoll, so dass der Rumpf nur 21 Zoll oder 1 Fuss 9 Zoll mass.

Die äussern Beckendimensionen ergaben: 71 Centimeter (2 Fuss $3^{2}/_{3}$ Zoll) Umfang, 10 Zoll als Entfernung der beiden Darmbeinkämme, $10^{3}/_{4}$ Zoll als Trochanterentfernung, $6^{1}/_{4}$ Zoll für die äussere Conjugata und 5 Zoll Länge des Kreuz- und Steissbeines.

Ausgenommen die erwähnten Disproportionen, die verbogenen untern Extremitäten und eine ganz leichte Deviation der Lendenwirbelsäule nach der einen Seite, bemerkte man keine besondern Deformitäten des Körpers. Die äussere Untersuchung des Beckens ergab eine etwas zu bedeutende Neigung desselben, ein stark nach hinten gewölbtes Kreuzbein und leicht schnabelförmig nach vorn tretende horizontale Schambeinäste.

Brüste und Brustwarzen waren wenig entwickelt, liessen aber ohne Mühe einige Tropfen einer trüben serösen Flüssigkeit auspressen. Der Unterleib war stark ausgedehnt, besonders nach rechts, der Nabel leicht vorgetrieben, an der Unterbauchgegend sah man die Rugæ gravidur. in ziemlicher Menge. Unter den Bauchdecken fühlte man deutlich eine ziemlich derbe ovoïde Geschwulst aus dem Becken emporsteigen, welche die ganze Bauchhöhle namentlich nach rechts erfüllte und deren Grund mehr nach rechts geneigt war, eine Hand breit über dem Nabel, beinahe zu den untersten Rippen rechter Seits reichend. Der Grund der Geschwulst erschien etwas ungleichförmig, wie wenn eine Vertiefung ihn in zwei nicht ganz gleich grosse kuglige Körper spaltete. Aus der Consistenz der Geschwulst liess sich ein flüssiger Inhalt annehmen, Fluktuation aber war nicht deutlich, und feste oder Kindestheile liessen sich nirgends erkennen, ebensowenig Kindesbewegungen oder Uterin- oder Fötalgeräusche, dagegen hörte man überall die Pulsation der Abdominalaorta durch die Geschwulst durch.

Die Exploratio per vaginam war wegen Enge der ziemlich nach hinten gerückten Genitalien, der Derbheit der Dammmuskeln, und wegen des nahen Zusammentretens der Schenkel des Schambogens nur mit Mühe und unter Schmerz auszuführen. Kaum aber waren die ersten Phalangen in die Vagina eingeführt, so stiess die Fingerspitze auf einen stark in die Beckenhöhle vorragenden, und sich in dieselbe herunter zu senken scheinenden harten Knochenkörper, der kaum über dem Niveau des Scheitels des Schambogens stand, die Form des Vorberges hatte und als solchen angenommen wurde, obschon auch an die Existenz einer Knochenexostose gedacht werden konnte. Das Kreuzbein war stark ausgehöhlt, die Spitze des Steissbeins ragte weit nach vorn, zu den Kreuz- und Darmbeinvereinigungen gelangte der Zeigefinger nicht, die horizontalen Schossbeinäste liefen mässig stark gegen die Symphis. oss. pub. zugespitzt nach vorn; der Beckeneingang schien eine hut- oder stark kartenherzförmige Gestalt zu haben mit einer Diagonalconjugata von kaum zwei und ein Viertel Par. Zoll. Der Scheidegrund zeigte sich vollkommen schlaff, weich und schien fast eine Querfalte zwischen Promontorium und Symphise zu bilden. Links neben dem Vorberg fühlte man ein vollkommen erweichtes, circa ein Viertel Zoll langes zugespitztes Zäpfchen mit einem fast punktförmigen Grübchen an seinem abgerundeten Ende, es war die Vaginalportion des Uterus, dessen Körper nirgends zu fühlen, eben so wenig als man jene Unterleibsgeschwulst oder ein Continuum derselben entdecken konnte.

Bei der Abwesenheit jedes sichern Schwangerschaftszeichens konnte man trotz ihrer Wahrscheinlichkeit und trotz alles Zutrauens in die Aussage der Hebamme, welche wiederholt versicherte, mit Bestimmtheit Kindesbewegungen bemerkt zu haben, doch die Diagnose nicht sicher stellen und also eben so wenig bestimmte Indicationen zu irgend welchem Verfahren aufstellen. Der Entscheid wurde daher auf später vertagt. Unterdessen reiste mein Vater für einige Wochen von Bern ab, und überliess mir die Verantwortung über den Ausgang der Sache, welche noch unsicherer sich gestaltete, da die Weber ihren früheren Aussagen in sofern untreu wurde, als sie auf die Bemerkung, dass das Resultat der Untersuchung ihren Angaben nicht ganz entspreche, erwiederte, es wäre möglich, dass sie am 21. Dezember 1859 concipirt habe, confidentiell der Hebamme aber zugestand, sie wisse eigentlich selbst nicht, wann sie schwanger geworden sei, ob im December oder erst später.

Von der Ueberzeugung ausgehend, dass Schwangerschaft vorhanden sei, hatte ich mir zwar bereits eine bestimmte Auffassungsweise des Falles festgestellt, dennoch aber mochte ich die grosse Verantwortung eines Entscheides nicht auf mich laden und veranstaltete daher eine Consultation mit den beiden Herren Collegen Dr. König und Dr. Bourgeois in hier. Die zu entscheidenden Fragen waren wohl folgende: 1) Ist Schwangerschaft vorhanden oder nicht? Wenn ja, 2) wie weit ist dieselbe vorgerückt und 3) welches Entbindungsmittel ist das rationell gerechtfertigte und in praktischer Beziehung das prognostisch günstigste? In letzterer Beziehung konnte in Frage kommen: künstlicher Abortus, künstliche Frühgeburt, Perforation oder Kaiserschnitt am normalen Geburtstermin? Andere gegründete Aussichten waren wohl keine vorhanden.

Am 27. August stellte ich den beiden Herrn Collegen die Weber vor, und ein gründliches Examen, so wie eine genaue Untersuchung bestätigten vollkommen die oben gegebenen Mittheilungen, mit dem wichtigen Unterschiede jedoch, dass Kindesbewegungen mit fast vollständiger Sicherheit erkannt wurden und ich eine Spur von Fœtalpuls einen halben Zoll ungefähr unten und rechts vom Nabel gehört zu haben glaubte, was die beiden Collegen zwar nicht bestätigen wollten, sich jedoch später durch das deutliche Hören des Herzschlages an derselben Stelle als richtig herausstellte. Die Kindesbewegungen hatten für die zufühlende Hand zwar nicht das gewöhnlich Charakteristische, sondern es war, als ob man deutlich einen im Uterus enthaltenen Körper an der innern Wand des Organs vorüberstreichen fühlte, was ein leichtes Gefühl von Reibung erzeugte und zwar bei vollster Ruhe der Frau und des Uterus. Nur während des Auskultirens bemerkte man zeitweise jenes eigenthümliche, kurze Anschlagen der Kindesextremitäten, jedoch äusserst schwach   Die nun folgende ernste und ins Einzelne eintretende Berathung hier vollständig mitzutheilen, würde zu weit führen, so interessant es auch sein würde: ich hatte aber die Befriedigung, dass die Auffassungweise der Collegen, namentlich in den Schlussfolgerungen, der meinigen vollkommen entsprach. Nur den Punkt erlaube ich mir hervorzuheben, dass bei der Besprechung über die Berechtigung der Opferung des Kindes zu Gunsten der Mutter man mit Entschiedenheit darin einverstanden war, dass dem Arzte keine vorbedachte Tödtung irgend eines Individuums, und wäre es auch nur die eines ungebornen Kindes, zustehe, denn Erhaltung des Lebens sei seine oberste Aufgabe, welche er bis zum letzten Hoffnungsschimmer festzuhalten verpflichtet sei. Als Basis wurde festgestellt, dass

eine normale Schwangerschaft, also mit lebendem Kinde, bestehe, welche Ende
Februars oder Anfangs März ihren Anfang genommen habe; das Becken der
Schwangeren aber als ein rhachitisches und absolut zu enges angesehen werden müsse, da die Diagonalconjugata wenig über zwei Zoll messe, die Conjugata vera also unter 2 Zoll, circa $1^3/_4$ Zoll, betragen möge, da hier der
Abzug von einem vollen halben Zoll von der gefundenen Länge des Dia-
gonaldurchmessers etwas zu viel sein möchte. Vom künstlichen Abortus
abstrahirte man bei der schon gegen das Ende des sechsten Monates vorgerückten Schwangerschaft von vorn herein, und konnte wohl nur die künstliche Frühgeburt in Frage bleiben. Aber auch die Vornahme dieser Operation
wurde verworfen, denn abgesehen davon, dass noch zu bezweifeln sei, ob
überhaupt die künstliche Frühgeburt als ein gerechtfertigtes Ersatzmittel für den
Kaiserschnitt anzuerkennen, lasse sich im vorliegenden Falle nicht absehen,
dass dieses Verfahren den von ihm zu erwartenden Erfolg — Rettung von
Mutter und Kind — haben würde, übrigens auch vom rein theoretischen
Standpunkte aus in concreto kaum zu rechtfertigen wäre. Es war somit
entschieden, dass man die Schwangerschaft bis zu ihrem normalen Ende zu
erhalten suchen wolle, wo dann der Kaiserschnitt bei lebendem Kinde das
einzig rationelle Verfahren bleibe, und selbst nach Absterben der Frucht noch
das prognostisch wenigstens eben so günstige Entbindungsmittel sein dürfte, als
die Perforation.

Die Operation des Kaiserschnittes als einziges Erhaltungsmittel für Mutter
und Kind angenommen, blieb noch die Frage über die aufgestellte Conditio sine
qua non zu erörtern, nämlich die Einwilligung der zu Operirenden oder ihrer
nächsten Anverwandten. Herr Dr. König hielt es für Pflicht, nach vorsichtiger
Mittheilung der Verhältnisse den Entscheid der Schwangeren anzuhören, und Falls
sie mit Bestimmtheit zu Gunsten ihrer Erhaltung das Kind zu opfern wünsche,
in einer fernern Besprechung über das alsdann Vorzunehmende zu entscheiden.
Herr Dr. Bourgeois schloss sich dieser Ansicht an und ich fügte mich derselben,
da sie dem allgemein angenommenen Grundsatze entsprach, ich ihre ehrenwerthen Motive zu achten wusste, und übrigens meine individuelle Anschauungsweise um so weniger in Wagschale legen wollte, da ich im vorliegenden Falle
von der Resultatlosigkeit dieser Unterhandlung in Folge schon vorangegangener
Erörterungen ähnlicher Art überzeugt war.

10

Zu einer solchen zweiten Berathung kam es nun nicht, denn erstlich blieb die Weber unzugänglich für alle ernsten Mahnungen und Besprechungen, welche versucht wurden, um sie vorsichtig zu einem Entscheide in erwähnter Beziehung zu bringen, sie verharrte bei ihren kindischen Illusionen und abergläubischen Ideen; ähnlich ihre Pflegemutter. Ich hatte übrigens nach unserer Consultation meinem Vater, dem zunächst hier der Entscheid zustand, brieflich getreuen Bericht über alles Vergangene und den Stand der Dinge abgestattet und seinen Rath eingeholt. In seiner Antwort erklärte er sich mit allem Geschehenen und allen Schlussnahmen einverstanden, nur nicht mit der in Rede stehenden Klausel, welche natürlich, falls eine Verweigerung der Operation stattgefunden und man diese berücksichtigt hätte, die Opferung, d. h. absichtliche Tödtung der Frucht zur Folge haben musste. Hierüber schrieb mir mein Vater folgende beachtenswerthen Worte: „Ich gehöre nicht zu Denen, welche glauben, zur möglichen Erhaltung der Mutter sei man berechtigt, das Leben der Frucht zum Opfer zu bringen; der Foetus kenne den Werth des Lebens nicht, besitze noch kein selbstständiges Leben, man könne ihm daher ein Leben nicht nehmen, das er noch nicht besitze u. dgl. Sophismen mehr. Sondern ich schliesse mich an Diejenigen an, welche dafür halten, der Arzt sei unter keinen Umständen berechtigt, absichtlich zu tödten. Weder Moral, noch Vernunft, noch Gesetz könnten ein solches Vorgehen rechtfertigen. Selbst die bestimmteste Verweigerung einer Schwangern, ihrer Verwandten u. s. w., den Kaiserschnitt z. B. vornehmen zu lassen, kann nach meinem Dafürhalten den Geburtshelfer nicht nöthigen oder auch nur entschuldigen, die lebende Frucht zu tödten. Es steht ihm frei, abzutreten und diese Tödtung einem Andern zu überlassen, der sie mit seinem Gewissen für verträglich hält. Daher glaube ich nicht, dass in unserm Falle unter obwaltenden Umständen der Wille der Schwangern in Beziehung auf die vorzunehmende Operation Berücksichtigung verdient hätte, falls er gegen die Ansicht der Aerzte sich ausgesprochen haben würde" u. s. w.

Das Schicksal der W. in Beziehung auf ihre Schwangerschaft und Entbindung war somit entschieden, um sie aber den schlimmen, ja selbst gefährlichen Einflüssen zu entziehen, denen sie in ihrer Wohnung ausgesetzt war, wurde sie sofort ins Gebärhaus aufgenommen, wo sie mit Sorgfalt gepflegt und ihr von der vorzunehmenden Operation nie gesprochen, dagegen aber auch nicht verheimlicht wurde, dass sie einer ernsten Stunde entgegen gehe. Dessen ungeachtet blieb die Schwangere bis zur Stunde der Operation frohen Muthes, sehnte sich nach ihrer baldigen Niederkunft und machte ergötzliche Pläne über Kindstaufe, Erziehung und zu wählende Berufsart des in freudiger Hoffnung erwarteten Söhnleins.

Wie vor dem Eintritt ins Gebärhaus die Schwangerschaft ohne Beschwerden verlaufen war, so auch während des Aufenthaltes in demselben. Alle organischen Funktionen nahmen ihren geregelten Gang, der Uterus wuchs, bis die kleine Person fast so dick als lang war (Umfang des Leibes den 16. November 31 Zoll, Durchmesser des Uterus 25½ Zoll); die Kindestheile traten deutlich hervor, über der Symphise glaubte man den Kindskopf zu erkennen, den Fötalpuls hörte man sehr deutlich rechts und unterhalb dem Nabel, aber die Exploration per vaginam lieferte stets vollkommen dasselbe Resultat bis zum Eintritt der ersten Wehen den 10. Dezember 1860. Zwar hatte die Person schon einige Wochen lang vorher über zeitweise, namentlich des Nachts eintretende Leibschmerzen zu klagen; es zeigte sich dabei aber keine Spannung der Uterinwandung, auch verloren sich diese Schmerzen meist nach einer Stuhlentleerung und hatten namentlich das Eigenthümliche, dass vorzugsweise über dieselben geklagt wurde, wenn eine andere Frau der Gebärabtheilung in Wehen lag oder niedergekommen war! Ueber Tag stets Ruhe und Wohlsein. Am 10. Dezember also, Morgens früh, circa 5 Uhr, stellten sich die ersten, mit erkenntlichen Contractionen des Uterus gepaarten, ziehenden Schmerzen in der Kreuzgegend ein, welche sich in die Leisten und Unterbauchgegend verbreiteten, sehr unregelmässig auftraten, und über Tag beinahe vollständig aufhörten, während die Mittagszeit und namentlich die Nächte stets unruhig und letztere dieser Schmerzen wegen schlaflos waren. Dieser Zustand dauerte ohne viel Abwechslung bis den 13. Dezember Abends. Der Uterus war merklich kleiner geworden, fester, derber und nach vorn zugespitzt. Er hieng etwas über die Schoossbeine herunter und erfüllte vorzüglich die rechte Hälfte der Bauchhöhle, nicht stark über die Mittellinie hinüber ragend; die linke Hälfte war von Darmschlingen erfüllt, welche zum Theil auch den Fundus uteri und dessen linken Rand bedeckten. Die untersuchende Hand erkannte keine sichern Kindsbewegungen mehr, obschon die Frau behauptete, dieselben noch bestimmt zu fühlen, und der Fötalpuls war bis zum 14. Dezember so undeutlich geworden, dass das für solchen gedeutete Geräusch wohl unbeachtet geblieben wäre, wenn die Frau nicht stetsfort das Leben des Kindes versichert hätte. Das Touchiren war leichter wegen

grösserer Erschlaffung der Weichtheile, aber noch war das Einführen von zwei
Fingern per vaginam sehr schmerzhaft. Das Coll. uteri war verstrichen und so
weich, dass nur das subtilste Zufühlen dessen Erkennen ermöglichte; am 13.
war der Muttermund so weit offen, dass etwa eine kleine Erbse hätte eingeführt
werden können. Vorliegender Kindestheil war noch keiner zu fühlen, nach der
äussern Untersuchung jedoch hatte man eine zweite Scheitellage diagnosticirt.

In der Nacht vom 13. auf den 14. gegen Morgen begannen die Wehen
kräftiger zu werden und an Häufigkeit zuzunehmen, der Uterus contrahirte sich
kräftig und vollkommen gleichmässig, die Vaginalportion wurde gespannt und
der Muttermund begann sich zu dilatiren. Die Wehenintervalle waren vollkommen
schmerzlos und von mässiger Dauer. Im Verlaufe des Morgens steigerte sich
die Wehenthätigkeit noch mehr, etwas Drang gesellte sich dazu, und nach drei
bis vier Stunden war der Muttermund so weit offen, dass man zwei Fingerspitzen einführen und erwarten konnte, Nachmittags oder gegen Abend das
Orificium ordentlich dilatirt zu finden. Es gieng aber nicht also, denn trotzdem
sich die Blase in den Muttermund zu drängen anfieng, der Kindskopf sich auf den
Beckeneingang stellte, als ob er sich zum Eintritt in denselben anschicken wollte,
so erweiterte sich der Muttermund doch nicht ferner, und im spätern Nachmittag
erlahmte die Wehenthätigkeit allmälig ohne erkennbaren Grund. Die Gebärende war
wohlgemuth und ging im Zimmer umher, der Puls zählte kaum über 70 Schläge.
Unter solchen Umständen liess sich erwarten, dass die Operation bis folgenden
Morgen verschoben werden könne, daher man die Frau zeitlich zur Ruhe brachte.
Die Bettwärme indessen erweckte allmälig die Uterinthätigkeit wieder, die Wehen
traten häufiger auf, ohne indessen den Muttermund merklich zu dilatiren, und
waren regelmässig. Die unruhige Nacht bewirkte aber einige Aufregung der
Frau, und die den 14. Morgens fortdauernde, eher zunehmende, mit Drang begleitete Wehenthätigkeit steigerte diese Aufregung noch mehr, so dass die Gebärende zu schwitzen anfieng, die Wangen sich rötheten, der Puls auf 100 stieg
und der Wunsch nach baldiger Hülfe in der etwas kleinmüthiger gewordenen
Patientin sich zu regen anfieng. Sie hätte nun wohl zu jeder ihr vorgeschlagenen
Operation leicht überredet werden können, dennoch liess man sie im Ungewissen
über die Art ihrer Entbindung.

Mein Vater hätte zwar gerne noch eine weitere Dilatation des Muttermundes
abgewartet, der noch nicht zwei Querfinger breit eröffnet stand, aber ein Ver-

schieben bis auf den folgenden Morgen war offenbar gefährlich, und über dem
wahrscheinlich erfolglosen Temporisiren wäre die Nacht hereingebrochen, so
dass bei Licht hätte operirt werden müssen, was immer grössere Schwierigkeit
und Unsicherheit zur Folge hat, daher man sich denn entschloss, die Zeit der
Operation auf Nachmittags 2 Uhr festzusetzen.

Alle zur Operation nöthigen Utensilien und Instrumente wurden unterdessen
zurecht gelegt und das Operationslager in Ordnung gebracht, welches in einem
durch Kissen gehörig erhöhten Ruhebett mit den erforderlichen Unterlagen,
Tüchern u. s. w. bestand. Dass in dieser Beziehung nichts mangelte, lässt sich
erwarten, eine Beschreibung aber ist wohl überflüssig. Zur festgesetzten Stunde
fanden sich die Herren Studirenden der geburtshülflichen Klinik, mehrere Aerzte
der Stadt, unter diesen die früher consultirten Herren König und Bourgeois und
ferner die Herren Professoren Demme und Rau ein, an genügender und guter
Assistenz fehlte es somit nicht, welche übrigens schon früher unter die Studirenden vertheilt worden war, während Herr Professor Demme die Güte hatte,
dem Operateur bei Ausführung der Operation hülfreiche Hand zu bieten.

Die Gebärende bestieg um drei Uhr ohne besondere Gemüthsbewegung das
Operationslager, der Stand der Dinge war der schon erwähnte, das Leben des
Foetus sehr zweifelhaft. Die Lagerung der zu Operirenden war die horizontale
Rückenlage, mit leicht angezogenen Schenkeln. Sie wurde zunächst durch
Chloroform bis zur Gefühls- und Bewusstlosigkeit anästhesirt. Nachdem dann der
Uterus in die Mittellinie gedrängt, die Darmschlingen zwischen ihm und der
Bauchwandung entfernt und die Gebärmutter mit Bauchdecken durch zwei Assi-
stenten (die Herren Cand. med. Rau und Christener) fixirt waren, wurde von
Herrn Professor Hermann (zehn Minuten nach drei Uhr) der Hautschnitt in der
weissen Linie so geführt, dass er etwa einen Zoll über der Symphise begann,
und linker Seits circa einen Zoll hoch über den Nabel hinauf reichte. Seine
Länge betrug höchstens fünf Zoll. In der Mitte des Hautschnittes wurde hierauf
mit dem gleichen Scalpell Zellgewebe und Muskelschnen bis auf das Bauchfell in vorsichtigen Zügen getrennt. Unterdessen hatten sich doch wieder Darmschlingen vorgedrängt und mussten reponirt werden; in der gemachten, etwa
ein Zoll langen Oeffnung aber bildete das Bauchfell eine haselnussgrosse
Hernie, deren Inhalt eine seröse Flüssigkeit war. Da man aber doch über die
Bedeutung dieses Geschwülstchens in einigem Zweifel sich befand, so wurde

weiter unten in der Hautwunde das Bauchfell schnell bloss gelegt, durch Aufheben mittelst einer Pincette und einen Scheerenschnitt in kleinem Umfange eröffnet, und diese Oeffnung dann mittelst eines geknöpften Bistouris auf dem eingeführten Finger nach unten und dann nach oben in der ganzen Länge der Hautwunde erweitert. Mit der Eröffnung des Bauchfells floss eine mässige Quantität einer gelblich serösen Flüssigkeit aus; jenes Geschwülstchen in der obern Incisionsstelle verschwand hierauf und seine Bedeutung war somit erklärt. Die Eröffnung der Bauchhöhle gieng ohne weitere Schwierigkeit von statten und war ohne nennenswerthen Blutverlust. Kaum aber waren die Bauchdecken im gewünschten Umfang gespalten, so stürzte von Neuem eine ziemliche Masse von Darmschlingen hervor, welche nur mit Mühe zurückgebracht und festgehalten werden konnten. So wurde der Uterus in seiner eigenthümlich violetten Färbung allmälig vom untern Wundwinkel aus nach oben immer vollständiger sichtbar, und der Luftreiz erweckte eine deutliche Contraction in demselben (3 Uhr 12 Min.). Ohne die Relaxation abzuwarten, schritt man zur Eröffnung der Gebärmutter durch vorsichtige Messerzüge mit dem Scalpell. Mit Beginn dieser Einschnitte fieng ein starker Blutstrom an sich zu ergiessen, und namentlich spritzten einige grössere Gefässe stark, daher die Eröffnung der Uterushöhle beschleunigt wurde, und ein Assistent (Herr Dr. Anker) die blutenden Wundlippen zwischen den Fingern bis nach geschehener Entleerung des Uterus mit Erfolg comprimirte. Wie die Gebärmutter eröffnet war, rissen die Eihäute in der Wunde, wenig und etwas missfarbiges Fruchtwasser floss ab, und bei der Erweiterung der Eihautöffnung drang eine starke Schlinge des missfarbig-bläulich aussehenden, knotigen Nabelstranges hervor, welcher nicht mehr pulsirte. Diese Schlinge lag auf der seitlichen und vorderen Fläche des Kindesrumpfes bis zu seinem Halse, in der linken und vordern Gebärmutterhälfte. Nach der Nabelschnur wurde die linke Schulter und das linke Schulterblatt sichtbar, der Rücken des Kindes nach rechts und etwas nach vorn gekehrt.

In der Absicht nun, vor allem den auf dem Beckeneingang liegenden Kindeskopf frei zu machen, was — wenn Rettung des Kindes noch möglich sein sollte — das offenbar passendste Verfahren war, führte der Operateur seine rechte Hand über das rechte Damm- und Schoossbein zwischen Kopf und Uterus hinunter, während die andere Hand die Schultern und den Steiss vorsichtig in die Höhe drängten, und hob den Kindskopf behutsam über den untern Wundwinkel hervor, worauf die Schultern und der Rest des Kindeskörpers leicht und wie von selbst aus der Uterushöhle vortraten, ohne dass das Organ sich gleichzeitig contrahirt hätte. Die blasse fahle Haut des Kindes war mit einem gelblich missfarbigen Schleime überzogen, sein Herz pulsirte nicht mehr. Es wurde sofort durch Herrn Cand. méd. Dutoit abgenabelt, aber alle Belebungsversuche blieben ohne den geringsten Erfolg, keine Spur von Reaktion war mehr bemerkbar.

Schon während des Abnabelns contrahirte sich der Uterus bis auf die Hälfte seines Volumens ungefähr; die an der hintern Wand noch leicht angeklebte Placenta ward ohne Schwierigkeit sofort entfernt (3 Uhr 20 Min.), worauf sich der Operateur durch die in die Uterushöhle eingeführte Hand von dem genügenden Offenstehen des Orific. uteri überzeugte und zugleich schnell mit dem Pelvimeter von Osiander-Kilian die Conjugata des Beckeneingangs maass, welche Messung 2 Zoll 2 Linien Paris. ergab. Auch die Nachgeburt‧ war mit einer gelblich-grünlichen Schmiere überzogen.

Nach vollständiger Entleerung seiner Höhle contrahirte sich der Uterus kräftig, die Blutung hörte auf, der vier bis fünf Zoll lange Einschnitt schrumpfte auf beinahe zwei Zoll Länge zusammen, seine Ränder klafften nicht. Aber im gleichen Verhältniss wie das Gebärorgan sich verkleinerte, drängten sich von Neuem grosse Massen von Darmschlingen, namentlich das S roman., hervor und konnten nur mit grosser Mühe zurückgehalten werden Dennoch fand keine Einklemmung statt, und die Anlegung von fünf Knopfnähten in Distanzen von circa einem Zoll gelang so nach Wunsch, dass die Hautwunde vollständig und schön vereinigt war, mit Ausnahme des untern Wundwinkels, welcher in der Länge von 1 oder $1^1/_2$ Zoll offen belassen wurde und in welchen man eine kleine in Oel getränkte Charpiewicke einlegte. Zwischen den Nähten bewirkte man die vollständige Vereinigung der Wundränder mittelst um den Leib gehender und auf der Wunde gekreuzter Heftpflasterstreifen, welche mässig fest angezogen wurden, auf die Naht kam eine kleine Lage Charpie, von einer Longuette bedeckt, und das Ganze wurde durch eine leicht angezogene Leibbinde gehalten.

Die Mutter hatte sich während der ganzen Operation sehr ruhig verhalten. Zwar erwachte sie ungefähr zur Zeit, als der Uterus eröffnet wurde, nahm, nach ihren Aeusserungen zu schliessen, innigen Antheil an dem was mit ihr vorgieng, fragte z. B. nach der Extraction des Kindes: „Ist d'sChind da?" — blieb aber stetsfort in so weit unter dem Chloroformeinfluss, als ein hoher Grad von Empfindungslosigkeit unterhalten wurde, ein Geschäft, dem Herr Cand. méd. Roth mit Umsicht und Geschicklichkeit vorstand. Aus den Aeusserungen der Operirten nach der Entbindung und im Verlauf der Wochentage konnte man entnehmen, dass sie nicht wusste, wie sie entbunden worden sei, und dass sie die Idee hatte, es sei diess auf eine der gewöhnlichen Weisen, ja selbst schneller und leichter geschehen als gewöhnlich, sie selbst weniger gelitten habe, als einige Frauen, deren normale Niederkünfte sie im Geheimen belauscht hatte.

Nach geschehener Anlegung des Verbandes wurde die W. sofort in ihr Wochenbett gebracht, was mit allen möglichen Vorsichtsmassregeln geschah. Sie war von der Operation sehr wenig afficirt, vergnügten Sinnes, klagte nur über einiges Spannen durch den Verband, fühlte sich indessen etwas matt, und wünschte zu schlafen. Puls war gleichmässig, und weder unterdrückt, noch anämisch, zählte 70 Schläge. Weder Aufstossen noch Erbrechen war in den ersten Momenten nach der Operation zugegen. Aber schon nach der ersten halben Stunde begannen Reaktionserscheinungen in ziemlicher Stärke sich zu erheben. Die Haut fieng an zu turgesciren, wurde heiss und roth, Kopfschmerz stellte sich ein, Puls stieg auf 100 bis 108, Schluchzen und Eckel zum Erbrechen, später am Abend wirkliches Erbrechen der genossenen Brühe und des Thees traten auf. Der Leib wurde rechts in der Nabelgegend etwas aufgetrieben und leicht schmerzhaft. Gleich nach der Operation schon hatte man mit der Administration von kleinen Dosen Morphium begonnen und mit den ersten Fieberregungen legte man Eisblasen auf den Unterleib über den Verband, mit Eintritt des Kopfschmerzens kalte Compressen auf diesen. Zu innerem Gebrauch wurde verordnet: seltene Dosen von $\frac{1}{6}$ gr. Morphium, kräftige Brühe und Wasser als Getränk.

Am folgenden Tag, den 16. Morgens: Die Nacht war ruhig, mit zeitweisem Schlafe; es konnte aber nichts genossen werden als kaltes Wasser, alles andere wurde gebrochen. Biswoilen stellten sich Leibschmerzen ein, offenbar Nachwehen. Bis am Morgen war der Leib noch etwas mehr aufgetrieben, schmerzhafter, der Kopfschmerz jedoch verschwunden; der Puls blieb auf 100 bis 104, Zunge feucht, rein; Durst mässig. Ordination: örtlich Eisblasen, innerlich Calomel gr. 2 mit Op. $\frac{1}{8}$ p. d.

Gegen Mittag stellte sich dreimaliges spontanes Erbrechen einer gelblichen Flüssigkeit ein, Puls stieg auf 120, war etwas unregelmässig und klein. Durch den Catheter wurde ein guter Schoppen röthlich trüben Harnes entleert. Eispillen.

Den 16. Abends. Des Nachmittags kein Brechen mehr, Zunge rein und feucht, $1^1/_2$ stündiger ruhiger Schlaf, keine Klagen über Schmerz oder anderweitiges Leiden, Puls Abends 7 Uhr 116, weich regelmässig, Leib weniger gespannt, weich, mässig ausgedehnt und sehr wenig schmerzhaft beim Palpiren. Aus der Vagina und dem untern Wundwinkel fliesst etwas Blut, mit sehr wenig einer missfarbigen Flüssigkeit gemischt. Das Bourdonnet wird ohne bemerkenswerthe Erscheinung gewechselt. Medication dieselbe, nur dass die Pulver seltener gegeben werden; Diät: kalte Kraftbrühen, zum Getränk kaltes Wasser oder Limonade; alles Warme erzeugt Brechreiz.

Zweiter Tag (17. Dec.) Morgens. Nacht war ruhig, Patientin schlief viel. Nur kalte Brühe und kaltes Getränk wird vertragen. Puls 112 weich, etwas unregelmässig doch ziemlich kräftig anschlagend. Zunge wie oben. Leib etwas mehr aufgetrieben und schmerzhafter. Calomel gr. 3, Sulph. aur. und Op. $\overline{aa}$ gr. $1^1/_2$, auf 6 Dosen vertheilt, zweistündlich; im Uebrigen wie oben.

Abends. Puls klein, schwach, schwer zu zählen, 120 bis 128; es scheint eine leichte Narcose von Opium eingetreten zu sein. Nachmittags mehrmaliges Erbrechen. Leib aufgetriebener, schmerzhafter, doch ist kein bedeutender Meteorismus vorhanden, noch grosse entzündliche Schmerzhaftigkeit. Aus der Vagina, aber mehr noch aus der Wunde fliesst eine reichliche Menge einer übel riechenden, putriden, dunkel-chocoladefarbigen Flüssigkeit. Ausser über ein zeitweises Gefühl, als ob Stuhlentleerung erfolgen wollte, klagt Patientin über stechende oder brennende Schmerzen, welche von Zeit zu Zeit im Unterleibe sich einstellten. — Medication: Acid. Muriat. d. in schleimigem Vehikel, statt der Pulver; im Uebrigen wie früher.

Dritter Tag (den 18.) Morgens. Bis Morgens $2^1/_2$ Uhr keine Ruhe, Erbrechen alles Genossenen, auch der Arznei, dagegen werden einige Esslöffel Kaffee und kalter Chamillenthee vertragen, worauf Ruhe und selbst ordentlicher Schlaf bis am Morgen eintritt. — Puls zeigt nun 140 bis 150, ist klein und elend; Zunge trocken mit rothen Rändern; Leib stark meteoristisch aufgetrieben, schmerzhafter, die durch die Auftreibung fast einzuschneiden scheinende Leibbinde ist stark mit Blut und missfarbiger Jauche getränkt. Derselbe Ausfluss wie oben aus dem untern Wundwinkel und der Vagina. — Ung. neapolit. mit Ol. terebinth. in den Leib einzureiben.

11

Mittags wird der Verband zum Theil gewechselt, die impregnirten Verband-stücke mit reinen vertauscht; das Bourdonnet wurde täglich gewechselt. Unter den Heftpflasterstreifen hervor und aus dem untern Wundwinkel lässt sich mit Leichtigkeit, und ohne dass dadurch der Kranken besonderer Schmerz veran-lasst wird, eine bedeutende Menge einer höchst penetrirend riechenden, dunkel-chocoladefarbigen Jauche auspressen, worauf der Leib zusammen sinkt, und die Frau sich erleichtert fühlt. Die aufgelegten Charpiebauschen werden mit Chamillen-infus getränkt, übriger Verband wie oben, aber ganz leicht angelegt. Puls 150, klein.

Abends. Puls 160. Gegen Abend Oppression und Aengstlichkeit, Patientin wünscht zu Hause zu sterben.

Vierter Tag (den 19). Nacht schlaflos und äusserst unruhig. Des Morgens Puls wegen Schwäche und Unregelmässigkeit nicht zu zählen; grosse Unruhe und Aengstlichkeit. Zwei- bis dreimaliges unwillkürliches Abgehen kleiner flüs-siger Stühle. Oertlich der obige Zustand. — Infus. Valerian. mit Aether. acet.

Um Mittag wurde, obschon die Krankheitsverschlimmerung einen baldigen Tod erwarten liess, doch noch die Wunde etwas genauer untersucht. Ihr Aus-sehen war gut, die Haut war zwischen den obern Nähten bereits verklebt, aber aus den untern Parthien floss jene stechend stinkende Jauche in grosser Menge, so-wie auch in kleinerer Menge aus der Vagina. Diese Manipulation blieb ohne wesent-lichen Einfluss auf die Kranke, welche mit flatterndem Pulse, kaltem Schweisse bedeckt, bleichen, eingesunkenen, decomponirten Gesichtszügen, ängstlichem Athem u. s. w. doch noch das Sensorium bis kurz vor ihrem Tode frei behielt.

Moschus bewirkte zwar ein momentanes Wiederaufflackern des Lebenslichtes, aber um $4\frac{1}{2}$ Uhr Abends, den 19. Dezember, vier mal 24 Stunden nach der Operation verschied die Kranke.

Section am 20. Dezember. Zwischen dem zweiten und dritten Hefte die Haut äusserlich fest verklebt per primam intention., zwischen einigen andern leichte Verklebungen, die untern Zwischenräume offen. Der innere Rand der Bauchwunde auf einigen Stellen geschwürig, Gedärme stark aufgetrieben und verklebt, diese, sowie das ganze Peritonäum stark dunkelroth injicirt, theilweise mit schwärzlichen Flatschen belegt. Das Netz ist in einen unförmlichen Knäuel zusammen geballt. Ein bedeutendes sanguinolentes, dunkelchocoladefarbiges, penetrirend riechendes Exsudat in der Bauchhöhle. Uterus normal zurückgebildet für diese Zeit des Puerperiums, seine höchstens drei Zoll lange Wunde auf ihrem innern Rande geschlossen, zum Theil leicht verklebt, nach aussen stark klaffend; eine Darmschlinge hat sich in die Wunde, d. h. auf die eine Wundfläche gelegt. Die Uterinschleimhaut mit dunkel missfarbigem Exsudat und putriden Flatschen belegt. Muttermund so weit offen, dass man die Fingerspitze durchführen konnte. Collum Uteri circa $\frac{1}{2}$ Zoll lang, fest. Vagina aufgewulstet, schlaff, hoch violet, mit derselben putriden Flüssigkeit belegt, wie die Uterushöhle. Die Beckenvenen, sowie die übrigen Eingeweide der Bauchhöhle und der andern Körperhöhlen gesund, nur das Herz zeigt eine beginnende Verfettung.

Herr Dr. Med. R. Demme, welcher die Güte hatte, das Herz genauer zu untersuchen, giebt über dessen Zustand folgenden Bericht: Herz klein, von der Grösse einer Mannsfaust, äussere Oberfläche reich an Fetteinlagerungen, Farbe der Muskelfasern durchweg gelbröthlich, ihre Consistenz schlaff, mürbe, an manchen Stellen, besonders an der Herzspitze, morsch. Der rechte Ventrikel ist, der Grösse der linken Kammer gegenüber, etwas erweitert, die Wandung bis auf 0 ᵐ05 verdünnt, das Muskelfleisch schmutzig gelb, gegen das Septum hin grauweiss. Auch die Muskelwand des linken Ventikels ist auffallend dünn und schlaff, doch ist die Färbung der Fleischfasern hier natürlicher. Die mikroscopische Untersuchung der Muskelfasern der rechten Kammer zeigt beginnende, stellenweis totale Verfettung. In den Papillarmuskeln finden sich vereinzelte Heerde verfetteter Fibrillen. Die Muskelfasern der linken Kammer sind weit weniger von der Fettmetamorphose ergriffen, gegen das Septum ventriculorum hin ist keine Abweichung vom Normalzustande wahrzunehmen. Die Klappen sind bis auf kleine Verfettungen des Endocardium der Mitralis gesund.

Das sceletirte *Becken* bietet die schon oben angegebenen Formverhältnisse; in Rücksicht auf seine Dimensionen zeigten sich folgende Maasse:

Höhe des ganzen Beckens		.		4″ 6‴
„ „ grossen „	.		.	2″
„ „ kleinen „	.	.	.	2″
Hintere Wand mit Steissbein (in gerader Linie)				2″
„ „ ohne „ (Kreuzbeinlänge)				2″
Seitliche „	.	.	.	2″ 6‴
Vordere „	.	.	.	— 9‴

Beckendurchmesser: *Eingang,* *mittlere Beckenöffnung,* *Ausgang.*

		Eingang	mittlere Beckenöffnung	Ausgang
gerader	Durchmesser	2″ 2‴	3″ 5‴	2″ 6‴
querer	„	4″ 1‴	3″ 2‴	2″ 6‴
schiefer	„	3″ 5‴	—	—

Conjugata diagonal. 2″ 5‴   Winkel des Schoosbogens circa   115°

„ externa 4″ 8‴   „ der vordern Beckenwand mit

der Conjugata vera   78°

Dist. bitrochant. 9″ 4‴   „ der hintern Beckenwand mit

derselben . . 147°

„ sacro-cotyloid. 2″ —

„ pubo-synchondr. 3″ 3‴

Das *Kind,* männlichen Geschlechts, ist mässig entwickelt, zeigt alle Erscheinungen der Reife, und keine Symptome begonnener Puterscenz; es wiegt 2860 Grammen (circa $5^2/_3$ ℔) und folgende Grössenverhältnisse: Körperlänge $18^1/_2''$; Kopfdurchmesser: querer $3^1/_2''$, vorderer senkrechter $3^1/_2''$, hinterer senkrechter $3^1/_2''$, hinterer schiefer $3^3/_4''$, vorderer schiefer 4″, gerader $4^1/_2''$, diagonaler $4^3/_4''$, Schulterbreite $4^1/_4''$, Hüftenbreite $3^1/_4''$.

Die *Nachgeburt* wiegt 500 Grammen (1 ℔), hat 6 Zoll Durchmesser; der stark gewundene Nabelstrang misst 17 Zoll Länge und ist seitlich an der Placenta angeheftet; Riss der Eihäute unbestimmt.

Zweiter Fall.

(Taf. I. Fig. 1, 2 und 3.)

Anna Lüthy, von B., Nähterin, 36 Jahre alt, 3 Fuss 6 Zoll hoch, von sehr ausgesprochen rhachitischem Habitus, grossem Kopf, kurzen missgestalteten Extremitäten, doch ohne sichtliche Verbiegung der Wirbelsäule oder äusserlich auffallende Beckenmissbildung, will als Kind an der „verknüpften Rüppsucht" gelitten, jedoch im zweiten Jahre laufen gelernt und später nie besondere Krankheiten erlebt haben. Ihre Menses traten vom 17. Altersjahre regelmässig vierwöchentlich auf und waren von starkem globul. hystericus begleitet. Am 11. Dezember 1860, dem letzten Tage ihrer zum letzten Male aufgetretenen Menstruation glaubte die L. schwanger geworden zu sein. Ueber die Zeit der ersten Kindesbewegungen weiss sie nichts Sicheres anzugeben, und über den Schwangerschaftsverlauf sagt sie aus, er sei ein glücklicher gewesen, von keinen bedeutenden Beschwerden begleitet.

Am 1. October 1861, Abends 5 Uhr, brachte man vom Bahnhof her obige Person auf einer Tragbahre in die Anstalt, und ein kurzes Billet von Hr. Dr. K. in H. empfahl dieselbe angelegentlichst zur Aufnahme, weil nach Aussage der Hebamme die Geburt durch die natürlichen Geburtswege kaum möglich, und wahrscheinlich der Kaiserschnitt vorgenommen werden müsse.

Die Lüthy erzählte (von der sie begleitenden Hebamme erhielt man wenig bestimmte Auskunft), sie hätte am 27. September die ersten Wehen verspürt, welche den 28. stärker geworden seien, und sich in die Kreuzgegend gezogen hätten. An diesem Tage sei die Hebamme, eine alte Routinière, geholt worden, welche nach vorgenommener Untersuchung erklärte, sie könne das Kind noch nicht erreichen. Aus den Mittheilungen der Kranken scheint ferner hervorzugehen, dass während den zwei Tagen des 28. und 29. kräftige Geburtswehen vorhanden waren, namentlich aber will sie im Kreuze gelitten haben. Nach 11 Uhr Nachts (den 29.) gieng dann ein Bote zu Hr. Dr. G. in B., welcher auch sogleich die Gebärende besuchte und mir über diesen Besuch später brieflich Folgendes mittheilte: „In der Nacht vom 29. auf den 30. Sept. wurde ich von einem Bruder der Gebärenden ersucht, dieselbe sofort zu besuchen, da sie in Geburtsarbeit begriffen sei, die Sache aber nicht vorwärts wolle. — Obschon selbst unwohl, entsprach ich dem Wunsche und machte mich, mit einigen Pulvern von Secal. cornut. und der Zange versehen, auf den Weg. — In der Wohnung der Lüthy angekommen, wurde mir der Bericht, dieselbe sei Tags vorher (?) erst aus dem Kanton S. hergebracht worden; schwache Wehen dauerten mit langen Unterbrechungen seit heute Morgen (29.) und die Wasser seien abgeflossen. — Noch bevor ich eine innere Untersuchung vornahm, ahnte ich bei Betrachtung des Individuums die Ursache der Geburtszögerung und nachher überzeugte ich mich direkt von dem im geraden Durchmesser nach ungefährer Schätzung auf $1\frac{1}{2}$ bis 2 Zoll verengten Becken. Bei dem hohen Stande des Kindes konnte ich mich bei

der flüchtigen Untersuchung von dem vorliegenden Kindestheile nicht genau überzeugen, doch schien mir ein Fuss sich darzubieten."

„Da der Allgemeinzustand der Schwangern ein durchaus befriedigender war,
so hielt ich eine Verzögerung des Kaiserschnittes, den ich angezeigt fand, bis
zum nächsten Tage zulässig, und besprach mich mit der Hebamme noch über die
Person des beizuziehenden Arztes, als welcher Hr. Dr. R. in H. gewünscht wurde.
Mit der Weisung, mich von den dessfallsigen Verabredungen in Kenntniss zu
setzen, gieng ich nach Hause. Allein weder am folgenden noch die übrigen Tage
erhielt ich die geringste Anzeige, so dass ich vermuthete, die L. sei unverhofften
Erscheinungen erlegen ..."

„Schliesslich will ich noch bemerken, dass die Schwangere mir angab, die
Kindesbewegungen noch vor ganz kurzer Zeit gefühlt zu haben.... Während
meiner Anwesenheit (vielleicht eine halbe Stunde) zeigten sich keine sogenannten
Wehen und die Gebärmutter schien mir die Frucht sehr locker und schlaff zu
umschliessen."

Die Lüthy berichtet weiter, Hr. Dr. G. habe sie untersucht, sie wisse aber
nicht, was er gesagt habe, hingegen habe sie keine Medicin von ihm erhalten.
Ueber den Verlauf des folgenden Tages (den 30.) und was da geschehen, war
kein befriedigender Bericht erhältlich.

Am 1. October nun verlangte die Gebärende das Herbeiholen der Herren
DDr. R. und K. in H., die Hebamme verfügte sich selbst zu Letzterem, welcher nun
nach angehörtem Berichte die Weisung gab, die Kreissende sofort ins Gebärhaus
nach Bern zu transportiren.

Der Zustand der Gebärenden bei ihrer Ankunft in der Anstalt war folgender.
Sie fühlte sich durch die Reise auf holperigem Wagen, dann circa zwei Stunden
lang im Eisenbahnwagon (kaum erste Klasse!) und den Transport bis zum Gebärhause sehr angegriffen und erschöpft, klagte über Kälte und Kopfweh, obschon
die Haut mässig warm und das Sensorium vollkommen frei war. Puls war klein,
gespannt, 120. Der Uterus stellte sich als eine überall hart und gespannt anzu-
fühlende Geschwulst von birnförmiger Gestalt dar, ungefähr in seiner Mitte sichtlich
eingeschnürt, mit seinem Fundus bis unter die letzten Rippen rechter Seits reichend,
also etwas nach rechts geneigt. Bei der Palpation war er etwas schmerzhaft.
Wehenschmerzen schienen keine vorhanden, Kindestheile liessen sich durch die
hartgespannten Wandungen nicht deutlich erkennen, und Fœtalpuls war nirgends

bemerkbar, wohl aber hörte man überall deutlich die Pulsation der Abdominalaorta durch. Die Harnblase war stark angefüllt und reichte bis in die Nähe des
Nabels. Merkwürdig war der Befund bei der Exploration per vaginam. Zwischen
den äussern Genialien, über dieselben vorragend, fand man einen Knäuel livid aus-
sehender zarthäutiger Theile durch die Scheide vorgefallen, welche einen penetrirend stinkenden Geruch verbreiteten, und auf den ersten Blick als Darmschlingen
eines Fœtus angesehen wurden. Aber wie sollte das möglich sein? hatte doch
keinerlei operativer Eingriff stattgefunden! Man traute seinen Augen nicht und
zweifelte mächtig an der Richtigkeit dieser Diagnose. Und doch — was hätte es
Anderes sein können? — man wusste es nicht. Die weitere Exploration gab auch
nicht sicheren Aufschluss, da man sich nicht deutlich vergegenwärtigen konnte, was
für Theile gefühlt wurden. Wenn man nämlich per Vaginam vordrang, so gelangte
man bald an das so stark vorragende Promontorium, dass zwischen diesem und
der Symph. oss. pub. knapp drei Querfinger ordentlich Platz hatten, also die Conjugata vera kaum $1^1/_2$ Zoll Länge haben mochte.

In diesen engen Raum des Beckeneinganges drängten sich Weichtheile, an
welchen man mit Mühe endlich den Muttermund erkannte, nur rechter Seits über
dem Beckeneingang dessen scharfen Rand wahrnehmend, welcher aber nicht in
der ganzen Circumverenz fühlbar war. Man konnte sich indessen überzeugen,
dass das Orificium uteri circa zwei Querfinger breit offen stand und durch dieses,
von der Uterushöhle her, sich ein fleischiger Theil vordrängte, welcher in die Beckenhöhle herunter ragte, sich nach unten konisch zuspitzte, und an dieser Spitze
als ein Continuum, jener Hautknäuel hieng, der aus den Genitalien vor-
ragte. Bei tieferem Eindringen durch den Muttermund erkannte man auch einen
knöchernen Theil, man war somit ausser Zweifel, dass Kindestheile vorliegen
und sich vordrängen, aber welche es waren, liess sich aus der Art, wie sie sich
darstellten, unmöglich mit Sicherheit entnehmen. Dass bei Steisslage des Kindes
sich dessen Perinäraltheile so konisch vordrängen, und durch den offen stehenden
After ein grosser Theil der Baucheingeweide des Kindes vorgefallen, oder vielmehr
durch heftigen Wehendrang ausgepresst worden seien, wie sich später herausstellte (siehe Taf. I fig. 3), daran dachte man freilich nicht, und liess desswegen
die genauere Diagnose der Kindeslage dahin gestellt. Konnte dieselbe doch bei
der feststehenden Indication zum Kaiserschnitte ziemlich gleichgültig sein. Auch
speziellere Messungen des Beckens ersparte man der erschöpften Leidenden in

der traurigen Voraussicht, sie später auf dem Seciertische vornehmen zu können!
Nur das wurde bezüglich des Beckens noch festgestellt, dass seine Aperturen
alle verengt, die Apertura superior dasselbe aber unbedingt als ein absolut zu
enges ansehen lasse, welches auch die Extraktion einer todten Frucht durch Ver-
stückelung auf dem gewöhnlichen Wege nicht gestatte.

Dass die Unglückliche, trotz sozusagen absolut ungünstiger Prognose, doch
entbunden werden müsse, das konnte nicht in Frage kommen, so lange noch ein
Hoffnungsschimmer der Erhaltung zugegen, sondern es handelte sich zunächst um
die Entscheidung, ob die einzig hier angezeigte Operation des Kaiserschnittes
bis zum kommenden Morgen verschoben werden dürfe oder solle. So viel indessen stand fest, dass der Gebärenden zunächst einige Ruhe gelassen werden
müsse. Später aber beim Lampenlichte zu operiren, schien mir — aufrichtig ge-
standen — ein etwas casuales Unternehmen, daher ich mich entschloss, zunächst
durch eine geeignete Behandlung die Frau von der Erschöpfung der Reise sich wo
möglich erholen zu lassen, und — sollte die Nacht ruhig ablaufen — bis zum folgenden Morgen mit der Operation zu warten. Unterdessen wurde doch alles in
Bereitschaft gebracht, um sofort operiren zu können, wenn besondere Verumständungen das Zuwarten bis Tagesanbruch nicht gestatten würden. Alle entsprechenden Anordnungen wurden somit getroffen, und namentlich die in jeder
Beziehung volkommen zuverlässige Hebamme der Anstalt, welche die Gebärende
persönlich überwachen sollte, beauftragt, sogleich zu melden, sobald entweder
der Kräftezustand abzunehmen scheine, oder sich kräftigere Wehenthätigkeit einstellen, oder irgend welche auffallende Erscheinungen auftreten sollten.

Der Kranken wurden zunächst mit dem Catheter zwei Schoppen stark mit Blut-
roth gefärbten Harnes entleert, auf den krampfhaft gespannten Uterus legte man Cha-
millenfomente und innerlich gab man warme Kraftbrühe, die sie zwar mit Widerstreben genoss, dagegen mit mehr Behagen von Zeit zu Zeit einen Esslöffel voll
guten Weines in Zuckerwasser zu sich nahm. Nachdem die Gebärende unter
dieser Behandlung im warmen Bette sichtlich wohler geworden, stellte sich etwas
Fieberreaktion ein und eine recht ordentliche Geburtsthätigkeit erhob sich von
etwas Drang begleitet, so dass man zur Operation schreiten zu müssen glaubte.
Allein letztere Erscheinung war kurz vorübergehend, denn unter Gebrauch einer
Mixtur mit Salzsäure und einer etwas starken Dosis Opium verlief die ganze
Nacht ziemlich ruhig, mit wenig Klagen und unter zeitweisem Schlummer. Erst

mit Tagesanbruch erwachte auch einige Wehenthätigkeit wieder, welche nach und nach zunahm, zu Zeiten mehr gruppenweise recht kräftig auftrat, und mit Bedürfniss zum Mitarbeiten begleitet war. Das Allgemeinbefinden der Person war übrigens am Morgen des 2. Oktobers ein nach Umständen befriedigendes. Sie klagte über Nichts, als über etwas Eingenommenheit des Kopfes, wohl Folge des Opiums, nur sehnte sie sich nach baldiger Entbindung, gleichgültig auf welche Weise; sie war zu Allem bereit. Freilich muss ich hier beifügen, dass ich ihr die Entbindungsart, die ihr bevorstand, nicht explicirte, hätte auch Nichts genützt, dass sie aber eine schwere Operation zu bestehen habe, wurde ihr nicht verhehlt.

Der Puls war eher ruhiger geworden und die innere Untersuchung ergab ungefähr das frühere Resultat, nur dass man fühlte, wie der Beckeneingang von noch nicht klar erkannten Kindestheilen vollkommen vollgepfropft war, und die eintretenden Wehen sie praller anspannten, aber nicht weiter vorzudrängen vermochten.

Die Operation war nun nicht länger zu verschieben und wurde auf $8^1/_2$ Uhr festgesetzt, konnte aber erst 10 Minuten vor 10 Uhr Morgens den 2. October vorgenommen werden. Herr Cand. med. Lanz besorgte die Anästhesirung, Herr Christener und Herr Dr. Dutoit hielten den Uterus und die Bauchwandungen fest, Herr Dr. Verdat wollte gefälligst sich mit der Besorgung allfällig nöthig werdender Unterbindungen oder unvorhergesehener Hülfeleistungen befassen, und mehrere weitere Assistenten besorgten die übrigen Handreichungen. Die Person bedurfte einer ganzen Unze Chloroforms bis Empfindungslosigkeit eintrat. Zwischen Nabel und Symphise fand sich eine längliche Anschwellung der Bauchwandungen, offenbar nur durch Gase bedingt, ohne Darmschlingen zu enthalten, daher man dessen ungeachtet die Incision in die weisse Linie machte, von circa einem Zoll unter dem Nabel bis zwei Zoll ungefähr über der Symphise, in einer Länge von ungefähr sechs Zollen. Die Haut war sehr dünn, fast ohne Fettpolster, auch die Sehnen der Bauchmuskeln waren in der Mitte der Hautwunde bald getrennt. Das Peritonäum war nach Wunsch blos gelegt und wurde in einer kleinen aufgehobenen Falte eröffnet, worauf keinerlei Erguss stattfand. In der eröffneten Stelle zeigte sich aber nicht die Uteruswand, sondern ein anderes, nicht gleich zu erkennendes Gebilde. Man trennte nun dennoch vorsichtig zuerst nach oben auf dem eingeführten Finger die Bauchdecken, wobei schon gegen die linke

12

Seite Darmschlingen gesehen wurden, und fand dann, dass jenes Gebilde die
über die Symphise herauf gedrängte Harnblase war. Ich drängte dieselbe zurück
und dilatirte die Wunde behutsam auf dem Finger auch nach unten. Aber wie oben,
so auch hier konnte ich nicht auf die ganze Länge des Hautschnittes die Spaltung
erweitern, da nicht nur die Blase, sondern nach rechts auch eine Darmschlinge
vortrat, welche zurückgehalten werden mussten. Die Blutung war höchst unbedeutend. So war der Uterus in leider etwas zu kleinem Umfange frei gelegt,
doch hoffte ich, wenigstens noch eine Oeffnung von vier Zollen in denselben erhalten zu können. Obschon nun die vorgetretenen Eingeweide zurückgehalten
wurden, so drängten sich doch schon während der Incision in den Uterus, welche
von mässigem Blutverluste begleitet war, namentlich von oben, aber auch von
unten her ziemliche Massen von Gedärmen wieder vor, welche von den beiden
die Bauchwandungen haltenden Gehülfen nur unter Assistenz eines dritten mit
grosser Mühe bewältigt werden honnten, mich aber hinderten, die Uteruswunde
auf mehr als $3\frac{1}{2}$ Zoll zu erweitern, wenn ich nicht Gefahr laufen wollte, um-
liegende Gebilde zu verletzen. Die Gebärmutterwand war höchstens $\frac{1}{4}$ Zoll
dick, daher bald durch leichte Schnitte getrennt; worauf in die kleine Oeffnung
ein livid gefärbter blasenähnlicher Körper sich prall vordrängte, über welchen
ich Zweifel hegen musste, ob er ein Kindestheil sei oder nicht. Da man indessen über den Tod der Frucht gewiss sein konnte, so nahm ich kein Bedenken,
einen leichten Schnitt in dieses Wülstchen zu machen, der denn auch nachwies,
dass man es wirklich mit bereits in Zersetzung begriffenen Weichtheilen des
Kindes zu thun hatte. Der Schnitt traf die linke hintere Parthie der Gegend der
untersten Rippen. — Die Oeffnung der Gebärmutter wurde sodann auf der Hohlsonde so weit thunlich erweitert, wobei nirgends Eihäute sichtbar wurden, und
dann die Hand ohne Schwierigkeit in die linke Uterushälfte geführt, da der
Rücken des Kindes etwas nach rechts und zugleich nach vorn lag und zwar in
einer Steisslage. Zuerst traf ich den rechten Arm, dann erst die rechte untere
Extremität, die ich fasste und hervorhob, während gleichzeitig der Steiss und,
diesem unmittelbar folgend, der linke Unterschenkel über den untern Wundwinkel
vortraten. Nicht klein war dabei die Verwunderung aller Anwesenden, jenes
oben erwähnte Verhältniss, nämlich die konisch vorgedrängte Dammparthie des
Kindes und an deren Spitze durch den mässig geöffneten Anus wohl die Hälfte
des Intestinalkanales in einem missfarbigen Knäuel hervortreten zu sehen.

Die Extraktion des übrigen Theiles des Rumpfes geschah ohne alle Schwierigkeit, nicht aber die Entwickelung des Kopfes durch die zu enge Wundspalte, denn obschon ich denselben lege artis mit dem Kinn voran auszuziehen versuchte, so wurde er doch theils durch die Festschnürung des Uterus, theils wegen der zu kleinen Oeffnung zurück gehalten, und ohne dass ich unvorsichtig Gewalt angewendet hätte, entstand im obern Wundwinkel ein kleiner seitlicher Riss in die Uterussubstanz. Trotz desselben musste ich mit dem geknöpften Bistouri die Wunde noch nachträglich über dem Kindskopfe erweitern, um ihn frei zu machen. Die Blutung war indessen nicht beträchtlich, und nach Entfernung des Kindes reducirte sich die Gebärmutter schnell, und löste die Placenta ab, so dass sie sofort ohne vorherige Trennung die Nabelschnur mit Leichtigkeit entfernt werden konnte. Die Gebärmutter wurde nun ganz klein und hart, und die Wunde schloss sich vollständig, so dass der kleine Riss kaum bemerklich war. Während dieser Vorgänge drängten sich stetsfort Massen von Gedärmen vor und erschwerten die Hülfleistungen bedeutend. Die vorgefallenen Theile waren unmöglich vollständig zu reduciren und machten Schwierigkeiten fast bis das letzte Heft der in Anwendung gezogenen Knopfnaht die Bauchwunde mit Ausnahme des untern Wundwinkels verschlossen hatte; es bedurfte deren fünf. Mit kalten Schwämmen hatte ich das ziemlich reichlich in die Bauchhöhle ergossene Blut bestmöglichst entfernt, was wegen der angedeuteten Verhältnisse nicht leicht und nur unvollständig bewerkstelligt werden konnte. Die Wunde war schön vereinigt, in den untern Wundwinkel wurde ein Sindon eingelegt, um den Leib gehende Heftpflasterstreifen unterstützten die Naht, indem sie zwischen den Heften gekreuzt wurden, etwas Charpie und eine Compresse legte man auf die Wunde und eine mässig angezogene Leibbinde, etwas breiter als die Länge der Wunde schloss, den Verband. — Die ganze Operation hatte nach den Einen 20, nach Aussagen von andern Anwesenden 27 Minuten gedauert.

Die Lüthy wurde nicht während der ganzen Dauer der Operation in vollständiger Anästhesie erhalten, denn sie machte mehrere Male Bemerkungen, welche von Ueberlegung und einem gewissen Grade von Bewusstsein zeugten, dennoch hielt sie sich vollkommen ruhig, und als schliesslich das vollkommene Bewusstsein allmälig wiedergekehrt war, hatte sie keine Ahnung von der Art, wie sie entbunden worden war, wurde auch nie darüber aufgeklärt.

Nachbehandlung. Unmittelbar nach der Operation war Patientin ruhig und klagte weder über Schmerz noch über irgend ein anderes Leiden, mit Ausnahme eines ausserordentlichen allgemeinen Mattigkeitsgefühls. Sie schätzte sich glücklich, entbundene zu sein, und zwar — wie sie sich äusserte — unter so geringen Leiden. Der Puls freilich war klein, schnell und unregelmässig, so dass er nicht genau gezählt werden konnte. Weder Aufstossen noch Erbrechen trat ein, und Erscheinungen von Anæmie waren nicht zugegen. Man liess die Operirte auf dem guten Operationslager etwas ausruhen, ehe sie ins Wochenbett gelegt wurde, gab ihr etwas Wein in Zuckerwasser und Brühe, begann aber nach ihrer Dislocation sogleich mit Eisblasen, auf den Unterleib gelegt. Schon während des Nachmittags, circa 3 Stunden nach der Operation, begann der Leib sich aufzutreiben, doch blieb die Operirte ruhig und schlief viel, ohne in einem eigentlich somnolenten Zustand zu sein. Von Zeit zu Zeit klagte sie über temporäre, Nachwehen ähnliche Schmerzen, besondere Empfindlichkeit war jedoch nicht zugegen. Dennoch steigerte sich der Meteorismus gegen Abend, wesswegen die Eisblasen vermehrt wurden (fünf an der Zahl), dabei erschienen aber weder Aufstossen, noch Athemnoth oder Angst; der Puls jedoch blieb elend, unregelmässig, unzählbar. Beim Wechseln der Unterlage des Abends fand sich dieselbe von Harn und einer mässigen Menge Blutes stark durchnässt. Zur Verhütung weiteren Colapsus fügte man obiger Behandlung ein Infus. Valer. c. Aether. acet. bei, in kleinen aber öftern Dosen zu brauchen.

Die erste Nacht vom 2. auf den 3. October verlief ruhig unter zeitweisem Schlafe, doch war Neigung zum Frösteln vorhanden, Patientin wollte aber die Eisblasen nicht entfernen lassen. Der Athem wurde etwas mühsamer, zeitweiser Ructus und Eckel stellten sich ein, welche gegen Morgen in Brechen, d. h. öfteres Aufwürgen kleinerer Portionen eines gelblichen Wassers und des Genossenen übergiengen.

Am 3. Morgens (Tag nach der Operation) fand man den Zustand nur in der Weise vom abendlichen verschieden, dass der Meteorismus noch bedeutender war, das Aufwürgen bisweilen von Erbrechen grösserer Mengen der gleichen Flüssigkeit unterbrochen, und dass selten was Genossenes auch nur auf kurze Zeit behalten wurde.

Gegen Mittag nahm die Athemnoth stark überhand und sichtlicher Colapsus begann, aber auch jetzt verlangte Patientin die weggelegten Eisaufschläge zurück,

indem sie über Schmerzen im Leibe zu klagen begann, und wirklich die Schmerzhaftigkeit des Abdomens, früher sehr unbedeutend, eine ziemliche Höhe erreicht
hatte. Die Eisblasen mussten also wieder aufgelegt und dem sehnlichen Wunsche
der Kranken nach Schlaftropfen im Verlaufe des Nachmittags insoweit genügt
werden, als sie ein Pulv. Dower. erhielt, wodurch allerdings momentane Erleichterung eintrat. Nach zwei Uhr nahmen Angst und Unruhe in bedeutendem
Masse zu, die Decomposition der Gesichtszüge, welche schon am vorigen Abend
begonnen hatte, wurde immer auffallender und nach drei Uhr waren Angst und
Unruhe aufs Höchste gestiegen, so dass Patientin stets das Bett verlassen wollte,
ohne zu deliriren, denn das Sensorium blieb vollkommen frei.

Gegen 4 Uhr indessen trat mit der höchsten Erschöpfung Ruhe ein, und
um 4 Uhr Abends den 3. Oktober verschied Patientin ohne Todeskampf und
ohne Leiden, ganz ruhig und allmälig, $28\frac{1}{2}$ Stunden nach vollendeter Operation.

Man hatte noch Camphor erfolglos angewendet, ferner zwei Clystiere gereicht, die keine Entleerung brachten, wogegen der Harn freiwillig ausfloss.
Aus der Vagina namentlich, weniger aus der Wunde, hatte sich eine stinkende
Jauche entleert, wesswegen sorgfältige Reinigung mit Chlorwasser, auch eine
vorsichtige Injection in die Vagina in Anwendung gekommen war.

Sectionsbericht. Die Section wurde am 4. Oktober Nachmittags gemacht.
An der Leiche fanden sich noch keine Zersetzungserscheinungen; sie bot folgende Dimensionsverhältnisse:

Länge des Individuums	127	Centimeter	3′ 6″ 5‴	Schweiz.
Oberschenkel-Länge	22	„	7″ 3‴	
Unterschenkel-Länge bis				15″ 9‴
zur Fusssohle	26	„	8″ 6‴	
Länge des Oberarmes	16	„	5″ 3‴	
„ „ Vorderarmes	14	„	4″ 7‴	13″ 3‴
„ der Hand	10	„	3″ 3‴	
Länge d. Rumpfes v. letzten Halswirbel bis zur Steiss- beinspitze	57	„	1′ 9″	

Schulterbreite	35½	„	1′ 1″ 7‴	Schweiz.
Distantia bispinal. oss. il.	22	„	7″ 3‴	„
Conjugata externa	17	„	5″ 7‴	„
Beckenumfang	90	„	3′	„

Der Leib war sehr stark tympanitisch aufgetrieben, doch hielten die Hefte der Wunde fest, aber Verklebung war nirgends bemerklich, obschon man die Wundränder noch schön vereinigt fand. Nach Eröffnung der Hefte traten Schlingen der Dünndärme hervor, welche den etwas nach rechts geneigten Uterus vollständig bedeckten, ohne dass eine derselben sich in die Uteruswunde gelegt hätte. Sie waren an einigen Stellen leicht mit einander verklebt, eine derselben auch mit der vordern Uteruswand, links neben der Wunde. Das Peritonæum zeigte sich mässig entzündlich injicirt, doch nur stellenweise, Exsudat fand man keines in der Bauchhöhle; dagegen Blutextravasat in ziemlicher Menge in derselben verbreitet, so dass einzelne kleine Coagula selbst am Diaphragma anhiengen. Die Blase und der Uterus standen vollständig über dem Beckeneingang. Die Uteruswunde begann circa einen Zoll oberhalb dem Orific. intern., maass 11 Centimeter (3″ 7‴), war an ihrer innern Kante geschlossen, aber nicht verklebt, an der äussern ziemlich klaffend; in ihrem obern Drittheile zeigte sich der während der Operation entstandene, nun nahezu halbzoll lange, etwas unregelmässig geformte Riss. Die ganze Wundfläche war übrigens schön und rein, kein übelriechendes Secret vorhanden. Die Gebärmutter fand man gross und schlaff; sie wurde mit der Vagina und den äussern Genitalien aus dem Becken gelöst und der Länge nach in ihrer Mitte mit der Scheide vollständig gespalten. Ihre innere Oberfläche war stärker als gewöhnlich mit geronnenem Blute ausgekleidet, das namentlich im Fundus, an der mehr an der hintern Wand liegenden Placentarinsertionsstelle reichlich vorhanden und fest haftete. Die von diesen Gerinseln gereinigte Schleimhaut hatte übrigens bis zum Orificium ein vollkommen normales Aussehen. Der Muttermund stand ungefähr zwei bis drei Querfinger breit offen, seine Lippen waren etwas zerklüftet und noch dünn. Der ganze Fundus vaginæ, bis zum Rande des Muttermundes und ungefähr einen Zoll nach der Scheide zu, war von einer bräunlichen, chocoladefarbigen, penetrirend stinkenden Pulpe bedeckt, unter welcher das Gewebe schieferfarbig, die Mucosa in sphacelöser Zersetzung. Der untere Theil der Scheide zeigte sich vollkommen gesund. In den übrigen Gebilden der Bauchhöhle keinerlei pathologische Entartung, nicht einmal Zeichen grösserer Anämie. Der Brustkorb wurde zur Erhaltung des Sceletes nicht geöffnet.

Beckendimensionen:

Im Eingang:	Conjugata vera	$4^1/_2$ Centimeter	$1''\ 4'''$	Schweiz.
	Querdurchmesser	$11^1/_2$ „	$3''\ 8'''$	„
Beckenausgang:	gerader Durchmesser	6 „	$2''\ 2'''$	„
	querer „	$10^1/_2$ „	$3''\ 5'''$	„
	Diagonalconjugata	5 „	$1''\ 8'''$	„

Am sceletirten Becken fanden sich folgende Dimensionsverhältnisse:

1) Höhe des ganzen Beckens (v. Tub. isch. z. Crysta il.) $4''\ 5'''$

2) „ „ grossen Beckens $2''\ 2'''$

    Querdurchmesser des grossen Beckens $7''$

3) Höhe des kleinen Beckens:

     a. hintere Wand $3''\ 6'''$

     b. seitliche Wand $2''\ 3'''$

     c. vordere Wand $1''$

4) Weite der Beckenräume (Beckendurchmesser):

	Beckeneingang.	*Mittlerer Beckenöffnung.*	*Beckenausgang.*
gerader	$1''\ 5^1/_2'''$		$3''\ 3'''$
querer	$3''\ 8'''$	immensurabel	$3''\ 6'''$
schiefer	$3''$		

Diagonalconjugata: $1''\ 9'''$

Winkel des Schoossbogens 85^0 (Schenkel 8 Centimeter.)

Winkel d. vordern Beckenwand m. d. Conjug. 90^0

    „ d. hintern   „   „ „   „ 108^0

Conjugata externa $3''\ 8'''$

Distantia bitrochanterica $8''\ 4'''$

Distantia sacro-cotyloidea dextra $1''\ 7'''$

    „   „   „   sinistra $1''\ 6'''$

    „   pubo-synchondrotica dextra $2''\ 5'''$

    „   „   „   sinistra $2''\ 3'''$

Neigungswinkel des Beckeneingangs: 18^0

Länge des ganzen Sceletes $3'\ 6''\ 5'''$

    „   „   Rumpfes v. letzten Halswirbel zur Steissbeinspitze $1'\ 6''$

Länge des Oberschenkels		1'
„ „ Unterschenkels bis zur Fusssohle		7'' 5'''
„ „ Fusses		5'' 1'''
„ „ Oberarmes		5''
„ „ Vorderarmes ohne Hand		4'' 7'''
„ der Hand		4''
Schulterbreite		9''
Kopfdurchmesser des mütterlichen Schädels:		
Hinterer Querdurchmesser	5'' 2'''	
Gerader Durchmesser	5'' 9'''	
Diagonaler „	7'' 2'''	
Vorderer senkrechter Durchmesser	5'' 7'''	
Hinterer „ „	5'' 7'''	

Das *Kind* männlichen Geschlechts war, wie bereits bemerkt, im Zustande der beginnenden Zersetzung, mager, aber regelmässig gebaut; per anum trat der auch schon erwähnte, faulig riechende, missfarbige Darmknäuel circa 1½ Zoll lang heraus. Es wog nur 4 Civil Pfund und hatte eine Länge von 17½ Zollen. Seine Kopfdurchmesser boten folgende Masse: querer 3½ Zoll, gerader 3¾ Zoll, diagonaler 4¾ Zoll. Die Schulterbreite war 4 Zoll, die Hüftenbreite 3½ Zoll.

Dritter Fall.

(Taf. III. Fig. 1, und 2.)

Katharina Bill geb. Wanzenried, 27 Jahre alt, klein (knapp 4 Par. Fuss), doch proportionirt gebaut, intelligent. Sie soll in ihrer Kindheit an Rhachitis gelitten haben, ohne dass dieselbe jedoch Defformitäten des Scelettes zurückgelassen hätte, ausgenommen diejenigen des Beckens. Ueber die bisherigen Gesundheitsverhältnisse erfährt man nur, dass die Bill wenigstens nicht medicinirt habe; sie gehört übrigens zu den zarteren Constitutionen.

Diese, ihre erste Schwangerschaft verlief ohne erhebliche Beschwerden und soll Mitte oder Ende Januars begonnen haben. Da die Person in einem sehr leidenden Zustande in die Anstalt gebracht wurde, so konnte über ihre frühern Verhältnisse wenig in Erfahrung gebracht werden, denn sie selbst musste man möglichst schonen, von ihrem Manne erfuhr man wenig und von der Hebamme nur das die bisherigen Geburtsverhältnisse Betreffende, doch mit wenig Genauigkeit und Zuverlässigkeit. Eine briefliche Mittheilung des behandelnden Arztes gab die nachstehenden Aufschlüsse.

Am normalen Schwangerschaftsende, den 5. und 6. October 1862, stellten sich vage Kreuzschmerzen ein, welchen man indessen keine Bedeutung beilegte, bis am 7. October Morgens unerwartet die Fruchtwasser abgeflossen sein sollen, worauf die Hebamme berufen wurde. Diese sagt aus, dass sie bei der nun gleich vorgenommenen Untersuchung den Muttermund hoch oben, stark nach rechts und kaum eröffnet gefunden habe; die Beckenmissbildung aber fiel ihr nicht auf. Da sich nach jenem erwähnten Wasserabfluss keine Wehen einstellten, nahm die Hebamme an, es seien diess falsche Fruchtwasser gewesen, beruhigte die Frau und überliess sie ihrem Schicksale. Diese, bald mehr bald weniger von Kreuzschmerzen geplagt, setzte dessen ungeachtet ihre häuslichen Geschäfte fort, musste aber von Zeit zu Zeit wegen überhand nehmenden Schmerzen bei Seite gehen, sich niederlegen und dieselben verarbeiten. Vom 11. October Abends bis zum 13. steigerten sich jedoch diese Schmerzen derart, dass man für gut fand, ärztliche Hülfe zu suchen. Diesem schilderte man indessen den Zustand als Krampfwehen, und als besonders des Nachts quälende Kreuzschmerzen, worauf er der Kranken ein Beruhigungsmittel mit Laudanum sandte. Als er am folgenden Tage herbeigeholt wurde und die Frau untersuchte, konnte er in horizontaler Rückenlage der Frau den Muttermund nur sehr schwer erreichen, im Stehen aber den Zeigefinger in denselben einführen und als vorliegenden Kindestheil den Kopf erkennen, der gröstentheils auf dem rechten Darmbeine auflag, was auch durch die äussere Untersuchung constatirt werden konnte. Zwar fiel dem Arzte schon jezt der verengte Beckeneingang auf, dessen ungeachtet wurde mit dem Beruhigungsmittel fortgefahren, das auch seine Schuldigkeit that. Als dasselbe zu Ende war, stellten sich die Schmerzen von Neuem ein und zwar heftiger als je, so dass am Abend des 14. Octobers der Arzt von Neuem herbeigeholt wurde. Die Geburt scheint offenbar bis dahin Fortschritte gemacht zu haben, denn laut

13

brieflicher Mittheilung glaubte der Arzt jezt den Kindskopf in den Beckeneingang eingetreten gefunden zu haben (offenbar Täuschung, wie unten ersichtlich, wahrscheinlich aus dem Grunde, weil er nun den auf dem Beckeneingang sich stellenden Kindestheil bei dem niedrigen Becken leicht erreichen konnte, und die von ihm zwar erkannte Beckenbeschränkung nicht genau genug untersucht hatte, sich also über deren Grad und Art leicht irren konnte). Obige Medication wurde fortgesetzt und verschaffte der Frau wieder momentane Erleichterung. Doch scheint sich bald wieder eine heftige Geburtsthätigkeit eingestellt zu haben, indem die Gebärende selbst aussagte, diese Wehen hätten ihr „ fürchterlich zu kämpfen gegeben." Als nun trotz dieser ausserordentlichen Geburtsanstrengung während des Verlaufes des 14. Octobers die Geburt dennoch keine Fortschritte machte, kam die Hebamme zur Ueberzeugung, dass das Kind nur unter schwieriger operativer Hülfe geboren werden könne, und da die Verhältnisse der Leidenden nicht der Art waren, um ihr die erforderliche Hülfe und Pflege ordentlich angedeihen zu lassen, so machte sie dem Arzte den Vorschlag, die Frau ins hiesige Gebärhaus zu bringen, welchem er denn auch beistimmte und die Güte hatte, einige erläuternde Bemerkungen über das bisher Geschehene mitzugeben. Ueber die wahre Ursache der Geburtserschwerung war indessen die Hebamme nicht im Klaren, doch hatte sie ein mechanisches Hinderniss im Beckeneingange erkannt, hielt aber das vorragende Promontorium für einen beliebigen Körper, der sich dem Vorrücken des Kopfes in den Weg stelle.

Den 15. October gegen Mittag — also am achten Tage nach dem Wasserabfluss — langte die Gebärende in Begleit ihres Mannes und der Hebamme im Gebärhause an. Ich war eben abwesend, da ich Tags vorher eine kleine Erholungsreise nach dem Kanton Waadt angetreten hatte, daher mein Assistent ad interim, Hr. Stud. med. Rellstab die Patientin in Empfang nahm, und sofort nach der ersten Untersuchung die unbedingte Geburtsunmöglichkeit wegen absolut zu engem Becken vollständig erkannte. Sein schriftlicher Bericht über den Zustand der Frau bei ihrer Ankunft im Gebärhaus lautet folgendermassen: „ Ihr Zustand war kein erfreulicher. Die allgemeine Hyperæsthesie, welche sie schon bei der leisesten Berührung aufschreien und zucken machte, erschwerte schon jede zweckmässige Lagerung. Patientin konnte nie länger als höchstens fünf Minuten in der gleichen Stellung verharren, sondern wechselte dieselbe vom Liegen zum halb und ganz aufrechten Sitzen, welche letztere Stellung ihr die liebste war, immer aber musste sie gehalten und unterstützt werden. In ihren unnatürlich gerötheten und matten Zügen sprach sich deutlich das längere Leiden aus. Der Puls war damals noch nicht wesentlich beschleunigt, hatte aber an Kraft eingebüsst. Derselbe befand sich in steter Spannung. Die mehr Anfallsweise eintretenden Schmerzen giengen zu allmälig in einander über, als dass man sie mit dem Namen Wehen hätte belegen dürfen. Die Berührung des Unterleibes war viel schmerzhafter als die innerliche Untersuchung, insofern man nicht die Beckenwandungen berührte. Stiess man aber mit dem Finger nur leicht gegen das Kreuzbein oder gegen die Symphis. oss. pub., so zuckte die Frau schmerzhaft zusammen. "

„Die äussere Untersuchung zeigte, dass man es nach Massgabe der Ausdehnung des Unterleibes mit einer reifen Frucht zu thun habe. Diese lag in schiefer Richtung, der Kopf auf dem rechten Darmbeine aufliegend, der Steiss über der linken Darmbeincrista. Den Fötalpuls hörte man in einem ziemlich weiten Umfang, am deutlichsten aber an einem Punkte, zwei Querfinger unter und eben so weit rechts neben dem Nabel, und gleichzeitig überzeugten kräftige Stösse von Seite des Kindes den Untersuchenden genugsam von dem Leben der Frucht. Die äussern Durchmesser des Beckens waren: von einer Spin. anter. super. oss. ilei zur andern 27 Centimeter (9 Zoll), Trochanterentfernung $31^1/_2$ Centimeter ($10^1/_2$ Zoll), Conjug. externa 15 Centimeter (5 Zoll). (Würden also nach gewöhnlicher Berechnung für den Querdurchmesser des Beckens $3^1/_2$ bis 4 Zoll und für die Conjugata vera 2 Zoll herausstellen.)"

„Die innere Untersuchung wurde in horizontaler Rückenlage der Frau vorgenommen. Am Beckenausgang entdeckte man keine erhebliche Missstaltung. Längs der hintern Vaginalwand vorrückend, traf man bald auf einen harten Körper, der zu solid und unbeweglich war, um etwas anderes zu sein als das Kreuzbein. Dadurch stutzig gemacht, suchte man unwillkürlich mit dem andern Finger die Symphis. oss. pub. auf und fand sie leider nur zu bald, da der Zwischenraum zwischen beiden aufgelegten Fingerspitzen, nur zur Aufnahme noch eines dritten Fingers ausgereicht hätte, so dass die Distanz zwischen den erwähnten Punkten auf $1^1/_2$ bis 2 Zoll geschätzt werden musste, welche Annahme durch sogleich vorgenommene Messungen noch erhärtet wurde. Und dieses war noch nicht die engste Stelle, denn man fühlte, dass sich von dem letztzugänglichen Punkte des Kreuzbeins, ungefähr die Uebergangsstelle vom zweiten zum dritten Kreuzwirbel, nach oben das Promontorium noch mehr in die Beckenhöhle vordränge. Zu erreichen war dasselbe aber nicht, weil die hintere mehr schlaffe Muttermundslippe und die mehr noch als pralle Hautfalte zu fühlende Kopfgeschwulst das weitere Vordringen des Fingers verhinderten. Ungefähr $1^1/_2$ Querfinger breit höher wurde das untere Uterinsegment mit der erwähnten Kopfgeschwulst zwischen dem scharf vorstehenden Promontorium und der mehr flachen Schoossbeinfuge eng einge-klemmt. Dabei war an eine natürliche Erweiterung des etwa Zweifrankenstück gross eröffneten Muttermundes nicht zu denken, dessen äusserster Rand zwar scharf war, aber sich bald verdichte. Der ganze Beckenkanal schien kurz zu sein, die Vagina weder trocken noch heiss. Während der Untersuchung floss Blut ab, was übrigens schon während einigen Tagen mehr oder weniger stark der Fall ge-wesen sein soll. Nachzutragen ist noch, dass bei diesen Untersuchungen keine wesentliche Verkürzung des Querdurchmessers bemerkt wurde."

»Der Gemüthszustand der Frau war zu dieser Zeit ein relativ befriedigender. Obgleich sie sehnlichst wünschte, von ihren Schmerzen befreit zu werden, war sie doch recht geduldig und für die Sorgfalt erkenntlich, die ihr zu Theil wurde. Auch als sie wusste, was ihr bevorstand, war sie nicht furchtsam und ängstlich."

Herr Rellstab hatte nun zwar die Diagnose und Indication zum Kaiserschnitt als einzig mögliches Entbindungsmittel festgestellt, indem bei lebendem Kinde schon a priori diese Operation angezeigt gewesen wäre, aber selbst bei todter Frucht würde bei einer Conjugata unter zwei Zoll und wie es schien stark entwickeltem Kinde die Perforation ein höchst zweifelhaftes und gefährliches Mittel abgegeben haben. Da aber der Vorsteher der Anstalt abwesend war, so entstand die Frage, ob bis auf seine Rückkehr, die sofort veranlasst werden sollte, zugewartet werden dürfe. Zur vollständigen Sicherstellung seiner persönlichen Auffassung der Ver-hältnisse und zur Berathung über das Vorzukehrende zog Hr. Rellstab in dieser wichtigen Angelegenheit den Assistenten des Vorstehers der Gebäranstalt, Hr. Dr. Christener, den er provisorisch zu vertreten hatte, zu Rathe, in Folge dessen beschlossen wurde, für einstweilen eine den Umständen angepasste beruhigende Behandlung einzuschlagen und das Geeignete vorzunehmen, um mich sobald wie möglich zurück zu berufen. Ich kann nicht umhin, diesen Anlass zu benutzen, Herrn Rellstab vor Allem, so wie auch Herrn Dr. Christener meine vollkommenste Anerkennung und Erkenntlichkeit auszusprechen für die Umsicht und das auf-opfernde Interesse, welches sie namentlich bei dieser Gelegenheit an den Tag gelegt haben. Wie denn auch alle Angestellten des Hauses, vornehmlich die

Hebamme der Frauen-Abtheilung, unterstützt durch diejenige der akademischen Abtheilung, auch in diesem Falle wieder mit aufopfernder Liebe ihre mühseligen Pflichten in höchstem Maass erfüllten, wofür ihnen mehr Anerkennung gebührt, als ihre bescheidene Stellung ihnen zukommen zu lassen pflegt.

Die telegraphische Depesche, welche mir den Stand der Dinge mittheilte, traf mich den 16. Morgens in Vernex, meine Antwort lautete: *nur wenn möglich die Operction bis zu meiner Rückkunft zu verschieben.* Der nächste Eisenbahnzug nach Bern nahm mich mit, aber erst um halb fünf Uhr Abends konnte ich hier eintreffen.

Unterdessen wurden bei der Leidenden durch warme Fomente auf den Unterleib und Anwendung einer Mixtura Boracis mit Opium Beruhigung und namentlich Verminderung der anhaltenden schmerzhaften Spannung des Uterus versucht und allerdings auch, ihrer Aussage nach, Linderung gebracht. Doch war dieselbe nicht sehr auffallend und die Nacht vom 15. auf den 16. unruhig. Vor Mitternacht konnte Patientin zwar ein wenig schlummern, nachher aber trat die alte Unruhe wieder auf, indem die Kranke beständig ihre Lage veränderte. Am längsten behagte es ihr auf dem Lehnstuhl mit hoch unterstützten Füssen.

Am Morgen des 16. Octobers, berichtet Hr. R. weiter, hatte die Pulsfrequenz zugenommen, zählte 104 bis 108, er war klein, schwach. Die Geburt hatte keine Fortschritte gemacht, höchstens der Muttermund sich ein klein wenig erweitert, und die oben erwähnte Hautfalte mehr die Gestalt einer Kopfgeschwulst angenommen, sie war ganz uneben anzufühlen. Weder die Arznei, noch die Aufschläge hatten die Spannung des Uterus vermindert.

Nach meiner Ankunft in Bern fand ich die obigen Angaben in Beziehung auf das Befinden der Gebärenden vollkommen getreu. Diese befand sich in einem Zustande völliger Entkräftung neben gleichzeitiger Aufregung, kleinem, sehr frequentem Pulse. Der Uterus war gleichmässig hart und über die Frucht so gespannt, dass die Abgrenzung des Kopfes vom Rumpfe durch eine deutliche Striktur sichtbar war. Die Empfindlichkeit der ganzen Gebärmutter war ausserordentlich, und daher eine Untersuchung durch äussere Palpation sozusagen unmöglich. Der Fötalpuls war nach Aussage des Assistenten noch deutlich hörbar. Die Exploration per vaginam bestätigte ebenfalls das oben Mitgetheilte, nur dass mir das ganze Becken in allen seinen Dimensionen verengt erschien, das Kreuzbein aber ausserordentlich gewölbt und seine obere Hälfte mit dem Promontorium so weit einspringend, dass ich ebenfalls die Conjugata auf circa $1\frac{1}{2}$ Zoll, höchstens 2 Zoll, schätzte. In diesen Raum hatte sich der ungefähr Thalersgross eröffnete Muttermund, ziemlich in der Mitte stehend, mit dem vorragenden Kindestheil so weit thunlich eingepresst. Es war indessen sofort mit Leichtigkeit zu erkennen, dass der Kindskopf noch ganz über dem Beckeneingang stand, nur seine durch heftige Einpressung faltig und gefurcht erscheinende pralle Geschwulst drängte sich etwas in den Muttermund, und Jeder konnte sich mit Leichtigkeit durch die Untersuchung überzeugen, dass selbst ein vollkommen zertrümmerter Kopf einer reifen Frucht, und eben so wenig ihr Rumpf durch diesen engen Raum durchzubringen gewesen wäre. Auch abgesehen vom Leben des Kindes erschien es zu einleuchtend, dass hier der Versuch einer Entbindung durch Perforation eine unverantwortliche Verwegenheit gewesen wäre; hatte sich doch bei der bisherigen Geburtsanstrengung vom Kindskopfe selbst (er bot sich in vierter Scheitellage) nicht eine Kante oder Spitze in den Beckeneingang herunter gelassen, obschon derselbe bis dahin zum Eintritt ins Becken bearbeitet worden war, was sich aus dem ganzen Vorgange sicher schliessen und aus der später gefundenen Kopfform beweisen liess. Die Indication zum Kaiserschnitt war eine unbedingte und die Leidende zu jeder Entbindungsart willig, welche sie von ihren Schmerzen befreie. Ihrem Manne hatte ich einfach erklärt, dass die einzige Möglichkeit der Rettung des Kindes, sowie der Mutter, durch eine Operation gegeben sei, die dem Kinde nicht gefährlich, wohl aber wahrscheinlich der Mutter das Leben koste, welches jedoch ohne Operation jedenfalls verloren sei, worauf er als Antwort in den Bart brummte: es wäre ihm lieber, wenn noch etwas Anderes geschehen könnte. — Mit der Ausführung der Operation war natürlich nicht mehr zu zögern, doch dauerte es bis gegen 7 Uhr Abends, bis alle Präparative vollendet und die Herren Assistenten bestellt waren, namentlich aber bis die Herren Studirenden, so wie einige Herren Collegen der Stadt sich eingefunden hatten.

Bei schönem Gaslichte, das wie der helle Tag leuchtete, und zum ersten Male im hiesigen Gebärhause einen neu angekommenen Weltbürger mit seinen freundlichen Lichtstrahlen begrüssen sollte, bestieg die Unglückliche in Hoffnung baldiger Erlösung von ihren Leiden das Operationslager. Herr Dr. Peyer hatte die Güte die Anæsthesierung durch Chloroform zu besorgen und zu überwachen; die Herren Doctoren Rau und Christener hielten die Bauchwandungen über dem

fixirten Uterus fest, der aber so stark nach rechts geneigt war, dass er nicht in
die Mittellinie gestellt werden konnte und der Schnitt daher nicht in der weissen
Linie, sondern einen Zoll neben derselben, dieser aber parallel gemacht werden
musste. Herr Rellstab war mit den Ligaturen zur Hand, Herr Mœrlen besorgte
das Reinigen der Schnittflächen vom ausfliessenden Blute, Herr Dr. Verdat stand zu
Rath und That bei allenfalls eintretenden Schwierigkeiten dem Operirenden gegenüber, und viele andere Hände waren zu gefälliger Hülfeleistung bereit. — Man hatte
sich kurz vorher noch von dem Vorhandensein des Fötalherzschlages überzeugt.

Nachdem vorerst die mässig ausgedehnte Harnblase durch Cathetrisation
vollständig entleert worden und die Frau zur Empfindungslosigkeit chloroformirt
war, wurde an der bezeichneten Stelle mittelst eines Scalpells von einem Punkte
nahe unterhalb dem Nabel bis auf circa $1^1/_2$ Zoll über dem Schoossbeine ein ungefähr
7 Zoll langer Schnitt durch die Haut und das unterliegende Zellgewebe gemacht,
dann in der Mitte desselben im Umfang eines Zolles die Bauchmuskeln in leichten
Zügen durchschnitten, wobei der Muscul. rect. abdom. in der Nähe seiner innern
Kante durchschnitten wurde. Als das Bauchfell blossgelegt war, drängte es sich
täuschend ähnlich einer Darmschlinge durch die Wundspalte, so dass man sich
nur mit Schwierigkeit, namentlich dadurch überzeugen konnte, dieses einzig
mit Inhalt einer serösen Flüssigkeit vor sich zu haben, dass dasselbe rings um
die Incisionstelle mit den Bauchwandungen fest verklebt war. Bei vorsichtigem Ein-
schneiden auf einer mit der Pincette gebildeten Falte schien dasselbe sogar aus zwei
Lamellen zu bestehen, so dass man zum zweiten Male in Zweifel gerieth. Man
hatte sich indessen nicht geirrt, denn nach Eröffnung dieser fast blasenähnlichen
Vorstülpung flossen einige Löffel voll jener gelblichen serösen Flüssigkeit aus,
wie sie in der Regel angetroffen wird, und man sah den fast violetten Uterus.
Nach Dilatation der Wunde auf gewöhnliche Weise trat derselbe frei zu Tage.
Ich hatte die Bauchwunde absichtlich etwas gross gemacht, um nicht wieder nachträglich zu einer Erweiterung schreiten zu müssen, und den Schnitt über die
Stricturstelle bis ungefähr zur Mitte der untern, den Kindskopf enthaltenden
Gebärmutterkugel geführt. Die Blutung war äusserst gering und Vorfall hatte
bis dahin keiner stattgefunden; die Assistenten hielten die Bauchwandungen kräftig
an den Uterus angepresst und liessen die Wunde nur so weit klaffen, als zum
weiteren Fortsetzen der Operation absolut nöthig war.

Die hartgespannte Gebärmutter, an welcher jene Strictur deutlich zu sehen war, wurde nun mit leichten Schnitten, die sehr mässig bluteten, in der Mitte der äussern Wunde bis auf die Eihäute getrennt, und die kleine Oeffnung auf einer Hohlsonde, weil zum Einführen des Fingers nicht Raum war, bis auf gut fünf Zoll lege artis erweitert.

Kein Fruchtwasser war vorhanden; die Eihäute hatten sich während der Erweiterung der Uteruswunde geöffnet. Zuerst trat der rechte Arm zum Vorschein, und neben ihm drängte sich eine grosse Schlinge des sehr starken Nabelstrangs hervor, welcher nicht mehr pulsirte. Diess war ein wichtiger Grund, sofort zur Entwickelung des Kindskopfes zu schreiten, welcher in vierter Scheitellage (Hinterhaupt nach links hinten) auf dem Beckeneingange so stand, dass das Hinterhaupt sich gegen denselben herunter geneigt hatte, das Gesicht aber mit seiner rechten Stirnbeule zuerst aus der Wunde sah. Ich führte die Hand sorgfältig unter den Kopf, und hob ihn nicht ohne einige Mühe, weil er sehr gross war, aus der Wunde, so dass das Gesicht zuerst hervor trat. Die Entwicklung des Rumpfes geschah sehr leicht, indem das Kind in den Achselhöhlen gefasst wurde. Der Uterus zog sich über dem langsam austretenden Kinde regelmässig zusammen. Wie die sehr kräftig entwickelte Frucht auf meinen beiden Händen lag, that sie den ersten schnappenden Athemzug, dem bald einige andere folgten, doch kam kein Schreien sofort zu Stande, die Respirationsbewegungen waren gewaltsam, krampfhaft und unregelmässig. Die Nabelschnur wurde nun von einem Collegen leider nur mit einem doppelten starken Seidenfaden unterbunden, dann getrennt und das Kind zur besondern Pflege in andere Hände übergeben.

Die Placenta fand sich losgetrennt im Uterus und wurde mit Leichtigkeit entfernt. Auch bis jetzt noch blieb die Blutung mässig und Dank der guten Hülfe der Assistenten war noch keine Darmschlinge vorgefallen. Die Contraktionen des Uterus machten sich langsam, er behielt eine stark längliche Form und blieb ziemlich schlaff, daher ich, ohne mich übrigens mit Eingriffen zu beeilen, die Hand durch die knapp geöffnete Wunde in die Bauchhöhle einführte und den Uterus durch sanftes Kneten zur Reduktion brachte. Mit dieser aber drängten sich Darmschlingen und ein Stück Netz in die Wunde, und konnten nur mit Mühe zurückgehalten werden, letzteres bot noch während der Anlegung der Knopfnaht Schwierigkeiten, indem es, zwar nur in einer kleinen Portion, stets wieder vordrängte. Erst nachdem die ersten oberen Hefte gelegt waren, wurde es nicht mehr bemerkt. Erguss in die Bauchhöhle hatte keiner stattgefunden, denn die Blutung war nicht sehr stark, durch kalte Schwämme gut zu mässigen, und die Bauchwandungen wurden stets sehr fest gehalten. Sechs Hefte verschlossen ganz befriedigend die Wunde, deren unterer Winkel mit einer Charpiewicke offen erhalten wurde. Zwischen den Ligaturen kreuzten sich schwach angezogene, um den Leib gehende Heftpflasterstreifen; mit Camillenthee befeuchtete Charpie und eine leichte Compresse bedeckten die Wunde; eine mässig angezogene aber breite Leibbinde, welche den ganzen Unterleib bedeckte, machte den Schluss des Verbandes. Die ganze Operation hatte 30 Minuten gedauert, die Frau war unterdessen in anhaltender und vollständiger Empfindungslosigkeit verblieben, machte nicht die geringste Bewegung und erwachte erst nach Vollendung des Verbandes, ohne dass sich irgendwelche consecutive Erscheinungen während oder nach dieser anhaltend tiefen Narcose eingestellt hätten. Die Frau hatte keine Ahnung von der Art, wie sie entbunden worden war, und war glücklich, von ihren Leiden befreit zu sein. Herr Dr. Beyer hat seine rühmlich bekannte Kunst als Anästhetiker wieder trefflich bewiesen.

Unterdessen wurde bei dem asphyctischen oder atelectasischen Kinde, namentlich unter der Leitung des Herrn Dr. Alb. Wyttenbach, Alles angewendet, um in demselben vollständige Athmung und Belebung hervor zu rufen, und man hatte es allerdings dahin gebracht, dass sich nach einiger Zeit eine ziemlich regelmässige, wenn auch nicht tiefe Athmung einstellte, das Kind wimmerte, ja sogar ordentlich laut schrie, aber nie aus voller Brust, sondern stets blieb mehr Bauchathmung da, und seine Bewegungen blieben kraftlos, die Reaktion auf Reizmittel verhältnissmässig schwach. Doch hatte das Kind sich so weit erholt, dass volle Hoffnung auf Erhaltung berechtiget schien, und man dasselbe warm aber locker eingewickelt sich selbst überliess. Plötzlich trat von neuem Collapsus ein, das Kind fiel auffallend zusammen, wurde blass und die Respiration war am Erlöschen. Man sah nach und fand zu allgemeinem Schrecken eine Nabelblutung, deren Stärke schwer zu bestimmen; sie mochte mehrere Unzen betragen haben. Zwar erholte sich das Kind bald wieder auf angebrachte Reizmittel und Einflössen belebender Mittelchen, allein nicht für lange. Zwei bis drei Mal — in Verlauf von circa zwei Stunden — collabirte es und erholte sich wieder, es schien sogar, als ob der Lebensfunken lebhafter aufglimmen und von Persistenz bleiben wolle. Diese Hoffnung war jedoch eine vergebliche. Gegen Mitternacht wurde die

Athmung immer mühsamer und unregelmässiger, die Sensibilität und Reaktionsthätigkeit verlor sich immer mehr, und um Mitternacht war das Kind eine Leiche. Das neuntägige Leiden desselben unter dem Drucke des Uterus bei abgeflossenen Wassern war wohl Ursache der Atelectasie und seines allgemein fast paralytischen Zustandes, und die unglückliche Nabelblutung konnte nicht anders, als den lethalen Ausgang befördern. Interessant und für das andauernde Leiden des Kindes beweisend ist aber dessen eigenthümliche Kopfform, wie sie unten mitgetheilt wird.

Nachbehandlung. Nachdem die Operirte sich etwas erholt und ihr volles Bewusstsein wieder erlangt hatte, wurde sie zu Bette gebracht. Sie klagte über Nichts, als über Müdigkeit und Schwäche, und sehnte sich nach Ruhe. Von sympathischen Erscheinungen, wie Aufstossen oder Erbrechen, war keine Spur vorhanden. Der Puls war regelmässig, klein aber weich und eher weniger accelerirt als vor der Operation. Patientin erhielt etwas Brühe und auf den Unterleib wurden kalte Compressen gelegt, welche man über Nacht fleissig wechselte. Ausser dem zeitweisen Gebrauch einer Kraftbrühe, kühl genossen, und kaltem Getränk ad libitum, nur in nicht zu grossen Massen, standen Morphiumpulver $1/8$ gr. pro dosi, sowie Eis parat, für den Fall, wenn Schmerz, Unruhe, Erbrechen u. dgl. sich über Nacht einstellen sollten. Patientin fieng bald an zu schlummern, erwachte aber bei dem leisesten Geräusche und trank gerne kühles Getränke. Etwa eine Stunde nach der Operation (gegen 9 Uhr Abends) zählte der Puls 124, und um 10 Uhr Abends 116 Schläge, er war klein, weich, schwach aber regelmässig. Einige Zeit nachher stellte sich leichtes Frösteln ein, mit dem Wunsche nach warmem Getränke, welche Erscheinung aber bald vorübergieng und ruhigem Schlummer wieder Platz machte. Nach Mitternacht kam Unruhe, und bald nachher Klagen über einen dumpfen Druck und Schmerz in der Beckengegend, der in den Seiten bis gegen die Schultern ausstrahle, wesswegen von der Wärterin ein Morphiumpulver gegeben wurde, welches Erleichterung brachte, freilich nur für kurze Zeit. So wurden über Nacht drei Pulver gereicht, ohne dass sie jenen Schmerz zu beseitigen vermochten, daher man ihn den kalten Fomenten zur Last legte. Es geschah diess jedoch mit Unrecht; denn als man gegen Morgen wegen angefüllter Blase mittelst des Catheters circa zwei Schoppen Harn entleert hatte, verschwand jener Schmerz und zeigte sich nie wieder. Ruhe hatte sich wieder eingestellt.

Am Morgen des 17. zählte der Puls 120 bis 128 in obiger Qualität. Leichter Meteorismus war eingetreten, den die Wärterin schon über Nacht bemerkt haben wollte, aber die Empfindlichkeit des Leibes blieb unbedeutend. Dennoch vertauschte man die kalten Fomente mit Eisblasen und verordnete eine leichte Mixtur von Acid. muriat. d. mit gtt. XX Laudanum. Das Regimen blieb im Uebrigen dasselbe.

Der Tag vom 17. October verlief ohne erhebliche Krankheitserscheinungen, am auffallendsten war die ausgesprochene Somnolenz, denn wie Patientin sich selbst überlassen war, verfiel sie in Schlummer, aus dem sie freilich bei jedem Geräusche mit ganz freiem Sensorium erwachte. Bei einem Pulse von circa 122 blieb die Haut kühl, zu den Füssen musste man stets warme Krüge legen. Nachmittags nahm die Spannung des Leibes etwas zu, Ekel und zeitweises Aufstossen stellte sich ein, ohne Erbrechen, der ziemlich starke Durst hatte abgenommen, per vaginam gieng etwas Blut ab, und aus der Wunde floss eine leicht blutig gefärbte, wässerige Flüssigkeit von eigenthümlichem, doch nicht starkem Geruch.

Am Abend des 17. nahmen alle Erscheinungen zu. Obschon die Auftreibung des Leibes nicht erheblich war und nicht einmal die Verbandstücke anspannte, so klagte die Frau doch über Dyspnö, war ängstlich, wollte stets aufsitzen, die Respiration, am Morgen 26 zählend, stieg jetzt auf 42 Inspirationen per Minute, der Puls wurde elend und wuchs an Frequenz auf 130, zum Ekel kam zeitweises, doch seltenes Aufwürgen säuerlicher, gelblicher Flüssigkeit, nicht eigentliches Erbrechen. Man musste die Frau etwas höher betten und eine leichte Saturation mit Aq. Valer. brachte zwar momentane Besserung, leider aber auf kurze Dauer; man sah dem beginnenden Collapsus entgegen. Der Kraftbrühe wurde guter alter Wein beigesetzt und schwarzer Kaffee von der Frau gerne genossen, während Ersteres ihr unangenehm war. So verlief die Nacht ängstlich, das Erbrechen nahm zu, zwar mit geringen Entleerungen, aber sehr häufig, beinahe Nichts konnte mehr ohne sofortiges Wiederaufwürgen einer schwärzlichen oder bräunlichen, übelriechenden Flüssigkeit genossen werden, mit Ausnahme der Eispillen. Zunge stets rein, weder geröthet noch sehr trocken; dennoch starker Durst. Der Puls wurde klein, unzählbar, zwei Mal in der Nacht, um Mitternacht und Morgens 3 Uhr, fürchtete man vollständige Erschöpfung und Tod, doch waren es beide Male vorübergehende Schwächezustände, welche durch belebende Mittel bald beseitigt werden konnten. Indessen waren weder die Empfindlichkeit des Leibes noch der Meteorismus hochgradig. Die Eisblasen wollte die Frau nicht missen, denn wenn man sie entfernte, verlangte sie dieselben bald dringendlichst wieder. Ein Clystier mit Ol. Ricini blieb ohne Erfolg und der Catheter entleerte sehr wenig Harn.

Gegen Morgen des 18. milderten sich die Erscheinungen, und ein zweites gegen 7 Uhr gesetztes Clystier mit Zusatz von etwas Kochsalz hatte eine sehr wohlthätige Wirkung. Eine ordentliche Entleerung, gemischt mit kleinen festgeformten Knollen normalen Aussehens, erfolgte, und da die Frau zu dieser Evacuation durchaus aufsitzen wollte, so verursachte dieses bedeutende Gasentleerungen nach oben, welche nicht geringe Erleichterung verschafften, wesswegen auch letzteres Manöver nachher bei stärker werdender Dyspnö auf dringendes Verlangen der Kranken hie und da wiederholt werden musste. Gegen jenes hartnäckige Erbrechen wurde ungefähr zur selben Zeit Jodtinktur gtt. II p. d. in Wasser unter zwei Malen gereicht. Der gewünschte Zweck war erfüllt, das Erbrechen hörte auf, ohne je wieder in früherem Maasse zu erscheinen, und die dyspnoischen Erscheinungen waren bedeutend gemildert, fast verschwunden.

Man fragte sich nun, ob die durch das Clystier bewirkte Entleerung oder die Jodtinktur das Stillen des Erbrechens bewirkt habe. Ich für meine Person muss erfahrungsgemäss dem ersteren vor Allem mein Zutrauen schenken, ohne damit behaupten zu wollen, dass die Jodtinktur nicht auch das Ihrige hätte zu diesem Erfolge beitragen können. So geht es eben bei dem Mischmasch von Ordinationen, wie man diess so häufig noch in praxi antrifft, wo dann nüchterne Auffassung nicht herauszufinden im Stande ist, ob der gewonnene Erfolg diesem oder jenem Mittel angehört, und wo Vorurtheil, vorgefasste Idee, oder selbst die Phantasie des Arztes ihm einflüstern, wie er mit der oder jener Arznei, welche vielleicht mit sechs andern Ingredientien in einem Glase schwesterlich zusammen wohnte, oder mit dieser oder jener Verordnung Grosses geleistet habe!

Im Verlaufe des Morgens wurden der von jenem blutig-wässerigen Secrete impregnirte und übelriechend gewordene Verband, die Bettstücke, sowie die Leibwäsche gewechselt. Das Bourdonnet im untern Wundwinkel war schon zwei Mal mit neuen vertauscht worden, wobei wenig jener Secretionsflüssigkeit ausfloss, nur dieses Mal bot es ein etwas missfarbiges Aussehen und hatte einen ganz geringen üblen Geruch. Diese Operation des Kleider- und Verbandwechsels, wobei man die Wundverhältnisse, so weit bei dem Liegenlassen der Heftpflasterstreifen zu erkennen war, in ganz befriedigendem Zustande traf, gieng ganz ordentlich von statten, und wurde von der Kranken gut vertragen. Sie befand sich nachher viel besser, war heiter und aufgeräumt, mochte lächeln und scherzen, namentlich aber rühmte sie, wie sie jetzt weit wohler sei als gestern, jedenfalls in keinem Vergleiche besser als in den Tagen der Geburtswehen. Sie hatte frischen Muth und gute Hoffnung auf Herstellung. Die objectiven Erscheinungen entsprachen diesem Gefühl von Behaglichkeit, denn der Leib war weich und beinahe schmerzlos, Dyspnö war keine vorhanden, weder Aufstossen noch Erbrechen zugegen, obschon etwas Ekel sich nicht ganz verloren hatte, und der Puls, zwar stets elend, hatte sich etwas gehoben, zählte 124 bis 128 in der Minute.

Allein diese frohe Hoffnung, bei welcher selbst die Behandelnden sich einer Anwandlung zur Stellung einer günstigeren Prognose nicht erwehren konnten, war von sehr kurzer Dauer. Mit überraschender Schnelligkeit verschlimmerten sich bald alle Erscheinungen, denn kurz nach Mittag nahm der Meteorismus wieder stark überhand, die Athemnoth wuchs in fast progressivem Verhältniss, Unruhe und Aengstlichkeit nahmen zu, Patientin wollte stets aufsitzen, wobei gewöhnlich einige Eructationen von Gasen erfolgten, welche momentane Erleichterung brachten. Im gleichen Verhältniss wurde der Puls deprimirt, unregelmässig und kaum zählbar. Einreibungen von Ung. ciner. c. Ol. Terebinth. und ein Infus. flor. Arnicæ mit Liq. ammon. anis. blieben ohne Wirkung, dagegen brachten zwei Clystiere mit etwas Salz durch Bewirkung von mehr gasigen als liquiden Entleerungen, die stets einige harte graue Kothknollen mit sich führten, wesentliche Erleichterung, so dass Abends zwischen 5 und 6 Uhr mehr Ruhe eintrat, die Athmung freier, regelmässiger wurde, und die Angst ordentlich nachgelassen hatte. Doch blieb die Kranke erschöpft und ahnte ihr nahes Ende. Der Puls wechselte, blieb aber elend und das Zählen desselben war rein unmöglich.

Mit Medicin wurde Patientin nicht überladen, selbst das beliebte Chinin kam nicht in Anwendung, da ich in dergleichen Fällen, wo namentlich Brechdisposition vorhanden, nie Gutes, sondern mehr Schlimmes von ihm sah. Das angegebene Regime wurde fortgesetzt, namentlich Kraftbrühen in kleinen öftern Quantitäten gereicht, bisweilen mit etwas Wein, Kaffee mit leicht belebenden Substanzen u. s. w. So verstrich der Abend leidlich, eher schien sich etwas Erleichterung und Hebung der Kräfte einstellen zu wollen. Doch erschienen schon gegen 9 Uhr

zeitweise Delirien, der Collapsus nahm überhand, kalter Schweiss bedeckte die
Haut, die Angst war gross. Halbstündliche Gaben von gr. 1 Moschus brachten
jedoch schon nach 2 Dosen Beruhigung, der Puls wurde wieder zählbar, hatte
nur 76 bis 80 Schläge in der Minute und schon fasste man bei der sichtlichen
Besserung unter dem Moschusgebrauch wieder etwas Muth, indem nach Mitternacht
die Kranke sich bedeutend in ihren Kräften gehoben zeigte, und dabei ausser-
gewöhnliche Energie in ihren Bewegungen kund gab, die sich aber auch auf
eine unangenehme Weise in ihrer entschiedenen Verweigerung des weiteren
Moschusgebrauches kund gab. Bei vollkommen freiem Bewusstsein behauptete sie
nämlich, man gebe ihr dasselbe nur, um ihren Tod zu beschleunigen, während sie
wieder neue Lebenshoffnung gewonnen hätte. Ernstliches Zureden und das Beweisen durch Beispiele, dass ihre Voraussetzung unrichtig, vermochten zwar nach
einiger Zeit ihren halsstarrigen Widerstand zu brechen, besonders da mit neu
eintretender Athemnoth ihr Muth wieder zu sinken begann. Obschon die örtlichen Erscheinungen keineswegs sich verschlimmert hatten, wuchs die Dyspnö
so, dass die Kranke nur sitzend verbleiben wollte, und jedes Getränk verweigerte.
Die geräuschvollen Athemzüge wurden allmälig leiser und leiser, so dass sie kaum
mehr bemerkt wurden, und um 4 Uhr Morgens, den 19. October, 56 Stunden
nach der Operation, verschied die Unglückliche ganz ruhig, ohne Angst und ohne
irgendwelche krampfhaften Zuckungen, mit warmen Händen und Extremitäten.
Ihre letzten Klagen waren über ein heftiges Brennen in der Wunde, welche ihr
bisdahin sozusagen keine Schmerzen verursacht hatte.

Die *Autopsie* fand am 20. October Nachmittags statt. Die Leiche zeigte noch
keine Verwesungserscheinungen, und keinerlei Deformitäten des Körpers oder
der Extremitäten verriethen die überstandene Rhachitis; im Gegentheil war natürliche Beleibtheit und Proportion der Glieder vorhanden. Der Leib schien sehr
mässig aufgetrieben und das Aeussere der Wunde liess nichts zu wünschen übrig,
Verklebungen derselben waren aber sozusagen keine vorhanden. Die Genitalien
sahen etwas livid und geschwollen aus. Durch einen ovalären Schnitt von der
Schoossbeinverbindung links gegen den Process. xyphoid. umgieng man die Wunde,
um sie intakt auf ihrer innern Fläche betrachten zu können. Sie hatte ein ziemlich gutes Aussehen, war wenig entzündet, aber nirgends verklebt, nur an zwei
oder drei Stellen fanden sich leicht eiternde kleine Geschwürsflächen. Das Peritonæum war nicht mit den Heften gefasst. In dem obern Theile der Wunde, doch

von den Heften unberührt und nicht eingeklemmt, hatte sich eine Falte des grossen Netzes eingelegt, welche stark injicirt und angeschwollen war, ohne geschwürig zu sein. Dieser Zustand beschränkte sich ganz auf die in der Wunde liegende Portion des Netzes. Der Peritonäalüberzug der mässig aufgetriebenen Gedärme war gleichmässig aber nicht erheblich entzündlich injicirt, kaum merklich das übrige Bauchfell. Exsudat war in höchst unbedeutender Menge vorhanden und ganz wässerig, trüblich geröthet. Verklebungen und Faserstoffgerinnsel an einigen Stellen kaum merklich. Resten von Bluterguss nirgends. Der Uterus hatte sich so tief in die Beckenhöhle herunter gesenkt, dass dessen Wunde ganz hinter der äussern verschwunden war und hinter der Symphyse lag, und weil der Raum so eng, so wurde sie von der Beckenwand comprimirt, konnte also nicht klaffen, sondern ihre scharfen Ränder lagen ziemlich vollständig aneinander; aber auch hier keine Spur von Verklebung. Was die Coincidenz der äussern Wunde mit derjenigen der Gebärmutter auch dann vollkommen aufgehoben hätte, wenn sie nicht schon durch die starke Senkung des Organes verloren gegangen wäre, war der Umstand, dass letztere stark seitlich nach links gekehrt war, auf den ersten Blick fast an der hintern Wand des Uterus zu sitzen schien; offenbar die Folge der Axendrehung des Uterus während der Schwangerschaft mit seinem linken Rande nach vorn, und Restitution dieser veränderten Stellung nach seiner Entleerung. Die Erklärung des Klaffens der Gebärmutterwunde auf mechanischem Wege konnte hier eine indirekte oder negative Bestätigung finden. Nachdem die Genitalien mit dem Uterus aus dem Becken präparirt waren, fand man den circa drei Zoll langen, scharfkantigen, liniengeraden Schnitt beinahe an dem linken Rande des Organes im untersten Theile desselben, nur etwa einen Zoll hoch über dem Orificium intern. beginnend. Die Substanz des Uterus war etwas anämisch, sonst gesund, so wie auch seine Schleimhaut, nur die Gegend des Collum uteri sah livid missfarbig aus und war etwas aufgequollen. Die innere Uterinfläche, so wie die Vagina waren von einem etwas schmutzig bräunlichen, leichten Exsudate bedeckt, nach dessen Entfernung die Mucosa ganz normal aussehend zum Vorschein kam. Der Placentarsitz befand sich an der vordern Wand dem Fundus uteri nahe. — Im übrigen Körper fanden sich nirgends pathologisch-anatomische Erscheinungen.

Als Maassverhältnisse der Leiche ergab sich Folgendes:

Länge des ganzen Körpers der Frau	143 Centimeter,	4' 7" 6'''	Schweiz.
„ d. untern Extremitäten v. Trachanter weg	70 „	2' 3" 3'''	„

Entfernung der Trochanteren		$31^1/_2$ Centimeter	1' 5'''
„ „ Spinxanter. super.		27 „	9''
Conjugata extera		15 „	5''

Beckenhöhle.

Beckeneingang:	gerader Durchmesser	$4^1/_2$ Centimeter 1'' 5''' Schw.	
„	querer „	$12^3/_4$ „ 4'' 3''' „	
Mittlere Beckenöffnung:	gerader	5 „ 1'' 7''' „	
„ „	querer „	$12^1/_2$ „ 4'' 2''' „	
Beckenausgang:	gerader „	$7^3/_4$ 2'' 2''' „	
„	querer „	$9^1/_2$ 3'' 2''' „	

Kind, männlichen Geschlechts.

Gewicht desselben	3360 Grammen	$6^3/_4$ Pfund.
Länge desselben	60 Centimeter 20''	
Schulterbreite	12 „	4''
Hüftenbreite	9 „	3''
Kopfdurchmesser querer	$11^1/_2$ „	3'' 8'''
„ hinterer senkrechter	10 „	3'' 3'''
„ vorderer „	$10^1/_2$ „	3'' 5'''
„ „ schiefer	11 „	3'' 7'''
„ hinterer „	11 „	3'' 7'''
„ gerader	$14^1/_2$ „	4'' 8'''
„ diagonaler	$15^1/_2$ „	5'' $1^1/_2$'''

Auf dem Hinterhaupte, etwas mehr rechter Seits, sass eine kleine, pralle, durch die Einklemmung zwischen Symphise und Promontorium leicht furchig gewordene Kopfgeschwulst. Der ganze Kindskopf hatte seine normale rundliche Form verloren, war auffallend in die Länge gezogen, besonders nach der Richtung des diagonalen Durchmessers, weniger des geraden, dagegen nach der Richtung des hintern senkrechten und hintern schiefen Durchmessers, also in senkrechter Richtung zusammengepresst und auf dem Scheitel gegen die kleine Fontanelle und das Hinterhaupt, sowie vom Nacken her in derselben Richtung abgeplattet und gegen die Stelle der Kopfgeschwulst kantig zugespitzt, während offenbar der Querdurchmesser an Länge zugenommen hatte. Die Lungen schwammen vollständig auf dem Wasser, Herz und Leber aber waren hyperämisch, der

Kindskopf wurde nicht egöffnet, weil er mit dem mütterlichen Becken zur Auf-
bewahrung sceletirt werden sollte. Auch der Uterus blieb in der Präparatensammlung
des Gebärhauses.

—◁●▷—

VIII. KAISERSCHNITT von Herrn Dr. Jäggi

in Kriegstätten.

Ich füge diese mir gefälligst von Herrn Dr. Jäggi mitgetheilte Beobachtung
hier bei, obschon sie nicht neu ist, und schon irgendwo vor Jahren publicirt
worden, jedoch der Vergessenheit anheim gefallen zu sein scheint. Sie ist eigenthümlich in ihrer Art, und bildet einen interessanten Beitrag zur Geschichte des
Kaiserschnittes. Herr Jæggi beschreibt den Fall wörtlich wie folgt.

M. Sch. von Recherswyl, 33 Jahre alt, wurde im Jahre 1825 zum ersten
Male ausserehelich schwanger. Im siebenten Mondsmonat stellten sich Vorboten
der beginnenden Geburt ein. Die Wehen nahmen nach und nach zu, und zwei
Tage bevor ich gerufen wurde, waren die Fruchtwasser abgeflossen. Bei meiner
Ankunft hatte die Kreissende sehr starke Wehen, und dennoch war es nicht
möglich, dass der Kopf in die Beckenhöhle eindringen konnte. Es wurden
später, da die Wehen etwas abnahmen, noch wehentreibende Mittel gebraucht
und die Kreissende in nach vorn gebeugte Lage gebracht. (Patientin war früher
rhachitisch, konnte vor dem fünften Jahre nicht laufen; ihr Gang war immer
mit nach vorn gebeugtem Körper, wackelnd.) Nachdem auch dieses nichts half
und der Kopf immer noch oberhalb dem Beckeneingange schwebte, mithin
mit der Zange nicht erreicht werden konnte, entschloss ich mich zur Wendung auf die Füsse. Wie ich mit der Hand durch die Beckenhöhle eindrang,
fühlte ich sogleich ein sehr hervorragendes Promontorium. Beckenmesser hatte
ich keinen; jedoch erachtete ich die Conjugata lange nicht drei Zoll. Die Deventer'schen und Querdurchmesser waren auf Unkosten der Conjugata vergrössert.

15

Das Becken schien wie platt gedrückt. Mit der grössten Mühe gelangte ich zu den Füssen, und nach stundenlanger Arbeit, wobei ich oft auszuruhen genöthigt war, gelang es mir den Kopf des Kindes zu Tage zu befördern.

Das Wochenbett gieng ohne bedeutende Reaktionserscheinungen vorüber.

Zweite Schwangerschaft.

Ich wurde den 17. Juni des Jahres 1827 bei dermalen abgelaufener Schwangerschaft nach dem zehnten Mondsmonat zu der Sch. berufen. Da ich den Beckenzustand kannte und die daher rührende schwierige Geburt voraus sah, machte ich Herrn Dr. Wyss in Luterbach die Einladung dabei zu erscheinen, und besorgte noch anderwärtige Geschäfte. Gegen neun Uhr kam ich bei der Kreissenden an, und Herr Dr. Wyss erschien eine halbe Stunde später. Bei meiner Ankunft erzählte man mir, dass die Blase schon seit dem 15. gesprungen, und die Wasser abgeflossen seien. Die Wehen hatten schon seit dem 15. Nachts gedauert und waren immer heftiger und schmerzhafter geworden. Ich untersuchte, und fand äusserlich einen grossen Vorhängebauch, die Bewegungen und den Herzschlag des Kindes erkannte ich deutlich. Innerlich fand ich den Muttermund zwei Thalersstück gross offen, und nach hinten über dem kaum zu erreichenden Promontorium fast nicht fühlbar. Der Kopf schwebte gleichsam über dem Eingange des kleinen Beckens. Nach vorn fand sich zwischen dem Kopfe und dem Muttermunde ein solcher Zwischenraum, dass ich mit einigen Fingern, auch während den Wehen, hinter diesen reichen konnte, ohne jenen zu berühren. Der Vorberg schien jetzt mehr als bei der ersten Geburt aufgetrieben und hervorragend zu sein; wahrscheinlich wegen dabei erlittener Quetschung. Der Kopf fühlte sich fest an; die Lage desselben konnte ich nicht genau ausmitteln, da ich die Fontanellen nicht deutlich erkannte; doch vermuthete ich die erste Kopflage.

Die Wehen waren so stark, dass bei normalem Becken auch der grösste Kopf hätte durchdringen können. Nach einiger Zeit untersuchte auch Herr Dr. Wyss, dieser, erstaunt über die Enge des Beckens, sagte, dass, so wie die Sache sich anfühlen lasse, der Kaiserschnitt indizirt sei. Ich erwiederte, dieser sei in Beziehung auf das Leben des Kindes allerdings angezeigt, indem wir bei solcher Beckenverengung die ungünstigste Prognose für letzteres haben würden, dass aber für die Mutter die Geburt glücklicher auf anderem Wege als durch eine so schauderhafte Operation beendigt werden könnte, die allergrösste Gegenanzeige aber noch die sei, dass die Geburt von zwei Jahren (zwar bei frühzeitiger Niederkunft) durch eine schwere Wendung ohne Nachtheil für Mutter habe beendigt werden können. Wie hätten wir uns wohl bei sofortiger Vornahme des Kaiserschnittes vor dem ärztlichen Publikum und vor aller Welt rechtfertigen können? Mein Rath gieng also dahin, noch bis nach 11 Uhr abzuwarten, damit man nicht eines voreiligen Unternehmens beschuldigt werden könne. und alsdann zur Wendung zu schreiten. Nach 11 Uhr bereiteten wir in der engen, finstern, völlig umstellten Dachkammer, wo noch zunächst Vieles aus dem Wege geräumt werden musste, das Wendungslager; und gegen halb 12 Uhr unternahm ich die Operation. Ich führte meine Rechte während einer Wehe ein, brachte diese mit einigen Schwierigkeiten durch die Conjugata zum Kopfe und fand meine Vermuthung bestätigt. Der Kopf stand in normaler Lage, er fühlte sich sehr gross und fest an. Die Fontanellen waren fast verwachsen, und die Knochen vollkommen unbeweglich. Ich gieng weiter hinauf und gelangte bald zum linken Fusse. Diesen zog ich mit Zeig- und Mittelfinger an, und schob mit dem Daumen den Kopf aufwärts. So brachte ich den Fuss bald vor die äussern Genitalien, schlang ihn an, und suchte den andern, den ich bald erreichte und auch zu Tage bringen konnte. Hierauf wartete ich eine Wehe ab, damit meine Bemühungen durch den Druck desselben unterstützt und das Kinn der Brust genähert würde. Nach einiger Zeit rückte ich mit der Entwicklung des Kindes vorwärts. Mit Mühe brachte ich bald die Knie zum Vorschein; und trotz Mitwirkung heftiger Wehen hatte ich unglaublich zu schaffen, bis ich nur die Geschlechtstheile des Kindes zu Gesicht bekam. Durch Anziehen versuchte ich den Kopf in die Beckenhöhle zu führen, aber es gelang mir nicht. Ich führte ein Zangenblatt ein, um dieses als Hebel zu gebrauchen, und um dadurch das Kinn der Brust zu nähern und so den Kindskopf in günstigern Durchmesser einzuleiten, aber auch dieses misslang. Die Zange, die doch sehr lang war — ich führe gewöhnlich die Brünninghausische — konnte ich nicht über den Kopf hinauf leiten. Der Handgriff, durch welchen ich mit dem Zangenblatte einerseits und mit den Fingern der andern Hand andererseits den Kopf, dessen grösserer Theil über dem Vorberge lag, beständig hin und her bewegte, während ich den Kindeskörper in einer der obern Beckenachse entsprechenden Richtung anziehen liess, und welcher Handgriff mir bei der erstern (frühzeitigen) Geburt glückte, wurde lange umsonst versucht. Dabei hatte die Kreissende die heftigsten Wehen. die ich noch durch reiben des Bauches, durch Einwaschen von Liq. anod...........

und durch Druck unterstützen liess. Alles blieb umsonst. Herr College Wyss und ich beriethen uns nun, was weiter zu thun sei, und kamen überein, dass in der Perforation (wir waren nämlich vom Tode des Kindes überzeugt) noch Hoffnung liege ; aber den günstigsten Erfolg versprachen wir uns dennoch nicht von derselben, denn wir fürchteten, wegen der Inclination und Enge des Beckens nicht zum Hinterhauptsloche gelangen, und wenn auch, doch vielleicht nicht enthirnen zu können. Als praktische Geburtshelfer wollten wir aber nicht umgehen, was uns auch nur einige Hoffnung in diesem verzweifelten Falle gewährte. Unsere erste Vermuthung wurde bald als die richtige erkannt, denn ich konnte trotz aller Bemühungen nicht weiter, als bis gegen den drittobersten Halswirbel vorrücken. Nun war guter Rath theuer. Nach einigem Ausruhen, denn ich war durch eine $2\frac{1}{2}$ Stunden lange Arbeit, die nur derjenige kennt, der einige schwere Geburten beendigt, sehr ermattet, entschloss ich mich, den Rumpf vom Kopfe zu trennen; indem die Achseln und die Brust, welche in den Geschlechtstheilen lagen, mich sehr an den Einwirkungen auf den Kopf hinderten. In dieser Absicht legte ich das Perforatorium zwischen das fünfte und sechste Halswirbelbein an, stach zwischen durch, öffnete das Instrument und zerschnitt damit die Bänder und Muskeln bis auf die Seitentheile, und trennte dann diese mit dem Finger, während ich den Rumpf anziehen liess. Aber keineswegs riss ich denselben weg, wie vermuthet und ausgesagt worden war; die Trennung geschah mit Vorbedacht, und nicht durch rohes Verfahren. Nachdem ich den Körper entfernt hatte, machte ich noch mehrere Perforationsversuche, während denen Herr Wyss den Kopf durch die Bauchwandungen der Beckenhöhle entgegendrückte und festhielt. Ich zog mit dem stumpfen Hacken die untere Kinnlade herab, liess den Kopf entgegen drücken, und wollte so durch die Mundhöhle perforiren, aber auch dieses misslang.

In solcher Lage versuchte ich noch einmal die Zange, aber umsonst. Dabei blieben die Wehen äusserst heftig, trennten sogar die Placenta und drängten sie vor die äussern Geschlechtstheile. Nun griff ich wieder zu scharfen Instrumenten. Ich setzte den scharfen Haken, den ich auf der linken Hand einführte, an den einen Kieferwinkel, schnitt diesen so wie den der andern Seite los, und brachte ihn mit der Knochenzange weg. Die Zunge entfernte ich ebenfalls. Ich versuchte darauf überall meinen scharfen Haken anzusetzen, aber es gelang mir nirgends. Der Kopf bot nichts als seine Grundfläche dar, und die Enge des Beckens und dessen Inklination machte es unmöglich, den Haken an einer Seite anzubringen. Darauf versuchte ich den Kopf auf den Scheitel zu kehren, hoffend dadurch eine Fontanelle gegen eine Stelle des Beckeneinganges zu bringen, wobei es möglich würde, das Perforatorium in dieselbe auch über dem kleinen Becken einzustossen. Aber ich brachte auch dieses, theils wegen der heftigen Contraktion des Uterus, theils wegen der Grösse des Kopfes, nicht zu Stande. Ermattet und vom Schweisse triefend, und mit so ermüdeten Armen, dass ich ohne grosse Anstrengungen die Finger nicht mehr bewegen konnte, warf ich voll Unmuth meine Haken weg, und ersuchte Herrn Dr. Wyss, nun auch sein Möglichstes zu versuchen. Dieser aber musste von allen Versuchen abstehen, weil er seine grosse Hand nicht durch die Conjugata des Beckens durchführen konnte.

Ich veranstaltete nun, dass sofort Herr Dr. Vögtly in Solothurn berufen wurde, und da ich der Erquickung bedurfte, auch einige Kranke zu besorgen hatte, so empfahl die Leidende Herrn Dr. Wyss und begab mich nach Hause, wo ich Herrn Dr. Vögtly erwartete, dessen Weg bei mir vorbei führte. Er zögerte nicht lange. Gleich nach seiner Ankunft fuhren wir mit einander ab, und auf dem Wege erzählte ich ihm meine fruchtlos angewandten Bemühungen. Herr Dr. Vögtly gedachte den Kopf ganz heraus zu ziehen, und setzte in dieser Absicht seine Knochenzange an das Ende des Halses, zog an derselben; aber der Kopf blieb über dem Eingange wie angebunden. Herr Dr. Vögtli schritt weiter. Er liess sich den Kopf mit der Knochenzange herabziehen, und wollte die Zange anlegen, aber er brachte die Zangenblätter nicht über dem Kopfe zusammen. Er gieng mit allem Eifer und Kunstsinn zur Anbohrung des Kopfes über, aber damit gieng es ihm nicht besser als mir. Er versuchte die Zerstücklung, aber die Enge des Beckens gestatteten ihm nicht, an die Seitentheile des Kopfes zu gelangen; er stösst auch nur an den basischen Theil desselben, und er hätte — wie ich — bald eher sich selber die Finger, als die verdammte Einheit des Corpus delicti zerstückelt. Nach langen Versuchen gelang es ihm endlich, den stumpfen Hacken in die Orbita einzubringen. Er versuchte die Zange nochmals, was so wenig wie vorhin gelang. Endlich zog er den Hacken fest an sich und wollte dadurch ein Stück der Gesichtsknochen los machen, um der Knochenzange Platz zum Ansetzen zu verschaffen, aber auch dieses war umsonst. Von der Unmöglichkeit dieser Entbindungsweise überzeugt, legte Herr Dr. Vögtly seine Instrumente bei Seite, und war froh, auch einige Augenblicke aus der engen, mit Oelrauch verstänkten, heissen Kammer sich zu begeben, denn sie war so finster, dass wir beständig Lichter brauchten.

Wir giengen in eine andere Kammer, und nach einiger Unterredung entschlossen wir uns zu dem allein noch anwendbaren Mittel, zu dem Kaiserschnitte. Während ich die Kreissende auf diese Operation vorbereitete, beschäftigten sich die Herren mit Zurüstungen. Es wäre uns besonders jetzt sehr wünschenswerth gewesen, wenn wir ein anderes Zimmer zu unserem Unternehmen hätten auswählen können, aber das kleine Haus und die Familienverhältnisse beschränkten uns einzig auf dieses. Das Bett, das wir vorher zum Querbette umgeschaffen, wurde wieder der Länge nach zugerichtet, Tücher gelegt, dass der Steiss und Bauch etwas erhöht wurden und die Patientin horizontal — nur' mit wenig erhöhtem Kopfe — darüber gelegt. Herr Dr. Vögtli stellte sich auf die linke, ich trat auf die rechte Seite des Bettes, und Herr Dr. Wyss erbot sich, das Nöthige darzureichen. Ich bestimmte die Linea alba zum Einschnittsorte, und während ich mein convexes Bistouri ansetzte, mit der Linken die Seitentheile fixirend, führte Herr Dr. Vögtly seine Hand in die Scheide, hob mir den Kopf entgegen und befestigte ihn nach aussen gegen die Wandungen. Ich machte einen ungefähr 7 Zoll langen, geraden Bauchschnitt bis auf das Peritonæum, welches ich auf der einen, Herr Vögtly auf der andern Seite fasste, so in die Höhe hob und öffnete. Nachher durchschnitt ich dieses der Länge nach auf untergelegtem Finger. Die Gedärme drängten sich stark vor; Herr Dr. Vögtli hatte genug zu schaffen, dieselben zurück zu halten. Nach durchschnittenem Bauchfell besann ich mich einen kurzen Augenblick, ehe ich den Uterus einschnitt, ob ich den schiefen Schnitt, der mir schon früher besser einleuchtete, dem geraden vorziehen wolle. Ich entschied mich zum ersteren, setzte das Messer an den fundus uteri linker Seite, und führte es schief in einem Schnitte über den darunterliegenden Kopf, welchen mir Herr Vögtly entgegen drückte, bis zum Cervix Uteri rechter Seite. Der Kopf lag mit dem Hinterhaupte gegen die Oeffnung, und da ich ihn nicht leicht — auch bei hinlänglich grosser Oeffnung — fassen konnte, rieth mir Herr Dr. Vögtly, ihn zwischen die Zange zu nehmen; was ich that und ihn so herausholte. Der Uterus contrahirte sich sogleich kräftig, so dass die Blutung unbedeutend war. Ich vereinigte die Bauchwunde, die ebenfalls sehr wenig blutete, durch drei Kopfnähte, wobei ich das Peritonæum auch mitfasste, bedeckte hierauf die Wunde mit Charpie und legte zu unterst in den Schnitt einen Finger dicken

Charpiestreifen, um dem Eiter und andern Flüssigkeiten Abfluss zu verschaffen. Die Naht unterstützte ich noch durch lange Heftpflasterstreifen und eine Leibbinde. Somit war unsere Operation beendigt, während der sich nichts von Bedeutung ereignete, als dass sich Patientin einmal wegen dem Reize der Luft auf die Gedärme erbrechen musste. Nachdem das Bett wieder in Ordnung geschafft war, verliessen wir die nun so ziemlich erschöpfte Patientin ungefähr gegen halb neun Uhr Nachts. Ich schickte ihr aber folgende Arznei:

> *Gi.* arab.
> Ol. Papav. $\overline{aa}$ ʒli
> Camphoræ gr. vi
> Nitr. depur. ʒi
> Aq. fl. Tiliæ ʒvi
> Syrup. simpl. ʒi.

Den 18. Juni. Man berichtete mir um 7 Uhr Morgens, dass Patientin ziemlich ruhig sei, dass sie die Nacht durch etwas geschlafen und auch geschwitzt habe. Um 10 Uhr besuchte ich sie. Puls 90 Schläge, Zunge feucht, Durst mässig, Bauch etwas hart, geschwollen und empfindlich. *Ord.* Mandelmilch und frisches Wasser abwechselnd zum Getränke; Unguent. Hydr. cin. ʒ i β alle 3 Stunden $^1/_2$ Baumnuss gross neben dem Verbande einzureiben; oberhalb dem Verbande Aufschläge von Kamillen mit Milch gekocht.

Den 19. Juni. Die Nacht war ziemlich unruhig, Patientin klagte bei meinem Besuche um 7 Uhr über heftige Schmerzen im Bauche, dieser war aufgetrieben und sehr hart. Zunge weiss, trocken; Durst heftig. Die Vagina trocken und heiss. Die Lochien hatten seit der letzten Nacht aufgehört. Diesen Morgen einige Male Erbrechen. Stühle seit dem 17. keine. Puls hart und zählte bis 110 Schläge. *Ord.*

> Gum. arab.
> Ol. papav. alb. $\overline{aa}$ ʒ ii.
> Aq. font. ʒ vii.
> Aq. Lauroceras. ʒ iii.
> Kali oxalici Э ii.
> Syrup. simpl. ʒ β. Zweistündlich ein Esslöffel

voll. — Decoct. Altheæ mit Baumöl zu Klystieren.

Den 20. Juni. — Bei meinem Besuche theilte man mir mit, dass Patientin in vergangener Nacht bis 12 Uhr sehr unruhig gewesen, sehr an Durst und Eingenommenheit des Kopfes gelitten habe, und mehrmals seien Ohnmachten im Anzuge gewesen. Jetzt fand ich sie in leichtem Schweisse; Bauch kleiner und weniger hart; der Kopf ziemlich frei; Zunge feucht; Durst wenig; Lochien gut; Puls 90. *Ord.* wie oben.

Um 4 Uhr Nachmittags öffnete ich den Verband und fand die Wundränder schön aneinander, den Eiter gut, den Bauch kleiner, und den Uterus gehörig zusammengezogen, bei Druck nicht mehr stark schmerzend. Nur hatten die Fäden der Naht sehr stark eingeschnitten. Da die Brüste sehr welk waren, und die Milchsekretion noch nicht begonnen hatte, so liess ich auf jede Brustwarze einen trockenen Schröpfkopf setzen.

Den 21. Juni. — Patientin ruhig und hatte nichts Besonderes zu klagen. *Ord.* Emulsion wie oben.

Den 22. Juni. — Die Nacht gut, mit vielem Schweisse. Ich erneuerte den Verband und fand die Wundränder schon ziemlich fest aneinander, den Eiter gut. Aus der untern Oeffnung, die ich durch eine Wicke unterhielt, floss ziemlich Eiter mit etwas Blut untermischt. Die Brüste noch immer welk und ohne Milch. *Ord.* Schröpfköpfe und Emulsion wie oben.

Am Abend Beängstigung wegen Stuhlverstopfung. Ich verordnete ein Klystier von Decoct. Althææ und Oel, worauf sogleich Erleichterung eintrat.

Den 23. Juni. — Ich wechselte den Verband. Die Wunde hatte ein gutes Aussehen; Eiter gut. Durch die abgeschwollenen Bauchdecken war der Uterus deutlich fühlbar. Der Durst gering; ein Gefühl von Appetit. Das Gemüth heiter; sie verlangte selbst Leinwand, um Charpie zu zupfen, deren ich zu wenig hatte. Nur klagte sie über heftigen Husten. *Ord.* G. arab., Ol. Papav. āā 3ii, Aq. fl. Sambuc. ℥vii, Sal. ammon. 3i, Aq. Lauroceras. 3iii, Syrup. simpl. ℥β.

Den 24. Juni. — Nacht gut; Husten hatte ziemlich nachgelassen. *Ordin.* wie oben.

Den 25. Juni. — Die Nacht war gut, mit vielem Schlafe und erleichternden Schweissen. Bei meinem Besuche um 8 Uhr beklagte sich Patientin über Schwäche, sonst war sie völlig heiter und lachte im Bette. Die Wunde hatte ein sehr schönes

Aussehen. Die Lochien hatten ganz aufgehört; die Scheide war feucht und nicht nicht mehr heiss; der Husten verschwunden. *Ord.* Das nämliche, wie oben, nur der Salmiak wurde weggelassen.

Den 26. Juni. — Ich wechselte den Verband und nahm die Fäden heraus. Die Wunde war bis auf den untersten Winkel, den ich nur mit Hülfe der Wicke offen erhalten konnte, schön vereinigt.

Den 27. Juni. — Der Zustand in jeder Beziehung befriedigend. Fortsetzung der gestrigen Medikamente.

Den 28. Juni. — Der untere Wundwinkel, in dem sich die Wicke befand, hatte sich beinahe ganz verschlossen, daher ergoss sich der sonst dort abfliessende Eiter in die Vagina. Ich legte abermals eine Wicke ein, und verordnete viel Fleischbrühe.

Den 29. Juni. — Der Eiter floss wieder durch den untern Wundwinkel und nicht mehr durch die Vagina ab. Ich erlaubte etwas Nahrung: ein gesottenes Ei und Reis, und gab ihr Cort. Chinæ reg. ʒiii coq. c. aq. font., Col. ʒ vii adde Aq. Lauroceras. ʒii, Syrup. simpl. ʒ i., zweistündlich ein Esslöffel voll.

Von da an gieng es täglich besser. Am 18. Juli, also nach vier Wochen, konnte Patientin schon das Bett, und einige Tage später das Zimmer verlassen.

16

Obigen acht Kaiserschnittoperationen erlaube mir noch folgende Geburtsgeschichten in Kürze beizufügen, welche an und für sich, aber namentlich auch
in Rücksicht auf die Lehre vom Kaiserschnitte nicht ohne Interesse sein dürften.
Nämlich ein Fall Gastrotomie bei graviditas extrauterina; ferner ein Fall von
Ruptura uteri bei absoluter Geburtsunmöglichkeit durch ein Fibroid; die Geburt
eines faultodten Kindes und ein Abortus artific. bei derselben Person mit Conjugata von $1^3/_4$ Zoll; ein glücklicher Wendungsfall bei $2^1/_3$ Zoll Conjugata, und
ein unglücklicher Wendungsversuch bei 2 Zoll Conjugata. Zwei dieser Beobachtungen sind ebenfalls Mittheilungen von Freunden und Collegen.

—◆◆—

Gastrotomie bei Graviditas extrauterina von Dr Greppin

in Delémont.

Herr Dr. GREPPIN schreibt: Im Herbste 1856 wurde meine Hülfe nachge-
sucht zur Entbindung einer Frau zu V., 35 Jahre alt, von ziemlich guter Constitution; Frau eines Landmannes und Mutter einiger Kinder; seit zehn Monaten
schwanger und seit 24 Stunden von Nervenzufällen, Krämpfen und Erbrechen
befallen.

An Ort und Stelle angekommen, erfuhr ich, dass die Kranke einen Monat
früher die gewöhnlichen Erscheinungen einer Niederkunft geboten habe, nämlich
leichte Schmerzen und Contraktionen im Unterleib, verbunden mit serös-blutigem
Ausfluss aus den Geschlechtstheilen. Viel Milch. — Einige Tage später verschwan-
den diese Erscheinungen.

Habitus vortrefflich, mässige Beleibtheit. — Keine Schmerzen, noch Krankheitserscheinungen ausser den Krämpfen. — Auf meine daherige Frage antwortet
die Frau, sie glaube das Kind sei noch am Leben. Meine Untersuchung konnte
indessen diese Aussage nicht bestätigen. Bei der Exploration per vaginam konnte
ich leicht zuerst einen und dann zwei Finger durch den Mutterhals einführen,
ja selbst in die Gebärmutterhöhle eindringen und mich überzeugen, dass das
Organ leer sei. Ausser Zweifel:

Ich hatte es mit einer Extrauterinschwangerschaft zu thun.

Dieses so sehr schwierige Verhältniss theilte ich zunächst den Anverwandten
der Kranken und dann ihr selbst mit, und nach einigem Bedenken erklärte man
mir, dass man sich allen Maassnahmen unterziehen werde, welche ich vorschlagen würde. — Ich hätte gewünscht nichts vorschlagen zu müssen und doch auch
nicht unthätig zu bleiben. — Man begriff mein Stillschweigen. — Die Frau und
alle Anwesenden beschworen mich, zu handeln und durch irgend ein Mittel die
Entbindung zu bewerkstelligen. Ich entschloss mich, das Kind zu extrahiren, in
der Hoffnung es zu retten; falls es noch leben sollte, wie die Mutter behauptete.

Ich liess einen zweiten Arzt holen, ebensowohl um auch seine Ansicht zu ver-
nehmen, als nöthigenfalls mir bei der Operation behülflich zu sein. 1½ Stunden

später kam Herr Dr. Kohler mit allen Medicamenten und Instrumenten, welche in vorliegendem Falle erforderlich sein konnten. Er theilte meine Ansicht, die dahin gieng, dass sowohl Mutter als Kind wenig Aussicht auf Erhaltung hätten, diese Aussicht aber einzig auf operativem Wege. Wir entschlossen uns daher zu diesem äussersten aber einzigen Hülfsmittel.

Nachdem die Frau chloroformisirt war, eröffnete ich mit Leichtigkeit und ohne Blutung die Bauchhöhe in der weissen Linie, hierauf die Eihüllen und entwickelte ein reifes wohlgebildetes Kind, von ungefähr 7 Pfund Gewicht, aber schon seit einiger Zeit abgestorben, da sich die Epidermis bereits loslöste.

Der Zeitpunkt der Operation, den ich am meisten fürchtete, die Extraction der Placenta, gieng wieder ohne Zufall vorüber und ohne bedeutenden Blutverlust. Zwei Schnitte mit der Scheere von der Seitenfläche des Uterus aus und schief nach aussen gehend, gestatteten die Wegnahme des Mutterkuchens und seiner Anhänge.

Nachdem der gewöhnliche Verband der Wunde angelegt war, kam die Operirte zum Bewusstsein und bezeugte ihre Zufriedenheit, ohne Schmerzen entbunden worden zu sein.

Zwei Stunden nach der Operation befand sich Patientin so wohl, dass wir sie verlassen konnten, allein noch nicht weit vom Hause entfernt, rief uns die Hebamme zurück, mit der Erklärung, dass sich von Neuem Nervenzufälle eingestellt hätten. Zurückgekehrt, sahen wir die Frau von den heftigsten convulsivischen Anfällen ergriffen, — und zwei Stunden später, das heisst vier Stunden nach der Operation, verschied sie.

Diese Beobachtung wäre von Interesse, — so schliesst Herr Dr. Greppin seine Mittheilung — wenn sie vollständig wäre. Da aber die Leichenöffnung nicht gemacht werden konnte, so wissen wir nichts über die physiologische Existenz des Kindes, nichts über die anatomischen Verhältnisse der Mutter; wie wurde das Kind ernährt? — Welches wäre der Erfolg der Operation gewesen, wenn man sie früher, am Ende des neunten Schwangerschaftsmonates vorgenommen haben würde? Man hätte wohl das Kind retten können, aber wahrscheinlich wäre ein beträchtlicherer Blutverlust zu fürchten gewesen. — Dr. Greppin schliesst mit den Worten: „Malgré tout l'intérêt qu'elle offre, je ne désire plus être ni le spectateur, et encore moins l'acteur d'une pareille scène."

Absolute Geburtsunmöglichkeit durch ein kindskopfgrosses Fibroid der Beckenhöhle. Ruptura uteri. Tod. Section.

———

Frau A. N., 36 Jahre alt, etwas über mittlerer Grösse, mager, aber übrigens kräftiger Statur und wohl gebaut, scheint wenigstens bis zu ihrer letzten Niederkunft, am 10. März 1861, an keinen erheblichen Krankheiten gelitten zu haben, sondern ging stets rüstig ihrer beschwerlichen Beschäftigung nach. Sie war Mutter von 5 Kindern, welche alle, mit Ausnahme des letzten, schnell und leicht geboren wurden. Diese letzte Niederkunft soll etwas langsamer und schwieriger von Statten gegangen sein, jedoch ohne Kunsthülfe und glücklich. Die Art der Geburtserschwerung war nicht zu erfahren, scheint aber in bedeutenderem mechanischem Widerstande als bei den früheren Niederkünften bestanden zu haben. Nach dieser Geburt musste jedoch die Frau circa 3 Wochen lang wegen Unwohlsein und Schwäche, wie man erzählte, das Bett hüten; auch soll ihr eine Schwäche im Kreuz geblieben sein, und ferner will sie von dieser Zeit an viel und oft an mehr oder weniger andauernden Schmerzen in der Kreuz- und linken Beckengegend, so wie im linken Beine gelitten haben, ohne indessen genöthigt gewesen zu sein, ihre Arbeit auszusetzen oder ärztliche Hülfe zu suchen. Sie hielt diese Schmerzen für rheumatisch und beachtete sie nicht weiter. Oefter freilich litt sie sehr und verrichtete ihre Geschäfte mit grosser Selbstüberwindung. Anderweitige Leiden waren nicht vorhanden. Stuhl- und Harnentleerung ungestört, weder Oedem noch Varices der untern Extremitäten zeigten sich, kurz keinerlei anderweitige Krankheitserscheinungen. Es ist übrigens zu bemerken, dass mit der Frau selbst nur ein kurzes oberflächliches Examen vorgenommen werden konnte.

Die gegenwärtige Schwangerschaft soll gegen Ende Septembers 1861 begonnen haben und mit Ausnahme eben erwähnter Schmerzen, die sich durch die Schwangerschaft nicht wesentlich verschlimmert zu haben scheinen, ganz leicht, ohne irgend welche andere Complication abgelaufen sein.

Den 1. Juli 1862 Mittags flossen die Fruchtwasser in ziemlicher Menge ohne bekannte Ursache und ohne Wehen ab, während die Frau mit ihren häuslichen Geschäften beschäftigt war. Da nun eben die Wehen fehlten, so wollte die Frau dieselben geduldig erwarten und fuhr fort, ihre häuslichen Geschäfte wie früher zu besorgen. Am 3. Juli Abends fühlte sie die ersten vagen Schmerzen im Unterleibe, welche aber unerheblich blieben, und da sich immer noch keine ordentliche Geburtsthätigkeit einstellen wollte, so ersuchte der Ehemann der N. die ihm zufällig am 5. Morgens begegnende Hebamme, ein Mal nachzusehen, wie es mit seiner Frau stehe. Die Hebamme fand bei ihrem Nachmittagsbesuche die letztere in Küche und Zimmer geschäftig, ohne Wehen, wesswegen keine Untersuchung vorgenommen wurde. Die Wehen erschienen aber desselben Abends und wurden um 9 Uhr kräftiger, daher nun eine Exploration von Seite der Hebamme statt fand, welche aber ohne Resultat blieb, indem, nach ihrem Berichte zu schliessen, sie sich nicht zurecht zu finden wusste.

Vor Mitternacht nahm die Hebamme eine zweite, wie sie sagte, „genaue Untersuchung in allem Ernste" vor, um sich wo möglich von dem Stande der Geburt zu überzeugen. Bis dahin sollen indessen nach den Behauptungen der letztern und anwesender Frauen nie kräftige Wehen zugegen gewesen sein, was aber höchlich zu bezweifeln. Bei dieser Untersuchung erklärte die Hebamme mit Bestimmtheit und beharrlich, trotz meines Widerspruches, deutlich den Kindskopf gefühlt zu haben, indem sie erläuternd beifügte, sie hätte denselben in sehr kleinem Umfange, jedoch Nähte erkennen können und zwar zwischen zwei starken, nahe aneinander stehenden Körpern, von welchen sie nicht gewusst, was für Theile es seien.

Die Wehen dauerten, wie es hiess, mässig fort, bis plötzlich um Mitternacht ein heftiger Schmerz in der Unterbauchgegend sich einstellte, und hierauf die Wehenthätigkeit ganz ausblieb, um nicht wieder zu erscheinen. Der Schmerz aber dauerte fort, und bald stellte sich Ekel, beständiger Brechreiz und Erbrechen ein. Es wurde nun zum nächsten Arzte geschickt, der zwei Arzneien, eine Emulsion ähnliche Mixtur und Pulver sandte, von welchen nur erstere in Gebrauch kam, da sich die Hebamme, im Glauben es sei Secale cornut., vor den Pulvern scheute. Ersteres Mittel that indessen treffliche Dienste gegen das Erbrechen, allein im Uebrigen blieb alles im Alten, auch scheint es, dass noch weitere bedenkliche Erscheinungen zugegen waren, sonst hätte man wohl nicht mit Aengstlichkeit den Arzt bitten lassen, selbst an Ort und Stelle zu kommen. Er erschien, billigte das Verhalten der Hebamme, untersuchte aber nicht, sondern liess Dr. Jakob zu D. sofort holen, weil er selbst sich nicht mit Geburtshülfe befasse. Diess geschah um 2 Uhr Nachts, und um 5 Uhr Morgens, den 6. September, traf Herr Dr. J. bei der Kranken ein. Sein Bericht lautet :

„Freitag Morgens 5 Uhr fand ich die Gebärende in folgendem Zustande : Gesichtsausdruck schmerzhaft, fast krampfhaft verzogen, Züge blass, kalter Schweiss; Bauch ganz schlaff, welk ; keine Spur von Wehenthätigkeit; Bewegung der Frucht keine bemerkbar; Puls schnell, leicht comprimibel ; beständiger Brechreiz. Beim Touchiren stosse ich in der Gegend des Kreuzbeins auf eine grosse, harte, knorpelig, fast knochenharte, umschriebene Geschwulst, vom Kreuzbein ausgehend gegen die Schaamfuge, und den Beckeneingang grossentheils ausfüllend. Vor der Geschwulst und hinter den Schoossbeinen konnte man die flachen Finger weiter hinauf führen, ohne jedoch einen vorliegenden Kindestheil zu entdecken. Wegen dieser grossen Beckenbeschränkung und dem gesunkenen Kräftezustand wünschte ich eine Consultation mit Dir. Inzwischen gab ich eine Saturation mit Opium." Herr Dr. Jakob hielt die Geschwulst für eine von der linken Synchondr. sacro-iliac. ausgehende Exostose, welche den Beckenraum bis zur vollkommenen Geburtsunmöglichkeit verenge und den Kaiserschnitt indicire.

Um Mittag langte ich in dem 4 Stunden von Bern entfernten B. an und traf in einer ärmlichen Wohnung die Gebärende in folgendem Zustande : höchster Grad von Entkräftung und Erschöpfung, allgemeine Blässe und Kälte der Haut, kaum parceptibler, elender, fast flatternder Puls, doch konnte ich noch annähernd 160 Pulsschläge zählen. Sensorium ganz frei, subjektive Erscheinungen von Anæmie, wie Ohrenläuten, Flimmern vor den Augen u. dgl. sehr unbedeutend. Dagegen grosse Aengstlichkeit und Unruhe, erschwerte ängstliche Respiration mit unregelmässigen, öfters schnappenden Athemzügen. Das Erbrechen hatte seit mehreren Stunden ganz aufgehört. Blutabgang aus den Genitalien hatte sozusagen keiner stattgefunden. Der Unterleib war sehr stark ausgedehnt, in seiner rechten Hälfte derb und massig anzufühlen; man erkannte hier deutlich einen grossen, ziemlich ovoid erscheinenden Körper, doch war nicht zu unterscheiden, ob es der Uterus, oder der frei in der Bauchhöhle liegende Kindeskörper sei, namentlich waren keine einzelne Kindestheile palpabel. Die linke Hälfte der Abdominalhöhle war weicher, leerer anzufühlen; diesem Ergebniss entsprachen die Percussions-

17

erscheinungen. Ueber den Schoossbeinen war Alles fest, derb, massig. Kindesbewegungen oder Fötalpuls waren nirgends bemerkbar. Die allgemein über den
Unterleib verbreitete, doch vorzüglich in seiner untern Parthie, mehr nach
rechts ausgesprochene Schmerzhaftigkeit des übrigens nicht meteoristisch aufgetriebenen Unterleibes macht indessen eine genauere und tiefere Palpation unmöglich. Das Ergebniss der Untersuchung liess mich also ungewiss, ob eine Ruptur
des Uterus vorhanden, doch sprachen hiefür die allgemeinen Erscheinungen, so
wie die allgemeine und namentlich an einer besondern Stelle ausgesprochene
Schmerzhaftigkeit.

Bei der Exploration per vaginam traf der kaum einen Zoll tief in die Geburtstheile eingeführte Finger auf eine Geschwulst, deren Consistenz der Art
war, dass ich sogleich die Bemerkung fallen liess, es könne diess keine Becken-
exestose sein, sie gleiche mehr einem degenerirten Ovarium. Diese Geschwulst
war nämlich weder knochen- noch knorpelhart, doch auch nicht gespannt oder
fluctuirend, sondern derb und zähe, dem Finger einen halbelastischen Widerstand bietend. Man erkannte deutlich, dass sie hinter der hintern Vaginalwand
ihren Sitz hatte und mit derselben nicht fest verklebt war. Sie liess sich mit dem
Finger nur theilweise umschreiben, schien nach unten etwas zugespitzt, liess nach
hinten zwischen ihr und dem Sacrum, circa 1 Zoll tief, vordringen, wo man aber
auf einen vollkommen festen Widerstand stiess, indem die Geschwulst hier mit
dem Kreuzbein zusammenhängend oder verwachsen erschien. Auch in der linken
Beckenhälfte konnte man zwischen der Geschwulst und der Beckenwand nicht vordringen, doch erkannte man, dass sie hier mit letzterer nicht zusammenhange, sondern
diese Beckenhälfte nur auspfropfe. Nach rechts — auch gegen die rechte Kreuz-
Darmbeinverbindung — konnte man mit dem Finger bis zum Beckeneingang vorrücken, indem ein Spacium vorhanden war, das 3 Finger aufnehmen konnte. Dieser
Raum verengte sich allmälig halbmondförmig gegen die linke Pfanne zu und nach
vorn, so dass zwischen Geschwulst und Symph. pub. nur mit Mühe 2, in der Richtung
des geraden Durchmessers gestellte Finger bis zum Beckeneingange vordringen
konnten. Flach hinter der Schoossbeinfuge hinauf war es indessen nicht schwer, mit
2 Fingern zu exploriren. Die Conformation des Beckens selbst schien eine ganz
regelmässige. — Was hatte man aber für eine Geschwulst vor sich? Ihre vollkommene
Unempfindlichkeit gestattete eine gehörige Palpation. Zunächst wollte ich mich
von ihrer Beweglichkeit und ihrem Inhalte überzeugen. Ueberall das gleiche An-

fühlen, die gleiche Derbheit, doch schien sie etwas unregelmässig geformt; von Beweglichkeit war keine Spur, im Gegentheit erschien sie bei starkem Druck in der Tiefe ganz hart und sass vollkommen fest etwas links auf dem Sacrum und der linken Kreuz-Darmbeinverbindung, so dass ich endlich gegen Collega Jakob zur Bemerkung veranlasst wurde: „Ich glaube am Ende doch, du könntest Recht haben, dass es eine von der linken Synchondr. sacro-iliaca ausgehende Becken-exostose sei, von knorpligem oder derbem Gewebe umgeben, und daher das anfangs halbweiche pralle Anfühlen, dann die Härte beim tiefern Drucke, sowie die vollkommene Unbeweglichkeit."

Direkt hinter der Schoossbeinfuge, im Beckeneingang, fand sich der Muttermund, dessen beide Labien zwischen Symphise und Geschwulst schlaff und etwas wulstig herunterhiengen, so dass noch Cervicalkanal vorhanden schien, welcher aber weit genug eröffnet, um mit 2 Fingern bis zum innern, über dem Beckeneingange stehenden Muttermunde vordringen zu können. Hier entdeckte man beide Füsse mit nach rechts gekehrten Fersen, der eine Unterschenkel liess sich bis zum Knie deutlich verfolgen. Dieser Befund war nun schwer mit der Diagnose der Hebamme zu reimen, daher ich von ihrer Seite Irrthum voraussetzte, allein mit Unrecht, denn die Autopsie rechtfertigte ihre Angaben.

In Beziehung auf das einzuschlagende Entbindungsverfahren konnte nun offenbar kein Zweifel obwalten, denn die Geschwulst war auf keine Weise zu beseitigen und bedingte eine solche Raumbeschränkung, dass jeder Entbindungsversuch durch die natürlichen Geburtswege ein sinnloser gewesen wäre, obschon die Füsse vorlagen und man leicht hätte versucht sein können, an diesen einfach anzuziehen; doch zweifle ich, ob nur das Vordringen der Hand zum genügenden Fassen gelungen wäre. Der Kaiserschnitt oder wahrscheinlicher der Bauchschnitt, denn ich zweifelte kaum an einer Uterusruptur, war unstreitig das einzig angezeigte Verfahren. Allein eine andere Frage war schwieriger zu beantworten, nämlich die, ob überhaupt irgend welche Operation noch gewagt werden dürfe. Der vorhandene Kräftezustand der Mutter liess nun freilich keinen Zweifel übrig, dass für den ersten Augenblick nicht operirt werden dürfe, da die Frau, bereits sozusagen eine Sterbende, gewiss mit den ersten Messerschnitten verschieden wäre, aber — woher rührte diese Erschöpfung? — könnte Besserung derselben und späteres Operiren noch zu hoffen sein? und ferner — lebt die Frucht? — Darf man warten? — Wer hätte da mit Sicherheit entscheiden können? Nach einiger Berathung fassten

Dr. Jakob und ich folgende Resolutionen: An einer als sterbend zu betrachtenden Frau operiren wir nicht, sollte auch das Leben des Kindes weniger zweifelhaft sein als hier — also zuwarten. Sollte gegen Erwarten Besserung eintreten, wird eine fernere Untersuchung über die Zeit des Operirens entscheiden, doch dürfte dann Eile Noth thun. — Wahrscheinlicher aber ist, dass die Frau in Bälde stirbt und dann die Sectio cæsarea post mortem ihre Anzeige findet. — Dieser baldige Tod wäre jedoch eine neue Bestätigung unserer Diagnose auf Ruptur des Uterus, in welchem Falle die Frucht schon kurz nach Mitternacht in die freie Bauchhöhle ausgetreten, die Placenta seit Stunden losgelöst sein musste, und somit keine Möglichkeit eines noch vorhandenen Lebensfunkens des Kindes anzunehmen, daher auch die Sectio cæsarea p. m. als zwecklos anzusehen sein würde. Im Hintergrunde stand dann noch der Plan, eine möglichst genaue Autopsie vorzunehmen, was bei einer sofortigen Operation kaum möglich gewesen wäre; und noch ferner regte sich das unverläugbare Gelüste, ein interessantes Präparat der Sammlung der Gebäranstalt zu gewinnen!

Es wurde nun dem Ehemanne, welcher sich sehr verständig und achtungswerth benahm, mitgetheilt, dass seine Frau nur durch die Eröffnung der Bauchhöhle entbunden werden könne, wozu wir aber nicht allein seiner Zustimmung, sondern namentlich auch der Zustimmung seiner Frau bedürften. Für den Augenblick indessen könne von der Operation nicht die Rede sein, da die Frau unter den ersten Messerzügen wahrscheinlich verscheiden würde. Sollte die Frau unter der sofort einzuleitenden stärkenden Behandlung wieder etwas zu Kräften kommen, so solle er ihr unsern Vorschlag auf schonende Weise vorbringen und ihren Wunsch uns mittheilen.

Eine Kraftbrühe und guter Wein waren bald herbeigeschafft; Freund Jakob aber und ich begiengen die Unklugheit, uns selbst in die Apotheke des nahe wohnenden Collegen zu begeben, um eine Camphormixtur präpariren und sofort herschaffen zu lassen. Allein die Unglückliche konnte von Ersterem so zu sagen nichts geniessen und letztere Mixtur kam zu spät, sie war bereits verschieden. Ihr letzter Seufzer war noch die Frage, wo die Aerzte blieben, und warum sie die Operation jetzt nicht vornehmen wollten! — Der Mann hatte ihr unsere Mittheilung vorgebracht, welche nicht nur die sofortige Einwilligung zur Operation zur Folge hatte, sondern in der Hoffnung auf Erlösung sehnte sich die geängstigte Kranke nach baldiger Ausführung derselben.

Ich muss gestehen, zwei Gewissensbisse plagten mich auf meiner Heim-
reise, nämlich jenes unpassende Verlassen der Sterbenden, wogegen der Trost,
dass unsere Anwesenheit am unglücklichen und schnellen Ende nichts geändert
hätte, nicht verfangen wollte; und ferner die Unterlassung der Operation der
Laparothomie sofort nach dem Tode, worüber mir erst die Autopsie volle Beruhigung brachte, denn so plausibel unsere Diagnose und die darauf gestützten
Raisonnements auch waren, absolute Berechtigung konnten sie nicht in Anspruch
nehmen, und streng rationell wäre nur die sofortige Operation an der Verstorbenen gewesen. Die Autopsie hätte uns möglicherweise eine bittere Lehre zukommen lassen können. — Sie that es — Gott sei Dank — nicht, sondern rechtfertigte im Gegentheil vollkommen unsere Auffassung und unsere Handlungsweise.

Am folgenden Tage (7. Juli) traf ich in Begleit meines damaligen Assistenten, Herrn Rellstab, mit den Herren Aerzten Jakob und Kohler, zum Zwecke
der Leichenöffnung, im Hause der Verstorbenen zusammen, und nach einigem
Zureden gestattete ihr Ehemann sogar, ein Präparat nach Hause nehmen zu dürfen.

Die Leiche zeigte nichts Auffallendes, selbst die Erscheinungen von Anämie
waren in mässigem Grade vorhanden; dagegen war der Unterleib stark von
Gasen aufgetrieben, so dass eine äussere Exploration ohne Resultat blieb, bei
der Vaginaluntersuchung, welche noch vorgenommen wurde, fand man das gleiche
Verhältniss, wie ich es Tags vorher constatirt hatte.

Die erste Incision wurde wie beim Kaiserschnitte in der Linea alba gemacht,
das Peritonæum nach den Regeln dieser Operation frei gelegt und eröffnet, worauf
eine grosse Menge nach Schwefelwasserstoff riechenden Gases entwich, der Leib
zusammen sank und die rechte Hüfte des Kindes sogleich sichtbar wurde, während
man mittelst der durch die Wunde eingeführten Finger den contrahirten Uterus nach
links bemerkte. Auf dem Finger erweiterte ich die Wunde nach oben und unten,
wodurch die rechte Seite des Kindes bloss gelegt ward. Um aber die Lage der
Theile vollständig übersehen zu können, öffnete ich sogleich die Bauchhöhle
durch einen Kreuzschnitt vollständig und schlug die Lappen der Bauchwandungen
ganz zurück, so dass man zu folgender Uebersicht gelangte. Unmittelbar unter
den Bauchdecken lag die grosse, wohlgebildete, reife Frucht, von Darmschlingen
seitlich umgeben, mehr die rechte Hälfte der Bauchhöhle ausfüllend, in folgender
Weise: Rücken nach rechts und vorn, Steiss nach unten auf dem rechten
Schoossbein aufsitzend, Kopf hoch oben über der Nabelgegend, auf die Brust ge-

neigt; die Extremitäten mehr nach hinten und links gewandt, die Arme in ihrer gewöhnlichen Stellung auf der Brust gekreuzt, die Fäuste auf dem Gesicht; die untern Extremitäten in bald zu erwähnender Lage.

Linker Seits über den Schoossbeinen erkannte man, von einigen Darmschlingen bedeckt, den ziemlich vollständig contrahirten Uterus. Bei genauerer Untersuchung der Gebilde und ihrer Lageverhältnisse fand sich im untern Theile der rechten seitlichen Uteruswand ein bedeutender Riss, der unmittelbar über dem Beckeneingange lag. Durch diese Ruptur giengen beide unteren, halb ausgestreckten Extremitäten des Kindes bis zum obern Drittheile des Unterschenkels in die Gebärmutterhöhle hinein, so dass die Füsse auf dem Muttermunde sich befanden, und auch jetzt noch per vaginam an der alten Stelle erkannt wurden. Ausser den Schenkeln des Kindes fand sich aber noch die einigermassen aufgerollte Placenta in der Risswunde, fast zu zwei Drittheilen noch im Uterus liegend, und nur zu einem guten Drittheile in die Bauchhöhle ausgetreten. Der mässig lange Nabelstrang gieng zwischen den Kindesschenkeln durch in die Wunde, da seine Placentarinsertionsstelle noch in der Uterushöhle lag. Als man versuchte die Geburtstheile ins Gesammt, ohne die eben besprochenen Lageverhältnisse zu verrücken, zu exstirpiren, glitten — wie von selbst — bei der ersten Bewegung sowohl Placenta als Kindesextremitäten aus der Uteruswunde.

Die Gebärmutter hatte ziemlich die Form und Grösse, wie sie nach normalen Geburten gefunden wird, und bot nichts Anomales, ausser jenen Riss, welcher unregelmässig und gefetzt war, der Längsrichtung des Organes entsprach, und trotz der Contraction der Gebärmutter noch gut drei Zoll Länge hatte. Er begann nicht unmittelbar über dem Orific. intern., sondern circa einue Zoll höher und zog sich durch das schlaffe, in die Länge gezogene untere Uterinsegment von der Nähe des rechten Randes des Uterus mehr in der Richtung nach vorn bis zum festern Gewebe des Gebärmutterkörpers.

Im Peritonäalcavum fand sich ein so bedeutender Bluterguss, dass mansich verwundern musste, wie an der Lebenden nicht viel beträchtlichere specifische Symptome der Anämie bemerkbar waren. Dass er aber einen wesentlichen Antheil an der Erschöpfung der Gebärenden haben musste, ist einleuchtend.

Das Becken selbst war ein durchaus wohlgeformtes, nur dass längs der Innenfläche der Symph. oss. pub. ein kleiner kantiger Vorsprung bemerkbar war. Der ganze Beckenkanal aber wurde von einer Geschwulst erfüllt, welche als

Fibroid sich darstellte, und vollkommen fest und ganz unbeweglich auf der linken Kreuzbeinhälfte, namentlich auf der linken Kreuz-Darmbeinverbindung aufsass. Sie war vom Peritonæum überzogen und lag also ausserhalb demselben. Sie reichte vom Promontorium, beinahe die ganze obere Apertur mit ihrer etwas abgerundeten Basis ausfüllend, und namentlich die linke Beckenhälfte ganz verschliessend, bis zur etwas stark vorspringenden Steissbeinspitze, wo sie sich stumpf zuspitzte. Wie schon bemerkt, blieb nach vorn zwischen der Symphyse und der Geschwulst Raum für höchstens zwei, seitlich nach rechts für höchstens drei Querfinger. Sie hatte eine ziemlich ovoide, etwas höckerige Form und war mit den Wurzeln der Sacralnerven linker Seits, dem linken Urether, so wie mit der Art. hypogastr. und der Art. iliaca dieser Seite so fest verbunden, dass man anfänglich glaubte, diese durchsetzten die Geschwulst. Bei genauerer Untersuchung indessen liessen sie sich über derselben verfolgen. Sie stand mit keinem Gebilde in direktem Zusammenhange. Ein tieferer Schnitt in die Geschwulst liess zwei verschiedene Schichten in derselben wahrnehmen, eine äussere fast fingersdicke, weisse, feste, zähe Faserschichte, in welche, fast wie Kerne, mehrere knorpelharte graugelbliche Massen eingebettet waren. —

Wie war es wohl möglich, dass aus einer ursprünglichen Kopflage, wie die Hebamme so beharrlich behauptete, sich eine Fusslage bilden konnte? Die Untersuchung des Kindskopfes, sowie die Situation der Frucht bewiesen und erklärten allerdings die Richtigkeit dieses Vorganges. Der Kindskopf bot nämlich zwei unverkennbare Merkmale, dass er nicht nur der vorliegende Theil gewesen, sondern auch bis zu einem gewissen Grade in den Beckeneingang eingepresst worden sein musste. Erstens erkannte man an ihm eine sehr auffallende Abplattung seiner hintern Parthien gegen das Hinterhaupt zu, nach der Richtung seiner vertikalen Durchmesser, so dass sein hinterer schiefer und der hintere senkrechte Durchmesser sichtlich verkürzt waren; und zweitens fand sich auf der vorragendsten, zugespitzten Stelle des Hinterhauptes eine deutliche, etwas flaske Geschwulst, unverkennbar das Residuum einer gewöhnlichen Kopfgeschwulst, oder Kindestheilsgeschwulst. Nebstdem bemerkte man deutlich, besonders hier, aber auch mehr oder weniger über die ganze comprimirte Stelle verbreitet, eine livide Verfärbung in Folge Blutsuffusion unter die Haut. Niemand kann somit zweifeln, dass die Frucht in einer Scheitellage sich zur Geburt gestellt hatte, und zwar in der ersten, Rücken nach links. Die Perforation im Uterus befand sich nach rechts, unmittelbar oberhalb derjenigen Stelle des Beckens, wo die Geschwulst noch einigen Raum in der Beckenhöhle gestattete. Hier drängte sich der Kopf mit stark gesenktem Hinterhaupte über das glatte Fibroid gegen die rechte Becken-wand. Sehr wahrscheinlich hatten kräftige und anhaltende Wehen den Kindskopf gegen die Rissstelle des übrigens ganz gesunden, normalen Uterus gepresst, welcher dem starken Drucke nachgeben musste. Die Ruptur erfolgte, und das Hinterhaupt glitt über die Linea innominata durch die Wunde, indem das Kinn auf die Brust geneigt blieb. Der Uterus drängte den Rumpf nach Unten, dessen Wirbelsäule aber schob den Kindskopf über das Darmbein hinauf, der rechten glatten Abdominalwandung nach in die Höhe und diese brachte dem sich vorschiebenden Kindestheil die Richtung nach oben bei, so dass der ursprüng-lich nach links gekehrte Rücken zuerst nach unten auf den Beckeneingang (vielleicht in einer rechten Schulterlage), dann über das rechte Darmbein hin-weg und längs den Bauchwandungen rechter Seits in die Höhe stieg, bis die Rotation vollständig und der Rumpf ganz aus der Gebärmutterhöhle ausgetreten war, die Axe des Kindes aber wieder in der Längsrichtung des Abdominalcavums sich befand, nur noch die zuletzt kommenden Füsse im Uterus zurücklassend. Dass der Kindskopf in stark flektirter Stellung und der Fötus überhaupt in seiner gewöhnlichen Haltung diese Schiebwanderung vornahm, ist leicht begreiflich. Auch ist einleuchtend, dass vorzüglich die obern und mittern Parthien der Gebär-mutter hiebei wirksam waren, während das untere Segment mehr oder weni-ger gelähmt erscheint; wurde doch auch die Placenta vom Fund. uteri zwar losgelöst, aber nicht vollständig aus dem Risse ausgestossen. Aus dem gleichen Grunde wohl verblieben auch die Füsse des Kindes im untern Uterinsegment auf dem Muttermund. Ob die Frucht während dieser Wanderung noch lebte, ist nicht zu bestimmen, a priori lässt sich kein bestimmter Grund des vorherigen Ablebens annehmen, das Einzige, was hier Zweifel erwecken könnte, ist eben das ruhige Verbleiben der Frucht in situ, namentlich aber der Füsse auf dem Muttermunde, obschon kein mechanischer Widerstand das Kind gehindert hätte, bei irgend kräf-tigen, z. B. convulsivischen Bewegungen, dieselben stark an sich und also aus der Wunde zu ziehen.

Geburt einer todten hydrocephalischen Frucht bei 2 ³/₄ Zoll Diagonalconjugata.

Am 12. November 1860, im Verlaufe des Morgens, stellte sich eine 25 Jahre alte, 4' 4" grosse, etwas schwächlich aussehende Erstgebärende, Sus. Eyer, in hiesiger Gebäranstalt zur Niederkunft, welche bereits ihren Anfang genommen hatte. Person war Dienstmagd und rühmte sich, stets einer guten Gesundheit sich erfreut zu haben. Ihre Menses hatte sie regelmässig bis das letzte Mal kurz vor der Conception, welche am 11. oder 12. Februar stattgefunden haben soll. Die ersten Kindesbewegungen will die E. in der 21. Schwangerschaftswoche verspürt haben. Ueber den Verlauf der Schwangerschaft sagt sie nur aus, dass keinerlei besondere Beschwerden oder Zufälle sich während derselben eingestellt haben.

Die Wehen hatten den 12. November früh begonnen und sollen schon im Verlaufe des Morgens aussergewöhnlich schmerzhaft (krampfhaft) gewesen sein, was auch beim Eintritt der Gebärenden in die Anstalt bemerkt wurde. Bei der sofort vorgenommenen Untersuchung erkannte man alsbald das stark ins Becken vorragende Promontorium und schätzte die Diagonalconjugata auf höchstens 2 ³/₄ Zoll, so dass nach gewöhnlicher Berechnung die Conjugata vera kaum 2 ¹/₄ Zoll betragen mochte. Der Muttermund war noch wenig eröffnet, und der vorliegende Kindestheil stand noch so hoch, dass er mit Sicherheit nicht diagnosticirt werden konnte. Seit einigen Tagen hatte die Schwangere keine Kindesbewegungen mehr verspürt, auch liess die genaueste Untersuchung keine Zeichen des Lebens der Frucht erkennen. Man hielt dieselbe also für abgestorben und erwartete vom Verlaufe des Geburtsgeschäftes die Indication zur Art des operativen Eingriffes Am wahrscheinlichsten war eine mühsame Entbindung durch Perforation, da man eine natürliche Geburt kaum hoffen durfte.

Trotz der etwas krampfhaften Geburtsdynamik hatte sich bis Mittags die Blase vollständig gebildet und 5 Minuten nach 2 Uhr riss sie spontan. Nun erst erkannte man mit Sicherheit, dass der Kopf des Kindes auf dem Beckeneingange stand.

18

Es drängte sich nun bei fortdauernd kräftigen Wehen die Hautschwarte blasenförmig durch die obere Apertur herunter und die Schädelknochen erschienen als flottirende Theile in diesem Hautsacke, verweilten aber über dem Beckeneingange. Lange blieb die Geburt ziemlich stationär; anhaltende, kräftige, jedoch aussergewöhnlich schmerzhafte Wehen, welche die Gebärende zwar ordentlich verarbeitete, dieselbe indessen schnell zu erschöpfen drohten, trieben endlich gegen 4 Uhr jenen während den Wehen straff sich spannenden Sack bis an die äussern Geburtstheile. Aber noch fühlte man die sehr beweglichen, unregelmässig übereinander geschobenen Parietalknochen über dem Beckeneingange.

Interessant war es nun zu beobachten, wie ein vollkommen losgelöster Schädelknochen nach dem andern sich über das Promontorium durch die verengte Stelle vordrängte, bis sie alle in der Beckenhöhle und in dem hydrocephalischen Sacke schwammen, doch blieb noch die Basis cranii über dem Beckeneingange fest stehen. Bei fortdauernder kräftiger Geburtsarbeit rückte indessen jener Hautsack bis an den Damm, drängte sich allmälig unter den Schoossbogen, und konnte dann mit der Hand gefasst werden; worauf, von sehr energischen Wehen unterstützt, durch manuelles Anziehen nicht ohne Schwierigkeit der Kopf entwickelt werden konnte, indem zuerst der hintere Rand des Schädelgrundes über das Promontorium herunterglitschte, dann der vordere Rand nachfolgte, und nun in der Beckenhöhle keinem weitern Widerstand begegnete.

Als sich aber die Schultern auf den Beckeneingang stellten, traten neue Schwierigkeiten auf. Dieselben boten sich mit nach vorn gekehrtem Rücken vollkommen im queren Durchmesser auf der obern Beckenöffnung und wurden durch die energisch fortdauernde Geburtsthätigkeit so vorgedrängt, dass das Promontorium den Sternaltheil des Thorax ganz rinnenförmig einknickte. Dennoch wollte der Rumpf nicht vorrücken.

Die rechte Schulter war etwas weiter vorgerückt als die linke, daher es nicht schwierig wurde, einen stumpfen Hacken in die Achselhöhle dieser Seite einzulegen. Nach mehreren sehr kräftigen Traktionen war der Thorax unter Mithülfe der Wehen durch den Beckeneingang durchgeführt, worauf die weitere Entwicklung des Kindes mit ziemlicher Leichtigkeit bewerkstelligt werden konnte.

Die Nachgeburt legte sich bald nach der Geburt des Kindes auf den Muttermund und wurde ohne Mühe entfernt.

Um $5^1/_2$ Uhr Abends den 12. November war die Geburt vollendet; sie hatte 17 Stunden gedauert und bedurfte sehr energischer Geburtsthätigkeit, so wie kräftiger mechanischer Nachhülfe.

Die hydrocephalische Frucht wog 6 Pfund, mass 16 Zoll Länge, 4 Zoll Schulterbreite, $3^1/_2$ Zoll Hüftenbreite und war bereits in der Maceration weit vorgeschritten.

Die vom Geburtsvorgange sehr erschöpfte Mutter bot schon in der folgenden Nacht die heftigsten Erscheinungen einer Metroperitonitis der pernitiosesten Art, mit bedeutendem Meterorismus, vollkommener Decomposition der Gesichtszüge u. s. w., so dass am baldigen Tode nicht gezweifelt wurde. Eisaufschläge retteten die Patientin, die nach langer und mühsamer Reconvalescenz endlich Mitte Januars hergestellt entlassen werden konnte. — Was ist zu thun, wenn die Eyer wieder schwanger wird?

—◆—

Künstlicher Abortus wegen Beckenbeschränkung von $5^1/_2$ Centimeter Conjugata vera.

„Was ist zu thun, wenn die Eyer wieder schwanger wird?" — So schloss ich meinen obigen Bericht in dunkler Ahnung, die geistesbeschränkte Person dürfte bei ihrem zärtlichen Temperamente den Lockungen der Liebe ferner so wenig widerstehen können als früher. — Ich hatte recht geahnt; denn am 9. Juni 1862 wurde uns das traurige Vergnügen, unsere alte Bekannte im Gebärhause wieder zu begrüssen, welche im Januar 1861, unter Thränen der Rührung und des Dankes, und mit den heiligsten Versprechungen von uns geschieden war, jede Gefahr einer neuen Schwangerschaft sorgfältig zu vermeiden. De- und wehmüthig rückte sie nun mit dem Bekenntniss heraus, sie glaube wieder schwanger zu sein, wie lange aber, darüber war sie nicht klar!

Es versteht sich wohl von selbst, dass der S. Eyer vor ihrer letzten Entlassung aus dem Gebärhause aufs Ernsteste und ohne Umschweife mitgetheilt worden war, welche Gefahren ihr eine kommende Schwangerschaft bringen werde und ich selbst erklärte ihr damals, es würde sich alsdann um ihr Leben handeln, für welches man ihr nichts versprechen könne; denn auf natürlichem Wege würde sie niemals ein lebendes Kind gebären; ja selbst von einer todten Frucht dürfte sie nur unter grossen Gefahren entbunden werden können.

Seit der letzten Geburt scheint die Eyer stets gesund und wohlgemuth gewesen zu sein, denn trotz ihres etwas Enten ähnlichen Ganges beschäftigte sie sich mit Hausiren. Ihre Menses hatte sie seither unregelmässig; nach genauerem Examen stellte sich indessen heraus, dass diese zweite Schwangerschaft Mitte Januars begonnen haben mochte, nachdem sie im Dezember zum letzten Male menstruirt gewesen war. Hiemit sprach ziemlich die Angabe der Eyer überein, dass sie Mitte Mai, also in der 17. oder 18. Woche, Kindsbewegungen verspürt habe. Sie befand sich somit am 9. Juni wahrscheinlich in der 21. Schwangerschaftswoche. Die Eyer schien übrigens recht gesund und munter, auch plagten sie die Sorgen um den endlichen Ausgang ihres Zustandes sehr wenig.

Es wurde nun eine genaue Untersuchung nicht nur über die Schwangerschafts- und Beckenverhältnisse vorgenommen, sondern auch über die Constitution überhaupt und die Sceletform, denn der ganze Habitus rhachiticus der Person bot mehrere Eigenthümlichkeiten. Leider aber hat der damalige Herr Secretär, dem zu Protokoll diktirt wurde, sich mit so wenigen und unvollständigen Notizen begnügt, dass ich über jene Untersuchung Nichts wiederzugeben vermag, als das einzige freilich wesentlichste Resultat, das ich selbst mit einer Zeichnung zu Protokoll brachte, dass die Conjugata vera mittelst des Beckenmessers von Kiwisch auf 5 $\frac{1}{2}$ Centimeter geschätzt wurde. Ich erinnere mich noch deutlich, dass dieses Resultat bei mehreren Messungen und nach mehreren Methoden ausgeführt, sich ungefähr das Gleiche blieb, und als ein ganz richtiges angesehen werden durfte, da ich auf eine möglichst genaue Bestimmung des Grades der Beckenbeschränkung einen besondern Werth legen musste. Die Untersuchung des Unterleibes bestätigte die oben aufgestellte Berechnung der Schwangerschaftsdauer. Das Leben des Kindes ward mit ziemlicher Sicherheit constatirt.

Wir hatten somit ein zwar nicht sehr kräftiges, aber doch als gesund anzusehendes Individuum vor uns, das im Beginne des sechsten Monates einer vollkommen normalen Schwangerschaft sich befand, und eine rhachitische Beckenbeschränkung von $5\frac{1}{2}$ Centimeter oder $1\frac{3}{4}$ Zoll Conjugata, also ein absolut zu enges Becken darbot. Was sollte nun geschehen? denn von der Geburt eines lebenden Kindes am normalen Schwangerschaftsende konnte a priori nicht die Rede sein. Liess sich aber hoffen, dass bei fortdauernder Schwangerschaft ein ähnliches Verhältniss, wie das vorige Mal, eintreffen werde; das Kind nämlich frühzeitig absterbe, der in Zersetzung begriffene Kindskörper sich der Beckenenge accomodiren und durch kräftige Wehen ausgetrieben werden könne? Zu dieser Annahme fehlte jedweder Anhaltspunkt; denn weil es das frühere Mal geschehen, und zwar aus unbekanntem Grunde, das konnte nicht zur Voraussetzung einer Wiederholung berechtigen. Man musste also zunächst diesen Gedanken fallen lassen, und war somit auf Kaiserschnitt oder Perforation am normalen Schwangerschaftsende, oder auf künstliche Frühgeburt, oder künstlichen Abortus angewiesen.

Auch den Gedanken an Perforation am normalen Schwangerschaftsende liessen wir fallen, denn es war vorauszusetzen, dass man es alsdann mit einer lebenden Frucht zu thun hätte, die sozusagen sicher zu Gunsten der Mutter getödtet werden müsste. Dazu eine Entbindung durch Perforation bei Conjugata unter zwei Zoll! — Gewiss ein Wagniss auch in Rücksicht auf die Prognose für die Mutter. Immerhin hätte also das Kind auf diese Weise zu Gunsten der Mutter umgebracht werden müssen. Konnten wir aber das Opfern des Kindes im Interesse der Mutter als gestattet ansehen, so blieb jedenfalls der für letztere gefahrlosere Weg des künstlichen Abortus unbedingt vorzuziehen. Dieses Verfahren stand uns noch offen, und somit musste auch die Perforation ausser Acht fallen.

Schwieriger zu beantworten war die Frage, ob man die künstliche Frühgeburt, das heisst die künstlich erregte Geburt zur Zeit der Lebensfähigkeit des Kindes, also nach Ablauf des siebenten Monates hier in Anwendung bringen dürfe. Vom rein rationellen Standpunkte aus war dieses Verfahren bei einer Conjugata unter zwei Zollen nicht indicirt, und auch vom praktischen Standpunkte aus erschien dasselbe in seinem Resultate sehr dubiös, vor Allem in Beziehung auf Kindesrettung. Immerhin hätte sofort nach Ablauf des siebenten Monates, also in der 29. Woche progredirt werden müssen, da mit jedem Tage fast die Prognose für Mutter und Kind schlimmer, wie die Geburt schwieriger geworden wäre. Und gesetzt, wir hätten ein 29 Wochen altes Früchtchen lebend zu Tage gefördert, was ich trotz aller Theorie keineswegs als unmöglich, ja vielleicht nicht einmal als sehr unwahrscheinlich bezeichnen will, welche Aussichten wären für Erhaltung desselben vorhanden gewesen! — Also entgegen dem allgemein angenommenen Grundsatze einen für Mutter und Kind prognostisch sehr zweifelhaften Geburtsvorgang wagen, mit — für den glücklichsten Fall — so zu sagen keiner Hoffnung auf Verwirklichung des Hauptzweckes desselben, nämlich Erhaltung der Frucht! Da musste denn doch dem künstlichen Abortus der Vorrang eingeräumt werden.

Es blieb somit nur noch die Wahl übrig zwischen Kaiserschnitt und künstlichem Abortus, mit andern Worten, das Leben der Mutter wagen zur Erhaltung des Kindes, oder aber das Kind opfern zur sehr wahrscheinlichen Rettung der Mutter. Um zur Entscheidung zu gelangen, hatten wir vorzüglich drei Punkte ins Auge zu fassen, nämlich: 1. Ist eine Kindestödtung zum Zwecke der Erhaltung der Mutter erlaubt? — 2. Welche Aussicht auf Erhaltung der Mutter durch den Kaiserschnitt steht diesem Opfern des Kindes als Aequivalent gegenüber? und 3. Ist der künstliche Abortus in concreto ein für die Mutter so gefahrloses Verfahren, dass er den Verlust des Kindes, gegenüber den Aussichten eines Kaiserschnittes aufwiegt?

Dass eine etwas gründliche und unpartheiische Erörterung dieser Fragen keine leichte Aufgabe war, ist einleuchtend auch für Denjenigen, welcher mit den sich so mannigfach durchkreuzenden Auffassungen der in dieser Beziehung sehr reichhaltigen Literatur nicht näher bekannt ist; und dass hier am Ende die individuelle Auffassung, die Gewissenhaftigkeit, ja sogar eine gewisse Theilnahme am fraglichen Individuen den Ausschlag geben können und sehr oft geben, das erfuhren wir auch hier. Ich suchte mit der strengsten Gewissensaftigkeit und Unpartheilichkeit das Pro und Contra dieser Fragen in der geburtshülflichen Klinik auseinander zu setzen. Doch will ich hier offen bekennen, dass einerseits mein Widerstreben einen rationellen Kindsmord zu begehen und ferner meine Ansicht, dass von streng wissenschaftlicher Seite nur der Kaiserschnitt als angezeigt und gerechtfertigt angesehen werden dürfe, mich mehr diesem letztern Verfahren zuneigte, obschon mir andererseits bei der Aussicht auf Ausführung dieser Operation nicht so ganz heimelig zu Muthe war.

Eine speziellere Auseinandersetzung dieser Verhandlungen würde zu weit führen; ich kann sie hier auch um so eher umgehen, da ich in einem Anhange zu diesen Geburtsgeschichten auf diesen Gegenstand etwas einlässlicher einzugehen gedenke. Es möge daher die kurze Mittheilung genügen, dass ich nach stattgehabter einlässlicher Diskussion den Studierenden durch Abstimmung den Entscheid überliess: ob Kaiserschnitt, ob künstlicher Abortus? — Sie entschieden einstimmig und gegen meine Erwartung für den künstlichen Abortus. — Dieser war somit beschlossen. — Die Einwendungen gegen solchen Modus procedendi kann ich mir schon denken, hoffe aber, ihnen begegnen zu können.

Und die Einwilligung der Mutter als sogenannte conditio sine qua non! — Auch diese wurde nicht vergessen, indessen erst in Berücksichtigung gezogen, nachdem zuerst der Entschluss über die Art des Vorgehens gefasst war; denn offenbar ist es die erste Pflicht des behandelnden Arztes, vor Allem mit sich selbst ins Reine zu kommen und sich klar bewusst zu werden, auf welchem Boden er steht; und erst dann, nach ruhiger und getreuer Auseinandersetzung der obwaltenden Verhältnisse, den Entscheid des Betheiligten entgegen zu nehmen. In unserm Falle war es eine reine Formalität, wie so oft, denn man konnte voraussehen, dass die beschränkte, unbedingt ihrem Zutrauen zum Arzte folgende Person keinen selbstständigen Entschluss fassen, zu keiner freien Willensäusserung gelangen werde. Man stellte ihr in möglichst fasslicher Weise vor, dass es sich um Erhaltung ihres Lebens auf Unkosten desjenigen des Kindes handle oder umgekehrt, und stellte ihr ferner eine mögliche, jedoch höchst zweifelhafte Erhaltung des ihrigen mit demjenigen des Kindes in Aussicht, machte ihr aber keine Illusionen, und liess ihr Bedenkzeit bis am folgenden Morgen.

Was war die Folge ihrer Reflexionen? Als man sie am Abend fragte, ob sie sich zu etwas entschlossen habe, erhielt man die Antwort: Sie wolle nicht, dass das arme Kindlein zu Gunsten einer schlechten, sündhaften Mutter umgebracht werde, ihr Leben, als das Leben einer armen, fast brodlosen und dazu nicht braven Mutter sei ohnedies für das Kind ohne Nutzen; dasselbe müsse jedenfalls von Andern erzogen werden, und so wolle sie nicht ihrer Person zu Liebe das Kindlein opfern lassen. Sie hätte übrigens — meinte sie — bis zur Operation noch Zeit, ihre Sünden reuig zu bekennen und sich mit dem lieben Gott auszusöhnen, dass sie als reuige und begnadigte Sünderin sterben könne. — Das war wenigstens der getreue Sinn ihrer Worte; offenbar für diese nicht intelligente Person verständiger, als man erwartet hatte. — Ueber Nacht indessen wurde ihr wieder anders zu Muthe, als die Stunde der Entscheidung näher rückte, denn bei dem Besuche des Morgens zeigte sie sich ganz bereit, den künstlichen Abortus ausführen zu lassen. Noch auf dem Geburtsbette fragte ich sie in Gegenwart der Studierenden: sie solle mir ganz unverholen erklären, wie es ihr zu Muthe und was ihr Wunsch sei, worauf sie wiederholt antwortete: „Machet Dir, was d'r gut und nützer findet für mi, Herr Dokter, Dir verstandets und wüssets besser als ig." —

Man schritt also am 13. Juni Morgens zwischen 10 und 11 Uhr zur Erweckung des künstlichen Abortus durch den Pressschwamm, wenigstens als Einleitung zur Eröffnung des Muttermundes, da ich den Eihautstich nicht vorziehen mochte, denn abgesehen davon, dass ich über die Kindeslage nicht sicher war, was hier ziemlich gleichgültig sein konnte, wünschte ich das Ei unverletzt geboren zu sehen, setzte übrigens in andere Methoden wenig Vertrauen. Der Mutterhals war bei dem niedrigen Becken leicht zu erreichen, aber die vollkommene Weichheit desselben, welche keinen Widerstand bot, machte das Einführen auch nur der Spitze eines Dilatatoriums in den geschlossenen äussern Muttermund sehr schwierig. Mit Geduld und durch ein äusserst subtiles Verfahren brachte ich es endlich dazu, das Orific. extern. wenigstens auf einige Linien zu eröffnen, so dass ich ein ganz kleines, konisch zugespitztes Stückchen Pressschwamm einlegen konnte, welches durch einen gewöhnlichen mässig grossen, in die Vagina gebrachten Waschschwamm gehalten wurde. Man liess die Person unter Aufsicht aufstehen und umher gehen. Am folgenden Tage konnte man schon ein etwas längeres Stückchen Pressschwamm einschieben, aber erst am 3. gelang es mit demselben bis in den innern Muttermund zu dringen.

Bis dahin hatten sich keinerlei Erscheinungen von Uterincontraktionen eingestellt, die Person beklagte sich über Nichts, und der Pressschwammwechsel, der täglich ein Mal stattfand, war mit Ausnahme der beiden ersten Male ohne erhebliche Beschwerden. Dennoch complicirte sich der Vorgang allmälig mit Fiebererscheinungen, allgemeinem Unwohlsein, Frösteln und etwas Muthlosigkeit, welche trotz Administration einer antiphlogistischen Mixtur bis zum folgenden Tage noch mehr zugenommen hatten, an welchem ein eigentlicher Frost eingetreten war. Natürlich liess man mit dem ersten Unwohlsein die Gebärende das Bett hüten. Unterdessen hatten sich in der Nacht vom 16. auf den 17. einige Kreuzschmerzen und zeitweises deutliches Spannen der Gebärmutter eingestellt und am Morgen des 17.

konnte man die Spitze des Zeigefingers durch den innern Muttermund an die
Eihäute führen, hinter welchen der äusserst bewegliche Kindskopf entdeckt wurde.
Nachmittags zwischen 3 und 4 Uhr war der noch immer fortbestehende Cervicalkanal, denn der Mutterhals wollte sich nicht verstreichen, circa Frankenstück
gross eröffnet und die Wehen, obschon nicht häufig und nicht kräftig, erschienen
mit etwas mehr Regelmässigkeit. Dessen ungeachtet setzte man den Gebrauch
des Pressschwammes fort. — Abends 10 Uhr fand ich ungefähr denselben Zustand,
wobei das Allgemeinbefinden ganz befriedigend war, nur bemerkte man, dass
das Ei nun anfieng gegen den Muttermund zu drängen, und dass eine kleine Frucht-
blase sich gebildet hatte; doch war kein Anschein einer baldigen Geburt vorhanden. Ich machte indessen dennoch die Wärterin auf die Möglichkeit einer raschen Wendung des Geburtsganges aufmerksam, damit sie auf die Wehen genau
Acht gebe, und bei den ersten Anzeichen eines rascheren Vorrückens der Geburt
rufe. — Um 1 Uhr Morgens früh, den 18., machte die Eyer die Wärterin auf
das Abgehen des in der Vagina gelegenen Schwammes aufmerksam, diese untersuchte, fand den Kindskopf neben dem Pressschwamm vorbei gerückt schon an
den äussern Genitialien, worauf sie mich eilig herbei rief, aber nach ihrer Zu-
rückkunft das Kind bereits theilweise geboren fand, wie sie sagte in erster
Scheitellage. Als ich kurz nachher zur Gebärenden kam, fand ich eine wohlgebildete Frucht zwischen den Schenkeln der Mutter liegen. Das Herz pulsirte
noch, sowie der Nabelstrang, die Placenta lag in der Vagina und wurde entfernt
(1 $\frac{1}{2}$ Uhr Morgens, den 18. Juni). Das Kind sollte sogar einige respiratorische
Bewegungen gemacht haben, allein dieser Lebensfunken war sehr schnell er-
loschen. — Ich muss hier noch der Wahrheit Zeugniss geben, dass ein pein-
licher Eindruck mich erfasste, als ich die wohlgebildete, noch Lebenszeichen
bietende Frucht mit ihren Eihüllen zwischen den Schenkeln der Mutter liegen
sah, welcher die Freude über ihr gerettetes Leben zu deutlich auf dem Gesichte
stand; ein Eindruck, wie das Gefühl eines begangenen Unrechtes, mir laut genug
zurufend: *Du hast doch nicht wohl gethan, diess arme Würmlein um's Leben
zu bringen!* — Diesen Eindruck werde ich nicht vergessen! und er wird nicht
verfehlen, bei der Entscheidung meines Handelns in später mir vielleicht vorkommenden analogen Fällen mächtig mitzuwirken.

   Der Blutabgang während der Geburt war höchst unbedeutend, die Dauer
derselben vom 13. Morgens bis 18. Abends, also fünf Tage, hatte indessen eine

ziemliche Reaktion im Organismus hervorgerufen, so dass unmittelbar nachher Fieber und Gefühl von Erschöpfung zugegen waren. Allein eine ruhige Nacht folgte der Niederkunft, der folgende Tag war fast fieberlos, die Lochien waren sehr unbedeutend und am dritten Tage hatte sich Patientin bereits herausgenommen, ohne Erlaubniss umher zu wandeln. Am 28. Juni wurde sie gesund entlassen mit der eindringlichen Bemerkung, eine dritte Schwangerschaft könnte i h r dann das Leben kosten, statt ihrem Kinde.

Das *Früchtchen* war männlichen Geschlechtes, wog 610 Gramm (Pfund 1 1/4), maass 34 Centimeter (11 1/3″), 3″ Schulterbreite, 2″ Hüftenbreite, im queren Kopfdurchmesser 2 1/2″, im geraden 2 3/4″, im diagonalen 3 1/4″.

Die *Nachgeburt* wog 170 Grammen, die Placenta hatte 2″ und 4 1/2″ Durchmesser, die Nabelschnur maass 13″, hatte centrale Insertion und die Eihäute waren seitlich eingerissen.

Wendung bei 2 1/3 Zoll Conjugata, mit glücklichem Ausgange.

Eine kleine, nur 4′ 3″ grosse, übrigens gesund und selbst kräftig aussehende Frau, mittleren Alters, hatte ihr erstes Kind ohne besondere Schwierigkeiten geboren, dasselbe soll mässig stark entwickelt gewesen sein. Vom zweiten Kinde indessen musste die Frau mittelst der Zange und zwar mit grosser Schwierigkeit entbunden werden, doch ist nichts Genaueres über jenen Geburtsvorgang bekannt, als dass das Kind stärker entwickelt gewesen sein soll als ersteres und todt zur Welt kam. Seit jener Niederkunft, sowie während gegenwärtiger dritter Schwangerschaft will die Frau sich wohl befunden haben, und namentlich schienen keine Symptome zugegen gewesen zu sein, welche auf ein Leiden des Knochensystems, z. B. auf Osteomalacie hätten schliessen lassen.

Am 11. November 1861, Morgens, wurde ich zu der Gebärenden gerufen, wohin mich mein damaliger Assistent, Herr Rellstab, begleitete, und wo ich mit

Herrn Collegen Gattiker in N. zusammen traf. Laut Bericht hatte die Geburt am 10. November Morgens begonnen, und die Frau sollte den ganzen Tag über, sowie die Nacht anhaltend an äusserst schmerzhaften Wehen gelitten haben, ohne dass die Geburt Fortschritte gemacht hätte. Die Fruchtwasser seien den 11. Morgens 5 Uhr abgeflossen. Um 9 Uhr Morgens fand ich die Gebärende in einem Zustande grosser Aufregung und Beängstigung. Bei Palpation des Unterleibes veranlasste man heftige Schmerzensäusserungen, welche indessen mehr ihrer Aengstlichkeit als eigentlichem Schmerze zugeschrieben wurden. Der leicht zugespitzte Unterleib hieng etwas nach links herunter, war ziemlich umfangreich, und der Uterus liess sich hart, doch nicht ausserordentlich gespannt anfühlen. In der rechten Leistengegend bemerkte man deutlich die angefüllte Harnblase.

Bei der Auscultation hörte man den kräftigen Herzschlag des Kindes in der Nabelhöhe ungefähr, nach links. Wenn schon die äussere Palpation wegen den Schmerzensäusserungen Schwierigkeiten bot, so war es noch mehr bei der Exploratio per vaginam der Fall, welche desswegen auch etwas unvollständig ausfiel, indem bei der ersten Untersuchung die Beckenbeschränkung übersehen wurde, was auch daher rühren mochte, dass der Beckenkanal verhältnissmässig lang war und das Erreichen der im Beckeneingang sich befindenden Theile schwierig machte. Der Kindskopf stand in erster Scheitellage hoch auf der obern Apertur, ohne Kopfgeschwulst; der Muttermund schien vollständig eröffnet. Eintretende Wehen, welche objektiv nichts Anomales darboten, verarbeitete die Frau nicht, sondern sie wälzte sich während derselben schreiend und klagend im Bette herum, als Sitz der heftigen Schmerzen die Kreuzgegend bezeichnend.

Unter obwaltenden Verhältnissen hielt man zunächst keine operative Hülfe für angezeigt, sondern wollte unter geeigneter Behandlung der Hyperæsthesie der Frau, so wie der wohl ohne Zweifel vorhandenen Krampfwehen in der Hoffnung abwarten, dass bei normaler Geburtsthätigkeit noch eine spontane Geburt, oder dann eine nicht zu schwierige Zangengeburt möglich würde. Es war diess aber nicht nach dem Sinne der Gebärenden, welche auf sofortige Entbindung drang. Wegen der Unvollständigkeit der ersten Exploration erklärte ich mich bereit, zum Zwecke einer positiveren Entschliessung über diese Zumuthung, eine zweite Untersuchung nach vorgängiger Anästhesirung der Frau vorzunehmen, was denn auch geschah und wobei ich zunächst die obige Diagnose bestätigte, dabei aber eine auffallende Beschränkung des Beckeneinganges erkannte, die ich durch

Einführen von 4 Fingern möglichst genau zu bestimmen suchte und auf circa 7 Centimeter festsetzte, indem ich die Entfernung der Fingerspitzen, welche an Promontorium und Symphise lagen, durch Zwischenlegen von andern Fingern mir genau merkte, und dieselben an der ausgezogenen Hand wieder gleich ordnete, so dass die Entfernung der benannten Fingerspitzen ziemlich genau gemessen werden konnte.

Also $2\frac{1}{3}$ Zoll Conjugata vera und eine reife, lebende, wahrscheinlich stark entwickelte Frucht, das änderte sofort die aufzustellenden Indicationen! Das Zuwarten erschien als ein für Mutter und Kind höchst dubioses Unternehmen, zur Perforation einer positiv lebenden Frucht konnten wir uns nicht entschliessen, und vor dem Kaiserschnitte, dem hier einzig rationellen Verfahren, war uns bange, nebstdem dass der Mann wenig Miene machte, zu solchem Vorgehen seine Einwilligung zu geben? Der Gebärenden wurde einstweilen, bis wir selbst zu einem Entschlusse gekommen, nichts über die vorzunehmende Entbindungsart mitgetheilt. Herr Dr. Galliker befürwortete entschieden den Versuch einer Wendung, auf seine gewiss reichhaltige Erfahrung gestützt, in mir aber erwachten gewaltige Bedenken gegen dieselbe, indem ich mir die möglichen Folgen vormalte, und zwar — wie es unter solchen Umständen so leicht geschieht — in sehr schreckhaften Bildern. Indessen theils das Zureden des Herrn Collegen G., theils die obwaltenden Verhältnisse brachten mich im Einverständniss mit Herrn Dr. G. und Hrn. R. zu dem Entschlusse, auf folgende Weise vorzugehen :

Die Frau wurde aufs Querbett gebracht, vollständig anästhesirt und durch Einführen der ganzen Hand die Beckenformation, die Beweglichkeit des Kindskopfes und die übrigen Verhältnisse genau geprüft. Sollte sich hiebei nur einige Hoffnung auf Erfolg für die Wendung ergeben, so wollte ich sie sofort ausführen. Ich muss bekennen, dass ich nicht wohlgemuth an diese Arbeit gieng, sondern allerlei Wenn und Aber in mir kämpften.

Nach geschehener Vorbereitung, wobei eine vollständige Anästhesirung aber nicht recht gelingen wollte, auch später nicht zu Stande kam, daher die Frau stetsfort unruhig war und sich sogar oft gegen mich zur Wehr setzte, führte ich die Hand ein, constatirte wieder die Beckenbeschränkung, wie ich sie oben angegeben, während der Querdurchmesser genügenden Raum bot, und konnte ohne viel Mühe mit der Hand durch den Beckeneingang hinauf, neben dem Kopfe vorwärts bis zum Halse des Kindes gelangen, wo ich aber eine Strictur des

Uterus vorfand. Mit Geduld kam ich endlich dazu, auch diese zu passiren, aber meine Hand war unterdessen so lahm geworden, dass ich nicht im Stande gewesen wäre, das sich mir nach rechts hinten bietende Knie zu fassen und den Schenkel auszustrecken. Ich musste mit der andern Hand den gefundenen Weg verfolgen, was mit weniger Schwierigkeit, aber doch nicht leicht geschah. Es gelang mir ziemlich bald, jenen Schenkel zu fassen, und dessen Fuss auf den Muttermund zu bringen, den andern aber konnte ich nicht sogleich finden. Ich versuchte daher die Wendung auf einen Fuss, allein obschon ich diesen bis zu den äussern Genitalien gebracht hatte, durch kräftiges Anziehen, sowie durch die Anwendung des doppelten Handgriffes die Frucht zu wenden versuchte, blieb der Kopf doch unbeweglich und die Umwälzung des Kindes machte sich nicht. Der herunter geholte Fuss wurde daher an eine Schlinge gelegt, dann der andere, freilich mit Schwierigkeit, aufgesucht und herabgeleitet, worauf die Wendung des Kindes mit Leichtigkeit von statten gieng. Gute Wehen förderten sehr bedeutend das Vorrücken des Kindes, doch fand sich, dass es auf der Nabelschnur ritt. Bei der Lösung derselben konnte ich keine Pulsation mehr in ihr wahrnehmen, daher beschleunigte ich bestmöglich, doch nicht zu hastig, die Entwicklung des Kindes, denn mir war unter obwaltenden Verhältnissen mehr bange vor dem Steckenbleiben des Kopfes auf dem Beckeneingange, als vor dem Absterben des Kindes. Glücklicher Weise unterstützten sehr kräftige und schnell sich folgende Wehen meine Bemühungen, trotzdem das Benehmen der Gebärenden sehr hemmend einwirkte. Ich überliess die Ausstossung des Rumpfes vorzugsweise der Contractionsthätigkeit des Uterus. Der nach dem Kreuzbein gelegene Arm glitt leicht längs der einen Kreuz-Darmbeinverbindung herunter und war leicht zu entwickeln, der hinter der Symphise eingeklemmte aber gab mir viel zu schaffen, ich fürchtete einen Bruch der Clavicula, doch auch dieses Unglück traf nicht ein, obschon der Arm nicht ganz lega artis über die Brust endlich hervorgezogen wurde. Der Kindskopf hatte sich quer auf den Beckeneingang gestellt, das Gesicht nach rechts. Ich suchte nun vorerst das Kinn gegen die Brust und in die Beckenhöhle herunter zu bringen, und als mir diess gelungen war, setzte ich zwei Finger in die Mundhöhle, zog in senkrechter Richtung an, der Kopf folgte mit einer kräftigen Wehe in die Beckenhöhle, von wo er mit Leichtigkeit durch mehr horizontales und später mehr in die Höhe gerichtetes Anziehen entwickelt werden konnte. — Das Kind war geboren und mir ein schwerer Stein ab dem Herzen genommen! Dieses Behagen wurde in Freude verwandelt, als das Kind bald zu athmen und später zu schreien begann ; es war ein grosser, kräftiger Knabe, der munter gedieh. — Die Placenta gelangte sofort in die Scheide und wurde entfernt, aber schon war die Frau wieder zu vollkommenem Bewusstsein gelangt und machte mir eine nachträgliche nochmalige Untersuchung des Beckens, die ich so sehr gewünscht hätte, unmöglich.

Das Wochenbett blieb ohne besondere Complicationen, und die Frau erholte sich vollständig, erhielt aber die Weisung, in einer allenfalls folgenden Schwangerschaft sich rechtzeitig um ärztlichen Rath umzusehen.

Herrn Collegen Gatliker bin ich noch zur Stunde dankbar, dass er mich zur Vornahme der Wendung bestimmen konnte, denn ohne sein Zureden hätte ich sie nicht gewagt, wer aber kann bestimmen, welches alsdann der Ausgang der Geburt gewesen wäre ; jedenfalls kein glücklicherer als der nun erreichte !

Wendungsversuch bei 2 Zoll Conjugata, mit unglücklichem Ausgange.

Ein werther Freund und College erzählte mir in einem confidentiellen Briefchen ganz kurz folgende tragische Geburtsgeschichte, deren Veröffentlichung er mir im Interesse der Wissenschaft zu Gute halten mag.

Am 3. Dezember 1859 wurde er zu einer 27 Jahre alten Erstgebärenden berufen, deren Schwangerschaft ihr Ende erreicht hatte. Schon seit 24 Stunden befand sich die Frau in Geburtswehen, die letzten Stunden aber in ausserordentlich schmerzhaften. Bei der Untersuchung fand sich der Muttermund kaum so weit offen, dass man eine Fingerspitze einführen konnte, und auf dem Beckeneingange ballotirte der Kindskopf, das Promontorium aber ragte so stark in die Beckenhöhle vor, dass die Diagonalconjugata auf 3 Zoll; also der gerade Durchmesser des Beckeneingangs auf circa $2\frac{1}{2}$ Zoll geschätzt wurde.

Vor der Hand fand man unter obwaltenden Umständen keine Anzeige zu irgend welchem operativen Eingriffe, es wurde daher noch zugewartet. Nach zwei Stunden kräftiger und schmerzhafter Geburtsarbeit hatte sich der Muttermund zwei Querfinger gross eröffnet, die Fruchtwasser waren — wahrscheinlich schon mit Beginn der Wehen — abgeflossen und der Kindskopf drängte zwar etwas in den Beckeneingang, war aber noch beweglich. Das Kind scheint als lebend angesehen worden zu sein.

Es wurde nun zur Zangenanlegung geschritten; diese war aber wegen der Enge des Beckens, dem noch unvollkommen eröffneten Muttermunde und dem hohen, noch beweglichen Kopfstande, sehr schwer, doch gelang sie. Mit den ersten kräftigen Traktionen glitschte indessen das Instrument ab.

Ein hierauf zu Rathe gezogener College hielt die Beckenbeschränkung für nicht so bedeutend, und glaubte, dass bei dem noch beweglichen Kindskopf die Wendung, mit vielleicht darauf folgender Perforation, das einzig indicirte Verfahren sei. Gegen den anhaltenden Krampf des Uterus wurde nichts verordnet, da der beigezogene College von der Anwendung von Opiaten zu schnellen Callapsus der Gebärenden fürchtete. Derselbe schritt somit zur Operation der Wendung, welche jedoch unmöglich war, weil das zu enge Becken die Einführung der Hand sehr erschwerte, und die anhaltende Spannung der Gebärmutter das Fassen der Extremitäten, sowie die Drehung des Kindes unmöglich machten, denn mit Noth gelangte man an die Knice des Kindes, welche aber nur auf den Beckeneingang gebracht werden konnten, dann den Händen entglitten und wieder die frühere Stellung einnahmen. Da einerseits der Operirende sich nicht zur Perforation entschliessen konnte, sondern den Kaiserschnitt dieser Operation vorzuziehen geneigt war, der andere College aber in Frage stellte, ob die Sectio cæsarea hier gerechtfertigt erscheine, so wurden die Wendungsversuche fortgesetzt, bis sie wegen nervöser Erschöpfung der Gebärenden abgebrochen werden mussten. Bald nachher verfiel dieselbe in einen ohnmachtähnlichen Zustand und 12 Stunden nach den Operationsversuchen erlag sie unentbunden der Erschöpfung.

Die Section zeigte eine Conjugata vera von nur zwei Zollen.

Einige Bemerkungen

über die

Lehre vom Kaiserschnitt.

———

20

KAISERSCHNITT AN TODTEN.

Ueber die zwar sehr interessante Geschichte des Kaiserschnittes überhaupt dürfen wir hier um so eher weggehen, als fast jedes geburtshülfliche Handbuch die Hauptmomente derselben mittheilt, ein einlässlicheres Eintreten in diesen Gegenstand nicht im Sinne dieses Aufsatzes liegt und man übrigens bei Besprechung einzelner Hauptfragen rücksichtlich der Sectio cæsarea theilweise auf ihre Geschichte zurückgeführt wird.

Es ist bekannt, dass der Kaiserschnitt anfänglich einzig an Todten vorgenommen wurde, und zwar in Folge gesetzlicher Verordnung, bis im Jahre 1500 unser Landsmann JAKOD NUFER *), Schweineschneider in Sigershausen, Kantons Zürich, nach der im Jahre 1586 veröffentlichten Erzählung des Baseler Professors CASPAR BAUHIN, welcher noch die Söhne der Operirten gekannt haben soll, aus Liebe und Pietät den Entschluss fasste, seine schon seit mehreren Tagen kreissende Frau, trotz Anwesenheit von 3 Chirurgen und 6 Wehenmüttern, durch einen kühnen Schnitt auf eigene Faust von ihren Leiden zu befreien; was ihm auch so gut gelang, dass die Frau ihm später noch mehrere Söhne gebar, welche ein sehr hohes Alter erreichten.

---

*) Nicolaus de Falconits erzählt einen Fall von Kaiserschnitt an einer Lebenden, welcher vor dem Nufer'schen vorgekommen sein soll, jedoch zum Mindesten ebenso zweifelhaft erscheint, als dieser. Dass aber letztere Operation nur eine Laparotomie und nicht eine Hystero-Laparotomie gewesen, lässt sich aus der Operationsgeschichte nicht beweisen, und ist nur eine Annahme, deren Richtigkeit übrigens das Verdienst des Zürcher Schweineschneiders wenig herunterzusetzen vermöchte.

Ehe wir uns aber der Betrachtung des Kaiserschnittes am Lebenden zuwenden, kann ich nicht umhin noch die Sectio cæsarea post mortem den verehrten Lesern vor Augen und zu Gemüthe zu führen und die theils Vergessene,
theils Verachtete oder Misskannte so weit zu rehabilitiren zu suchen, als standes-
gemäss erlaubt ist. Hiezu fühle ich mich nicht sowohl dadurch veranlasst, dass fast
alle Handbücher den Gegenstand etwas stiefmütterlich behandeln, vielleicht weil
hier wenig Lorbeer zu ernten in Aussicht steht, sondern weil mir vor nicht langer
Zeit folgende Begebenheit vorkam, welche beweist, dass der Arzt durch Missachtung dieser Operation Gefahr laufen kann, selbst vom Publikum der Fahr-
lässigkeit oder Gleichgültigkeit beschuldigt zu werden, wenn ihm nicht gar noch
Verantwortlichkeit aufgebürdet werden sollte, die hier grosse Tragweite erlangen
könnte.

Eine kräftige, zum zweiten Male Schwangere, etwas plätorisch aussehende
Person, hatte — wie es hiess — ohne Complication ihre Schwangerschaft glücklich
bis nahe zu ihrem Ende gebracht, als sie plötzlich während der Abendmahlzeit
unwohl wurde, vom Stuhle stürzte und nach wenig Minuten (apoplectisch oder
suffocatorisch) starb. Der nahe wohnende Arzt fand die Frau bei seiner Ankunft
eben verschieden, versuchte noch eine Aderlässe und Belebungsmittel, aber umsonst. Er auscultirte, hörte aber den Fötalpuls nicht, obschon vor dem Zufall
noch Kindesbewegungen vorhanden gewesen sein sollen. — Unter solchen Umständen würden wohl die meisten Aerzte gehandelt haben wie er, welcher Mutter
und Frucht für verloren hielt, und keine besondern Verfügungen weiter traf. —
Am folgenden Morgen suchte mich der Vater der Verstorbenen in ziemlich auf-
geregtem Zustande auf und liess sich in meiner Abwesenheit meinem Vater vor-
stellen, um bestimmte Auskunft zu verlangen, ob wohl ein schwerer Fehler
begangen worden sei, dass man die Frau nach ihrem Absterben nicht sofort
geöffnet habe, zur Rettung des Kindes. Wohin er diesen Morgen gekommen
sei, habe man ihn mehr oder weniger vorwurfsweise darnach befragt, was ihn
natürlich beunruhige. — Was hätte wohl ein übelwollender oder in unbedachtem
Eifer sich aussprechender College hier für einen unerquicklichen Handel zu-
wege bringen können? — Man beruhigte jedoch den Mann und bestimmte ihn
nur, wegen des Interessanten und wegen der Wichtigkeit des Falles bald möglichst eine Autopsie vornehmen zu lassen, welche aber von dem Ehemanne verweigert und absichtlich umgangen wurde.

Es zeigt uns dieser Vorgang, wie der Kaiserschnitt nach dem Tode in der Bevölkerung traditionell geblieben und in ihren tiefern Schichten vielleicht eine höhere Bedeutung beibehalten hat, als er wohl verdient. Der Vorfall giebt uns aber auch einen Fingerzeig, dass es vom Arzte selbst aus Klugheitsrücksichten nicht wohlgethan ist, diese Operation zu ignoriren. —

Untersuchen wir nun auch die wissenschaftliche und sociale Bedeutung dieser Operation, freilich nur in Umrissen, da eine erschöpfende Behandlung des Gegenstandes nicht in unserer Absicht liegt. — Wir sprechen aber ausschliesslich vom *Kaiserschnitt*, der *Laparo-Hysterotomie*, schliessen also den einfachen Bauchschnitt, die Laparotomie, bei Extrauterinschwangerschaft aus, wo übrigens die ähnlichen Grundsätze Anwendung finden wie beim· Kaiserschnitt. Und ferner wird a priori vorausgesetzt, dass keine Entbindungsart durch die natürlichen Geburtswege statthaft ist, da in diesem Falle — wie von selbst einleuchtet — vom Kaiserschnitt nicht die Rede sein kann.

Um sich jedoch ein allseitigeres und klareres Urtheil über die Bedeutung der Sectio cæsarea post mortem bilden zu können, ist es nöthig, das zu besprechende Thema nach dem Vorbilde Anderer in einzelne Abschnitte zu zerlegen, welche hier folgendermaassen gewählt werden: 1) Welches ist der Zweck der Operation? — 2) Zu welcher Zeit der Schwangerschaft findet sie ihre Anzeige? — 3) Wie lange nach dem Absterben der Schwangern lässt sie noch das gewünschte Resultat hoffen? — 4) Wie verhält sich die Prognose der Operation? — 5) Als Schluss: in wie weit ist der Arzt zur Vornahme derselben verpflichtet? —

1) Der Zweck der Operation unterscheidet sich wesentlich von demjenigen des Kaiserschnittes am Lebenden, welcher wo möglich *Mutter und Kind* erhalten soll, und besteht vom wissenschaftlichen, legalen, sowie auch vom protestantisch-christlichen Standpunkte ausgehend, ja selbst nach der Bestimmung des Koran einzig in der *Lebenserhaltung der Frucht*, nie aber — nach übereinstimmen der Annahme der Aerzte, Theologen und Gesetzgeber — *auf Unkosten der Mutter*, eine Klausel, welche von der höchsten Bedeutung ist, und der Hauptgrund, warum die Operation so sehr in Missachtung gekommen. Die katholische Theologie und die ihr entsprechende Gesetzgebung gehen aber in Beziehung auf den Zweck der Operation viel weiter, indem sie verlangen, dass überhaupt einem beseelten menschlichen Individuum die Taufe ertheilt werden könne, welches Dogma bei

der Entscheidung unserer zweiten Frage einen lebhaften, zur Stunde noch nicht geschlichteten Streit hervorgerufen hat, und daher dort kurz berührt werden soll.

Der Zweck der *Lebenserhaltung des Kindes* durch die Operation setzt also schon a priori voraus, dass dessen Abgestorbensein nicht vorher *mit Sicherheit* constatirt ist.

Diese Lebenserhaltung hat aber nicht nur die meist einzig im Auge gehaltene philantropische, staats- oder naturrechtliche und religiöse Bedeutung, sondern oft auch eine, diesen freilich untergeordnete, civilrechtliche, welche für einzelne Individuen oder ganze Familien von grosser Wichtigkeit und daher auch von allerlei ernsten Consequenzen gefolgt sein kann.

Das Kind soll nicht auf Unkosten der Mutter gerettet, d. h. die Operation darf nie vor sicher constatirtem Tode derselben vorgenommen werden. Wo also noch *irgend ein Zweifel* obwaltet, dass die Mutter scheintodt sein könnte, da darf diese der Gefahr durch die Operation nicht ausgesetzt werden, wenn auch die noch lebende Frucht ob dem Zuwarten zu Grunde gehen sollte. Als sprechende Belege für die Unumstösslichkeit dieses Satzes werden einige Schrecken erregende Beispiele citirt, wo die Scheintodten während der Operation schon, oder einige Stunden, ja selbst Tage lang nach derselben wieder erwachten, um bald nachher den Folgen des wissenschaftlichen Missgriffes zu erliegen. Solche Beispiele erzählen PEU (Prat. d. Accouch. pg. 334), TRINICHETTI, BODIN (Essai sur les accouchem. V. 135), FRANK, NEHR (N. Ztschr. f. Gbtskd. IV. 58), RIGADAUX (Journ. savant. 1749), PAUMEL, MENDE, d'OUTREPONT (N. Ztschr. f. Gbtskd. XIII. 344), der nur durch einen glücklichen Zufall dem Unglück entgieng, HARLIN (Schm. Jhrbch. Bd. 52.), HOHL (dessen Lehrbuch pg. 405), REINHARD (der Kaiserschnitt an Todten, 1829. pg. 22).

Malt man sich nun diese Erzählungen recht lebhaft und herzbrechend aus, hält daneben die Thatsache der so höchst schwierigen Unterscheidung zwischen Tod und Scheintod, und lässt über das Ganze noch den allgemein verbreiteten mysteriösen Glauben schweben, dass der Scheintod vorzugsweise schwangere Frauen heimsuche, so darf man sich nicht verwundern, dass so Vielen bei dem Gedanken an den Kaiserschnitt post mortem kalter Schauer über die Haut rieselt, und sie, sich bekreuzigend, einen Winkel zum Entschlüpfen suchen.

Betrachtet man aber das erschreckende Phantom etwas genauer, so erhält es doch Leib und Gestalt, so dass man es anfassen, und dass die panische Furcht einem ruhig überlegten, aber entschlossenen Handeln Platz machen kann. Man braucht desswegen den Grundsatz des Nichtoperirens bei Verdacht auf Scheintod keineswegs aufzugeben und in übertriebenem Eifer mit Fadricius von Hilden und de Kergaradec ausrufen: lieber hundert Schwangere erfolglos öffnen, als ein einziges Kind im Mutterleib sein Grab finden lassen! oder sich gar zu Lange's, Arneth's (die gbtshlfl. Praxis etc. pg. 116.) und Anderer Ansicht bekennen, welche in dem, wie ersterer selbst sagt, „misslichen" Rath besteht: zur Rettung des sicher lebenden Kindes an der Sterbenden zu operiren, falls ihr Tod innert 12 Stunden mit Zuverlässigkeit erwartet werden darf (Caspr. Wchschrft. 1847. No. 23—26). — Ein Rath, der allerdings in vielen Rücksichten so „misslich", dass er wohl eher das Prädicat „schlecht" als „gut" verdient. Wohl aber dürfen wir uns mit Devergie zu unserer Beruhigung sagen: dass dem Arzte keine Verantwortung überbunden werden kann, dem nach gewissenhafter Würdigung der Umstände und wissenschaftlicher Kritik das Unglück begegnen sollte, einen Irrthum zu begehen. — Ohne diesen Grundsatz — welcher gewissenhafte Arzt könnte wohl ruhig seinem Berufe obliegen?

Wollen wir uns aber ein einigermassen richtiges und maassgebendes Urtheil über die Gefahr des Operirens an Scheintodten verschaffen, so ist der sicherste Weg, sich über die häufigsten Todesarten der Schwangern Rechnung zu geben, indem dieselben über die Möglichkeit oder Wahrscheinlichkeit eines Scheintodes selbst bestimmteren Aufschluss ertheilen, als zeitraubende Experimente, welche immer noch allerlei „wenn" und „aber" gestalten. Der praktische Takt des erfahrenen Arzses wird auch hier, wie so oft, Brauchbareres leisten, als theoretisches Grübeln über den Werth einzelner Erscheinungen; ganz besonders in den hier fast ausschliesslich in Erwägung kommenden Fällen von möglichem Scheintod in Folge von mehr oder weniger plötzlich eintretenden lebensgefährlichen Zufällen, wie Blutungen, Apoplexien, Convulsionen, schweren Nervenleiden, Syncopœ, Asphyxie u. s. w.; wobei nicht zu vergessen, dass unter diesen Umständen die Prognose für den Erfolg der Operation im Allgemeinen am günstigsten steht. Es ist nicht zu läugnen, dass diese Zufälle bei Schwangern und Gebärenden relativ häufiger vorkommen als das Absterben nach chronischen und Consumptionskrankheiten, z. B. Phthisis, oder nach acuten Krankheiten und durch äussere Gewaltthätigkeiten. Auch hier dürfte ein statistischer Vergleich einen

schätzenswerthen Beitrag zum Entscheide über den Werth der Sectio cæsarea
post mortem liefern.

Die interessante und wichtige Frage über das plötzliche Absterben Schwan-
gerer, Gebärender und Wöchnerinnen wurde in letzter Zeit mehrfach Gegenstand der Besprechung; die Akademie der Wissenschaften zu Paris schrieb Anno
1857 eine Preisaufgabe über dieselbe aus, welche einige Arbeiten zur Folge
hatte, namentlich die gekrönte Preisschrift von E. Mordret: De la mort subite
dans l'état puerpéral, und die Schrift von Moynier: Des morts subites chez les
femmes enceintes au récemment accouchées, welche Ehrenerwähnung erhielt.
Beide Arbeiten wurden 1858 veröffentlicht.

2) Zu welcher Zeit der Schwangerschaft findet die Sectio
cæsarea post mortem ihre Anzeige?

Die Beantwortung dieser Frage ist ausschliesslich durch den *Zweck* bedingt, welchen
man der Operation vorsteckt. Indem wir hier aber vor Allem den wissenschaftlichen im Auge haben, der übrigens auch mit den Andern zusammenfällt, und
darin besteht, die Frucht der Verstorbenen am Leben zu *erhalten*, so müssen
wir zunächst fragen, in welcher Schwangerschaftsepoche die Lebensfähigkeit
einer Frucht ausser dem mütterlichen Körper beginnt?

Die Lebensfähigkeit hängt nun nicht sowohl von der Schwangerschaftsdauer
ab, als vielmehr von der Entwicklungsstufe der Frucht, sowie ihrer zum Leben
wichtigen Organe, von der Vollkommenheit ihrer Bildung, der Abwesenheit an-
geborener Krankheiten und, was hiemit gewissermassen zusammenfällt, vom Ge-
sundheitszustande, im vorliegenden Falle also von der Todesursache der Mutter.
An unserer zweiten Frage festhaltend, muss der letztgenannte Umstand der Beantwortung der Frage über die Prognose zugewiesen werden, die Untersuchung
aber über die nöthige Bildungs- und Entwicklungsstufe der Frucht zur Lebensfähigkeit dürfen wir einfach fallen lassen, da diese Zustände ausser dem Bereiche
der einigermassen zuverlässigen Bestimmung und Erkennung liegen, und es bliebe
also hier nur die Schwangerschaftszeit zu berücksichtigen, in welcher normaler
Weise die Lebensfähigkeit angenommen werden darf. Hiebei dürfen wir uns
aber auch nicht um den im vorliegenden Fall etwas sophistisch klingenden Einwurf kümmern, dass eine genaue Bestimmung des Schwangerschaftstermines unmöglich, weil man sozusagen nie die Conceptionszeit sicher feststellen könne,
und die Schwangerschaftsdauer zur Stunde nicht in ihrer Gesetzmässigkeit end-

güllig festgesetzt sei. Jeder Arzt weiss, dass es sich hier nur um eine annähernde Bestimmung handeln kann, welche dem praktischen Geburtshelfer namentlich in vorliegender Rücksicht vollkommen genügt.

Nach Elimination dieser, die Frage complicirenden Verhältnisse nun sollte man denken, würde der Entscheid nicht mehr schwer fallen, und er ist es auch wirklich nicht, wenn man sich — wie es hier der Fall ist — auf den praktischen und nicht auf den rein theoretischen Boden begeben darf. Weder die Gerichtsärzte, noch die Geburtshelfer und eben so wenig die einzelnen Autoren beider Categorien unter sich sind indessen über die Schwangerschaftszeit einverstanden, nach welcher eine Frucht als lebensfähig anerkannt werden soll. Während nämlich die Einen, wie z. B. Hohl, zur rigurösen Annahme sich bekennen, dass erst nach Ablauf des 8. Mondsmonates, oder von 32 Wochen, ein Kind Lebensfähigkeit besitze, gehen Andere, und wohl die Mehrzahl der Geburtshelfer und Gerichtsärzte, auf den Ablauf des 7. Monates oder von 28 Wochen zurück, wie Henke, Haller, Mende, Carus, Busch, Froriep, Spæth, Kiwiesch u. s. w., während z. B. Nægele, d. Vater; wie auch v. Ritgen selbst die Annahme des Ablaufes der 26. Woche zulassen, und Braun bemerkt sogar in seinem Handbuche über Geburtshülfe (pag. 457), dass die Lebensfähigkeit der Frucht von den französischen Aerzten fast durchgehends von der 24. Schwangerschaftswoche an angenommen werde. — Diese angeführten Namen dispensiren wohl von der Aufzählung daheriger Beobachtungen und berechtigen hier wenigstens zur gewöhnlichen Annahme, dass von der 28. Woche an die Frucht als lebensfähig anzusehen ist, und somit von dieser Zeit an der Kaiserschnitt nach dem Tode als angezeigt betrachtet werden muss.

Wagen wir aber noch einen Schritt weiter und fragen, ob, vom wissenschaftlichen Standpunkte ausgehend, die Operation nicht selbst vor der 28. Woche vorgenommen werden, ja sogar berechtiget und somit auch angezeigt sein dürfte? Vater Nægele, dessen gediegene Leistungen ihn anerkannter Massen zu einem gewichtigen Wort bei Entscheidung geburtshülflicher Fragen berechtigen, will schon nach der 26. Woche die Sectio cæsarea post mortem in Ausführung bringen, und ich stehe nicht an, zu behaupten, dass der praktische Geburtshelfer eine solche Autorität als Vorbild und als massgebend anerkennen darf. Möchte ich doch sogar noch weiter gehen und den Kaiserschnitt an Todten wenigstens noch während des Verlaufes des 6. Monates auszuführen auffordern! — Die Gegner der Operation und Skeptiker von Hause aus sind zwar stets bei der Hand,

Angaben über Lebenserhaltung von Kindern vor Ablauf des 7., um so eher also vor Ablauf des 6. Monates geboren, als auf Täuschung — vulgo gutmüthige Dummheit — oder gar auf absichtlicher Fälschung beruhend zu bezeichnen, weil sie den Thatbestand nicht selbst mit Händen greifen konnten. Ich gehöre keineswegs zu den Leichtgläubigen, halte jedoch dafür, dass wo die Unmöglichkeit der Richtigkeit einer Beobachtung nicht zu beweisen ist, man mit absprechendem Urtheile vorsichtig sein soll. Wer hat aber bis jetzt die physiologische Unmöglichkeit der Lebenserhaltung einer fünf- und sechsmonatlichen Frucht bewiesen? oder wer kann mir z. B. nachweisen, dass meine 1852 im „schweiz. Correspondenzblatt für Aerzte und Apotheker" (Nr. 8 pag. 119) gemachte Mittheilung unrichtig sei, nach welcher eine 24 Wochen alte Frucht am Leben erhalten wurde, die dann — wie ich nun beifügen kann — erst im zweiten Lebensjahre am Croup starb.

Betrachtet man den Gegenstand aber noch von Seite des wissenschaftlichen Interesses, welches in mehrfachen, namentlich physiologischen und anatomischen Rücksichten alle Aufmerksamkeit verdient, so lässt sich wohl nicht bestreiten, dass für den Arzt triftige Gründe genug vorliegen, die in Rede stehende Operation bei irgend welcher, auch nur der leisesten Hoffnung auf Erhaltung des Kindes vorzunehmen, ja sogar ohne solche, in welch letzterem Falle dann freilich der Standpunkt des Handelnden ein anderer geworden und die Operation zur einfachen Autopsie degradirt wird; die Handlung selbst aber erst dann zu einer rechtswidrigen oder immoralischen sich stempelt, wenn sie auf fälschliches Vorgeben sich stützt. — Nur in diesem Sinne darf man sich auch mit KNEBEL's Ausspruch (Grundriss der polizeilich-gerichtlichen Entbindungskunde. Breslau 1803, pag. 127) einverstanden erklären, die Operation überall da anzurathen, „wo nur Vermuthung der Schwangerschaft vorhanden", wenn diese auch noch nicht bis zur Lebensfähigkeit des Kindes vorgerückt ist. — Wenn übrigens die von der Par. Akademie aufgestellte Kommission zur Berichterstattung über den Kaiserschnitt an Todten (Referat von DEVERGIE 1861) sich enthielt, über diesen wichtigen Punkt sich bestimmter auszusprechen. und keine Zeit feststellen wollte, so beweist diess, dass sie in dieser Rücksicht die vollständigste Freiheit zu gestatten beabsichtigte.

Ein fernerer Zweck des Kaiserschnittes nach dem Tode der Mutter stellt, wie schon erwähnt, das katholische Dogma auf, nämlich dis Purification des menschlichen Wesens durch die Taufe. Obschon die stattgehabten Verhandlungen über den Gegenstand auch für Nichtkatholiken von einigem Interesse sind, so dürfen wir uns bei demselben doch nicht aufhalten, sondern ich will nur in Kürze erwähnen, dass nach streng orthodoxer Auffassung selbst von Aerzten, wie z. B. von de KERGARADEC (Gaz. hebdom. 1861, No. 2), der Kaiserschnitt zu jeder Zeit der Schwangerschaft verlangt wird, indem anzunehmen sei, dass mit der Conception der belebte Embryo auch schon beseelt werde. Ja ein Theil des katholischen Clerus und mit ihm sogar achtbare Aerzte gehen so weit, die Operation bei Abwesenheit oder Weigerung eines Sachversändigen selbst Nichtärzten anvertrauen zu wollen. Die Erfahrung hat aber bereits die entsetzlichen Folgen einer solchen Lehre nachgewiesen, wie z. B. eine Mittheilung aus Zwolle in Holland lehrt*), auch abgesehen von der a priori schon einleuchtenden Gefährlichkeit derselben. Daher die ruhigere Prüfung der Verhältnisse folgenden Grundsätzen ziemlich allgemeine Geltung verschafft hat: 1. dass unter keinerlei Umständen Nichtärzten die Operation gestattet werden dürfe, und 2., dass vor dem Einschreiten des Operateurs wenigstens die Existenz einer Schwangerschaft mit Bestimmtheit anerkannt sein müsse; und da dieses vor Ablauf des vierten Monates kaum möglich ist, so wird angenommen, dass vor dieser Zeit die Operation nicht stattzufinden habe. Auch verlangen z. B. die österreichischen Verordnungen über Todtenschau die Eröffnung der Leiche einer mit Gewissheit todten Schwangeren nur nach Ablauf der ersten Schwangerschaftshälfte. So dass also nach ziemlich allgemeiner Annahme die „Viabilité céleste", wie sie TARDIEU benennt, erst mit der 16., 18. oder 20. Woche die Berechtigung zum Kaiserschnitt an der Todten involvirte.

Um aber doch bestmöglichst auch der erstern Auffassung gerecht zu werden, kam man auf den Gedanken der intrauterinen Taufe, mittelst Injection des Tauf-

---

*) Eine gesunde kräftige Frau, welche noch des Morgens auf dem Felde gearbeitet hatte, kam in Geburtswehen, der katholische Geistliche des Ortes vollzog in seinem fanatischen Eifer den Kaiserschnitt mittelst eines Tischmessers, Mutter und Kind kamen um, der Fall wurde gerichtlich. (Gaz. hebdom. 23. Nov. 1860.) Auch erzählen französische Blätter von einem im Départ. de l'Ouest vorgekommenen, doch nicht sicher constatirten Vorgange, wo eine „sœur de charité à l'instigation d'un prêtre" mittelst eines Küchenmessers eine unglückliche Kaiserschnitts-Operation ausgeführt habe. (J. de méd, et de chir. prat. 1860. N. 8). — Dagegen wird in der Clinique chirurg. (Paris 1816) erzählt, dass ein gewisser Griffon in Ciney mittelst eines Rasirmessers den Kaiserschnitt glücklich für Mutter und Kind ausgeführt habe.

wassers durch eine Camile auf die Velamenta ovi, wozu nach DEVENTER schon vor 1739 von BRUHIER ein Instrument angegeben worden, und über welchen Gegenstand die belgische Akademie vor 15 Jahren discutirte, sich aber einfach mit der Anerkennung der anatomischen Möglichkeit begnügte, dagegen, wie natürlich, die Entscheidung der theologischen Bedeutung der geistlichen Autorität überliess. Selbst DEPAUL, der in seinem Referate über HATIN's und KERGARADEC's der Pariser-Akademie vorgelegten Abhandlungen in wissenschaftlicher Beziehung ziemlich den Skeptiker macht, empfiehlt dieses Baptème-intrautérine sehr der Berücksichtigung. Es scheint übrigens diese Lehre in einzelnen Ländern wenigstens festen Fuss gefasst zu haben, denn in Bayern z. B. gehört eine eigene zu diesem Zwecke bestimmte Spritze zur vorschriftsgemässen Ausstattung des Armamentariums der Hebammen. — Einen Ersatz für diese intrauterine Nothtaufe fand nach HUZARD's Mittheilung ein Geistlicher, indem er mit Gutheissen des Bischofs seiner Diöcese die Taufe auf den Unterleib der verstorbenen Schwangern vornahm.

3) Wie lange nach dem Absterben der Schwangern lässt sich noch mit Aussicht auf Erfolg der Kaiserschnitt vornehmen? —

Da der Einfluss der Operation als solcher auf das Kind — weil höchst ungewiss — nicht in Betracht gezogen werden darf, so fällt die aufgestellte Frage mit derjenigen zusammen: *Wie lange kann das Kind im Mutterleibe seine Mutter überleben?* — Auch hier begegnen wir wieder den widerstreitendsten Ansichten, dem Vorwurf der Ungenauigkeit, beschränkter Leichtgläubigkeit, selbst dem Spott über solche, welche dem Grundsatze huldigen, lieber eine zu breite Basis anzunehmen. Aber auch hier wieder bleibt die physiologische Beweiskraft weit hinter dem Absprechen über Möglichkeiten zurück, die nur durch Thatsachen, und wäre es auch nur eine einzige, Beglaubigung und Positivität erhalten. Und warum sollte man so rigoröse nach haarscharfen Beweisen der Zweifellosigkeit fragen, wo es sich nicht um die Feststellung eines rein wissenschaftlichen Grundsatzes handelt, sondern um die praktische Möglichkeit, oder auch nur um die Hoffnung der Erhaltung eines Individuums gegenüber einer Todten, die in Vergleich zu der leisesten Lebenshoffnung keine Berechtigung mehr besitzt, und gegenüber von Ansichten, von religiösen oder andern Auffassungen, die zuweilen wohl ihren sehr ehrenwerthen Grund haben können, aber neben der Bedeutung eines selbst sehr zweifelhaften Erfolges von höchster Wichtigkeit weder wissenschaftliche, noch juridische oder religiöse Berechtigung beanspruchen können. Ich gehöre zu denjenigen, welche trotz Gefahr des Verlachens in dieser Rücksicht lieber viel zu viel als nur das Geringste zu wenig thun wollen.

Wirft man einen Blick auf die wichtige physiologische Beweisführung, so wird man zugeben müssen, dass die Physiologie nicht im Stande ist, hier eine einiger-massen genaue Basis durch Bestimmung der Zeitfrist anzugeben, wie lange eine Frucht ohne Athmung leben könne, die gerichtliche Medicin aber giebt hier über-raschend merkwürdige Beobachtungen von Stundenlang andauerndem latenten Leben von Früchten. Abgesehen von den direkt lädirenden Eindrücken, welche von der Mutter auf die Frucht einwirken, hängt der Fortbestand des Fruchtlebens wohl vor allem von dem Grade der Möglichkeit eines solchen Fortlebens ohne Placen-tarathmung ab, und kaum nach der Behauptung DEPAULS, davon, dass in der zweiten Hälfte der Schwangerschaft der Fötalkreislauf intim von dem mütterlichen abhange; wie wäre es sonst möglich, dass nach Ablösung der Placenta das Neugeborne ohne Athmung Stunden lang mit oder selbst ohne erkennbaren Herzschlag existiren und sich noch erholen kann, wie Gerichtsärzte und Geburtshelfer annehmen. Es har-monirt Letzteres übrigens auch wenig mit einer andern Ansicht DEPAULS, dass der kindliche Kreislauf allerhöchstens 20 bis 30 Minuten länger als der mütterliche fortdauern könne, was offenbar ebenfalls im Widerspruch steht zur Behauptung unbedingter Subordination des erstern unter den letztern; oder wenn der nach Analogie gezogene Schluss seine unumstössliche Richtigkeit hätte, dass wenn ein in unverletzten Eihäuten geborener Fœtus blos 6 bis 8 Minuten leben könne, die Frucht im Mutterleibe ihre Mutter auch nicht länger überlebe.

Interessant und physiologisch folgewichtig wäre die Untersuchung, wie sich der Kreislauf in der Placenta fœtalis nach Aufhören desjenigen der Plac. materna verhält, und ob mit der Störung der Wechselbeziehungen zwischen ihnen ein ähnliches Verhältniss obwaltet, wie bei mechanischem Aufheben des Kreislaufes in der Nabelschnur, welches sofortige Respirationsbewegungen zur Folge hat. Doch auch diese Regel scheint nicht ohne Ausnahme zu sein, da PLANQUE und BEAUDELOCQUE Fälle erzählen, wo lebende Kinder geboren worden sein sollen, nachdem der Nabelstrang schon mehrere Tage zerrissen und der Nabel vernarbt war. — Die Erfahrungen am Geburtsbette scheinen übrigens keineswegs für ein jenem Gesetze analoges Verhältniss für die Placentarathmung zu sprechen.

Jedenfalls aber kann die Lehre über die intrauterine Lebensfähigkeit des Kindes ohne Placentarathmung, nicht als abgeschlossen betrachtet werden und de KER-GARADEC hat nicht unrecht, wenn er sagt, dass eine gegenwärtig angenommene physiologische Ansicht in Zeit von 10 bis 20 Jahren gerade die entgegengesetzte werden könnte, also Vorsicht in seinen Behauptungen immerhin zu wünschen sei. Auch lässt sich auf HOHL's Bemerkung: „Kein Mensch wird Heute noch glauben, dass sieben Stunden nach dem Tode der Mutter ein Kind noch leben kann", antworten: *glauben* lässt sich diess, aber nicht *wissen*, und *hoffen* geht zuweilen über das Glauben.

Gehen wir auf den Boden der praktischen Erfahrung über, um zu sehen, was diese uns lehrt, so dürfen wir füglich die Mittheilungen übergehen, wo sofort nach dem Absterben der Mutter mit Erfolg operirt wurde; ich erwähne daher nur einige nicht bestrittene Beobachtungen auffallender Art. Z. B. der von HOFF-MANN (Montschr. f. Gbtskd. XVIII. 3) mitgetheilte Fall, wo der Herzschlag der Frucht zwei Stunden lang nach dem Tode der Mutter stets gehört und dann noch ein scheintodtes Kind durch die Sect. cæs. extrahirt wurde, das sich aber nicht erholte. Der Fall von NEHR (ibid, IV. pg. 58), welcher sieben Stunden nach dem Tode ein freilich nur kurze Zeit lebendes Kind zu Tage förderte; ferner CAPURON's Mittheilung, nach welcher er (1816) 24 Stunden nach dem Tode der Mutter ein lebendes Kind zur Welt brachte, ähnlich der Fall von VAN SWIETEN. Im Dictionn. d. Sciences méd. (1816. XVIII, pg. 442) ist ein Fall erzählt, wo ein Kind 42 Stunden nach dem Tode der Mutter noch lebend gefunden wurde. In der Frankfurter O.-P.-A. Ztg. (1818. N. 52) wird eine Beobachtung mitgetheilt, wo 18 bis 20 Stunden nach dem Ableben einer, während 12 bis 15 Stunden im Kreissen gelegenen Frau das Kind noch gelebt hatte. (Montschr. Gbtskd. XI. 378: MEISSNER's interessanten Aufsatz über die Hülfswege für die Geburtshelfer bei verunstalteten Becken). DE KERGARADEC's schon angedeutete Erzählung spricht von einer, in Gegenwart eines zahlreichen Auditoriums am Tag nach dem Absterben einer Schwangeren vorgenommenen Autopsie, bei welcher ein noch Spuren von Leben bietendes Früchtchen aus dem Uterus entfernt wurde, wovon sich alle Anwesenden selbst überzeugten. Wozu noch mehr Citate, wenn diese paar Angeführten unbestritten dastehen, d. h. ihre Unrichtigkeit — so viel mir bekannt — nicht nachgewiesen ist. Nicht in Betracht fallen natürlich die wunderbaren Geschichten z. B. einer verbrannten Fürstin von Schwarzenberg, bei der noch 15 Stunden nach dem Tode ein lebendes Kind gefunden wurde; oder gar von jener Soldatenfrau, deren Leib bei der Belagerung von Bergen durch eine Kanonenkugel entzwei geschossen wurde, der schwangere Theil in's Wasser fiel, später von einem Soldaten mit der Hellebarde wieder herausgezogen, das Kind auf Befehl des Hauptmanns Cordua durch einen Feldscheerer lebend heraus geschnitten und von dessen Gattin unter dem Namen Albert Ambrosius erzogen worden sei!!

Man wähne aber nicht, dass die Gegner des späten Operirens sich durch solche Thatsachen, wie oben angeführt, in ihrer Anschauungsweise beirren lassen, ihr Ausweg ist leicht zu finden: Man hat an Scheintodten operirt oder an kurz vor der Operation vom Scheintod in den wahren Tod Uebergegangenen. Während des Scheintodes aber war das Leben des Kindes nicht so sehr compromittirt. Diese geringere Gefährdung der Frucht zugestanden, ist es wohl kaum nöthig über letztere Erklärungsweise der gelungenen Operationen einzutreten, da sie eben schlagend zu Gunsten derjenigen spricht, die sich an keine oder jedenfalls an keine zu beschränkte Zeit des Operirens binden wollen. Von sehr ernster Bedeutung stellt sich aber die Frage: Haben jene Aerzte vielleicht doch an Scheintodten, also an Lebenden operirt, die unter der Operation erlagen? — Ich gestehe, dass eine solche Annahme nach dem gegenwärtigen Stande unserer theoretischen Auffassungen nahe liegen kann, lassen sich doch zu ihrer Begründung die verschiedenen Beobachtungen von Scheintod der Schwangeren anführen, wie z. B. der Fall von Doutrepont, welcher eben auf dem Wege war, die Instrumente zur Kaiserschnittoperation herbei zu holen, als man ihm die überraschende Kunde brachte, die vermeintlich Verstorbene sei wieder auferstanden, und die denn auch am normalen Schwangerschaftsende einen gesunden Knaben gebar! — Solche Thatsachen sind allerdings eine · ernste Mahnung, aber *Beweise* sind sie dennoch nicht, dass jene Spätoperirten nicht Verstorbene, sondern Scheintodte waren. — Sie lehren nur, was übrigens schon Jeder weiss, dass auch unsere ärztliche Kunst, wie alles Menschenwerk unvollkommen, nicht aber lehren sie, dass — weil irren menschlich ist — man nach Anwendung der uns gebotenen Criterien deren richtige Schlussfolge unberücksichtigt lassen müsse, und die mögliche Rettung eines Menschenlebens aufgeben, — also Hoffnung gegen Furcht tauschen solle! — Keineswegs! — Wir sollen nicht vergessen, sagt Dechambre mit Recht, dass wie es eine ärztliche Klugheit giebt, so auch einen ärztlichen Muth! Auch dürfen wir uns nach getreuer und gewissenhafter Anwendung unserer wissenschaftlichen Lehren mit DEVERGIE's oben angeführtem Grundsatz ärztlicher Nichtverantwortlichkeit trösten, denn handelt der Arzt nach Pflicht und Gewissen, so wie nach den Regeln der Wissenschaft und Kunst, so ist letztere einzig für geschehene Missgriffe verantwortlich. — Wenden wir indessen für einen Augenblick das Blatt um und sehen, was selbst die scrupulösesten Vertreter des unbedingten Nichtoperirens bei irgend welchem Verdacht des Scheintodes auf die Reversseite ihrer Denkmünze schreiben : Sowohl Operation als Verband sollen unter allen Umständen mit der gleichen Pünktlichkeit ausgeführt werden, wie bei Lebenden. — Warum das? — Wegen Gefahr des Scheintodes ! — Also in einem Athemzuge : man darf nie Gefahr laufen und läuft doch stets Gefahr !

Warum treten die wenigsten Handbücher über Geburtshülfe nicht auf die Frage ein, wie lange nach dem Tode der Mutter der Kaiserschnitt noch statthaft sei, sondern begnügen sich mit der allgemeinen Angabe, die sich a priori versteht, so schnell wie möglich zu operiren, und überlassen meist dem Leser die Interpretation dieses Gesetzes ziemlich vollständig? Und warum wagte die Pariser Akademie der Wissenschaften nur den einen der drei von ihrer zur Prüfung des Gegenstandes aufgestellten Commission gebrachten Schlusssätze anzunehmen, dahin lautend: „Der Arzt, welcher die Hoffnung hat, ein in den Bedingungen der Lebensfähigkeit (condition d'apitude à la vie) befindliches Kind zu extrahiren, kann und soll sogar, medizinisch gesprochen, den Kaiserschnitt ausführen, indem er die Vorschriften der Wissenschaft beobachtet" (Sitzung vom 7. Mai 1861)? Es geschah in dem Bewusstsein der Unsicherheit und des Gewagten einer zu engen Beschränkung und um den Arzt auch vom späten Operiren nicht abzuhalten; dem Arzte — wie der Rapporteur selbst erklärte — seine selbstständige Bestimmung zu gewähren, ihn nicht durch gewagte Entscheidungen in die Falle gefährlicher Verantwortlichkeit zu locken.

Die Aerzte, welche sich mehr oder weniger bestimmt über die Zeit der Zulässigkeit der Sectio cæsarea post mortem aussprechen, theilen sich 1) in solche, welche nur unmittelbar nach dem Absterben der Mutter die Operation zulassen, oder wie DEPAUL eine Zögerung von einer Stunde als äusserste Grenze erlauben; 2) in solche, welche einige Stunden wenigstens noch als nicht zu spät ansehen, wie z. B. LAFARGE, SPÆTH (Letzterer sagt: innerhalb der drei ersten Stunden);

und 3) solche, welche 24 Stunden, ja selbst 36 Stunden nach dem Tode noch operiren wollen, wie BONNET; abgesehen von Denjenigen, welche erst dann die Operation als contraindicirt ansehen, wenn die Leiche bereits in Verwesung übergegangen ist, und sollte diess erst am 3. oder 4. Tage der Fall sein. — Ich bekenne mich nach den obigen Auseinandersetzungen zu dem Grundsatze keiner Beschränkung; somit der Einsicht und der Ueberzeugung des gebildeten Arztes das Urtheil zu überlassen, in wie weit ihn die ärztliche Pflicht zur Vornahme der Operation auffordert, wobei er aber den Grundsatz festhalten dürfte, bei dem Mangel sicherer Anhaltspunkte lieber ein Zuviel als ein Zuwenig zu thun, weil namentlich hier Unterlassen stets weniger klug als Handeln ist. — Bei der Erörterung der folgenden Frage werden übrigens noch einige dieser Anhaltspunkte zur Sprache kommen.

4) Wie verhält sich die Prognose der Operation? — ziemlich traurig, doch keineswegs verzweifelt! Die statistischen Angaben zunächst sind, wie bei dem Kaiserschnitt am Lebenden, sehr widersprechend, gestatten aber dennoch einen Blick in die prognostischen Verhältnisse, welcher nichts weniger als entmuthigend ist. So zählt CANGIAMILA in seinem „Abrégé de l'embryologie sacrée, Paris 1762", einer übrigens allgemein als ungenau bezeichneten Schrift, auf 93 Operationen 90 Erfolge, wozu DEPAUL treffend bemerkt: „C'est trop merveilleux pour y croire!" RIEKE sagt in seinen Beiträgen zur geburtshülflichen Statistik Würtembergs, (1827), die Operation sei in 4 Jahren 32 Mal gemacht worden, 7 Kinder (22 Procent) seien lebend geboren, von diesen aber nur 1 (3 Procent) erhalten worden, somit 78 Procent todtgeboren (v. Siebold's Handbuch, pag. 309). LANGE (Caspr. Wchschr. 1847, No. 23 – 26) macht nach REINHARD'S (1829),· HEYMANN'S (die Entbindung lebloser Schwangern etc. 1832) und den von ihm gesammelten Fällen folgende allgemeine Zusammenstellung nach Procenten berechnet:

	Todt gefunden.	Sogleich gestorben.	Nach einigen Stunden gestorben.	Am Leben geblieben.
bis zu Anfang des 18. Jahrhunderts:	15,5.	12,5.	9,5.	62,5.
während „ --- „	73,07.	7,7.	7,7.	11,5.
„ „ 19. „	80.	12.	5.	2,7.
von LANGE gesammelt:	88.	7,8.	2,1.	2,1.

22

und fügt dann bei, da wohl alle glücklichen, nicht aber alle unglücklichen Fälle bekannt gemacht worden seien, so dürfe man, wenn nicht auf 100 : 2 oder 3, doch auf 1000 wenigstens 1 glücklichen Fall annehmen. DEVILLIER's 1838 veröffentlichte Statistik zählte auf 49 zusammengetragene Beobachtungen 7 (13,7 Proc.) todt extrahirte, 7 (13,7 Proc.) am Leben erhaltene und 39 (72,6 Proc.) Kinder, die nur während 5, 15, 30 bis 34 Stunden am Leben blieben (mit 2 Zwillingskindern 51). Und die Gaz. hebdomad. (No. 47. 1860) endlich stellt 22 Beobachtungen zusammen, unter denen 9 Kinder (40,9 Proc.) todtgeboren, 6 (27,3 Proc.) am Leben erhalten wurden und 7 (31,8 Proc.) höchsens während 5 Stunden lebten. — Lassen wir nun die Zusammenstellung von CANGIAMILA und die auf die Zeit vor dem 18. Jahrhundert sich beziehenden, von HEYMANN zusammengestellten Beobachtungen als zu unglaubwürdig ausser Berücksichtigung, und zählen die nach LANGE sofort verstorbenen zu den Todtgebornen, so zeigen die übrigen Angaben immer noch folgende auffallende Differenzen, welche jedoch mit LANGE's aproximativer Annahme von 1 bis 2 auf 1000 nicht sehr harmoniren:

Riecke:	78 Proc. todtgeb. und 22 Proc. leb. geb. Kind. (circa 3 Proc. erhalten).									
Lange:	89 „	„	„ 11	„	„	„	„	„ 6	„	„
Devill.:	14 „	„	„ 86	„	„	„	„	„ 14	„	„
Gaz. hebd.:	44 „	„	„ 59	„	„	„	„	„ 27	„	„
v. Allen im Mittl.	55,5 „	„	„ 44,5	„	„	„	„	„ 12,5	„	„

Man sieht also aus diesen Zahlen, dass nahezu die Hälfte der durch den Kaiserschnitt post mortem gebornen Kinder lebend extrahirt wurden; ein so günstiges Resultat, dass man sich nicht genug wundern kann, wie ziemlich allgemein die Prognose als eine sozusagen absolut ungünstige dargestellt, und desswegen auch die Operation so über die Schultern angesehen wird. Man kann zwar mit Recht entgegnen, dass dennoch nur wenige Kinder erhalten werden! Nicht ⅓ Theil der lebend extrahirten und etwa ⅛ Theil Aller ist allerdings ein auffallendes, aber doch ein Resultat, das als höchst befriedigend anzusehen ist und zur Vornahme der Operation um so mehr ermuthigen muss, als man wohl in den seltensten Fällen, oder vielleicht niemals, im Voraus zu bestimmen vermag, welche von den circa 44,5 Proc. lebend zur Welt gebrachten Kindern noch erliegen werden; so dass also prognostisch diese 44,5 Procent gewichtiger auf die Waagschale drücken müssen, als jene freilich inhaltsschweren 12,5 Proc. Stellt doch MEISSNER

(a. a. o.) 9 selbst aus der Literatur dieses Jahrhunderts aufgefundene glückliche Operationen zusammen. — Ja aber, wird es heissen, diese Statistik ist unrichtig, ihre Schlussfolgernng also de facto falsch, denn gewiss werden mehr glückliche als unglückliche Beobachtungen öffentlich bekannt gemacht! Zugegeben, aber doch nur in einem beschränktern Masse, als man anzunehmen geneigt ist, daher sich wohl obige Verhältnisszahlen kaum sehr wesentlich modifiziren, und also das prognostische Verhältniss immer noch ein beziehungsweise günstiges für die Operation genannt werden darf. Soll man übrigens diesen wichtigen Anhaltspunkt gegen eine unbestimmte Idee fallen lassen, etwas Reelles gegen eine Voraussetzung? Mir scheint, dass bis etwas Werthvolleres geboten wird, man das Wenige, was man besitzt, nicht geringschätzend wegwerfen soll.

In concreto richtet sich die Prognose einerseits nach der Diagnose des Zustandes der Frucht und andererseits nach der Todesursache der Mutter. In beiden Fällen lässt der gegenwärtige Stand unserer Einsichten und Erfahrungen nur ein ungewisses Urtheil auf mehr oder weniger grosse Wahrscheinlichkeit zu.

Zur direkten Beurtheilung des Zustandes der Frucht besitzen wir vor Allem das Mittel der Auscultation und dasjenige der geburtshülflichen Exploration. Wie unsicher das letztere, ist allgemein bekannt, dagegen wird von verschiedenen Seiten dem Erkennen des Fötalherzschlages eine unbedingte Sicherheit zur Diagnose insofern zugeschrieben, als das Fehlen desselben unzweifelhaft auf Abgestorbensein des Kindes schliessen lasse, wie z. B. Depaul nach dem Vorgang Bouchut's behauptet. Der erfahrene Geburtshelfer wird mit Mattei*) diesen Orakelspruch kaum als sichere Richtschnur anerkennen, denn er wird sich wohl nicht seltener Fälle erinnern, wo noch gegen das Ende der Schwangerschaft und selbst unter der Geburt ihm nicht möglich war, mit Zuverlässigkeit einen Fötalpuls wahrzunehmen, während doch der Erfolg das Leben des Kindes, vielleicht selbst eines kräftigen Kindes nachwies. Plauviez Experimente an Thieren lieferten übrigens die interessante Thatsache, dass Individuen, bei denen weder eine Spur des Herzschlages auscultatorisch mehr entdeckt werden konnte, noch tiefe Einschnitte mehr einen

---

*) Ein sehr treffender Aufsatz in der Gaz des hôp. N. 54. 1861. Mntschrft. f. Gbtskd. 1861. Bd. XVIII. Heft 5.

Blutstropfen lieferten, durch Insufflation wieder belebt wurden. PLAUVIEZ legt auch Gewicht darauf, dass er mittelst der Acupuncturnadel, auf das Herz einge-stochen, bei Thieren noch Herzbewegungen sicher erkennen konnte, wo die Auscultation vollkommen erfolglos geblieben, und will dieses Verfahren auch beim Scheintod des Menschen als zweckmässig und ungefährlich in Anwendung gebracht wissen. Wir kennen übrigens verschiedene Momente, welche das Hören des Fötalherzschlages erschweren, ja ihn bis zur Unerkenntlichkeit bringen können, und es ist nicht einzusehen, warum an den todten Schwangern wesentlich an-dere Verhältnisse in dieser Beziehung obwalten sollten.

Etwas anders verhält es sich in den Fällen, wo der Arzt während des Lebens der Schwangern den Herzschlag des Kindes deutlich erkennen konnte und ihn gleichsam unter seinem Ohre allmälig verschwinden hört, wie die Mutter ihrem Hinschiede näher kömmt, oder denselben bereits überstanden hat. Dann freilich ist Prognosis pessima und es frägt sich, ist dennoch Wiederbelebung des vielleicht noch scheintodten Kindes nach sofortiger Operation möglich? Diese ist allerdings höchst unwahrscheinlich, aber absolute Gewissheit existirt auch hier nicht; denn wenn der Herzschlag sich auch nur noch in den leisesten Undulationen bewegt, welche der geburtshülflichen Auscultation entgehen müssen, so ist Wiederbelebung der Frucht keineswegs ausgeschlossen; wofür auch PLAUVIEZ' Beobachtungen sprechen. Uebrigens lehrt ja die Erfahrung, dass auch Neugeborene, bei denen kein Herz-schlag entdeckt werden konnte, wieder belebt wurden. — Somit kann auch hier noch die Operation wenigstens als gerechtfertigt und selbst als angezeigt ange-sehen werden. Wo aber der Arzt zu einer unerwartet Verstorbenen berufen wird, da kann das Nichterkennen des Herzschlages selbst für den Geübtesten nimmermehr eine Contraindication zur Operation abgeben, und das Unterlassen ist, wie MATTEI sagt, gefährlicher als das Ausführen.

Werfen wir nun noch einen Blick auf die prognostischen Verhältnisse der Operation rücksichtlich der Todesursachen der Mutter, so können wir sie in folgende Categorien fassen, da eine Besprechung im Einzelnen zwar interes-sant genug wäre, hier jedoch zu weit führen würde. —

1) Schwangere, welche an chronischen Consumptionskrankheiten, wie nament-lich an Phthise und hektischem Fieber sterben, seltener an Hydrops oder andern die Säftemasse erschöpfenden Leiden. Merkwürdig und noch unerklärt ist bei diesen Consumptionskrankheiten die Erfahrung, dass die Früchte oft wenig oder

gar nicht mitzuleiden scheinen, sondern eine verhältnissmässig gute Entwicklung erhalten. Die Kranken sind übrigens unter solchen Umständen der permanenten Beobachtung des Arztes unterworfen, Scheintod ist bei diesen Leiden nicht zu befürchten, der Arzt kann mit Vorbedacht und daher auch mit einiger Sicherheit einschreiten und namentlich sozusagen mit dem letzten Athemzuge der Mutter den Uterus eröffnen. — Leben des Kindes und Scheintod der Mutter kommen also in solchen Fällen selten in Frage, und das ärztliche Handeln ist meist deutlich genug vorgezeichnet. Schwieriger indessen wird die Frage, wo erst nach lange dauerndem Todeskampfe das Leben der Mutter erlischt, nicht weil hier der eingetretene Tod noch bezweifelt werden kann, sondern weil unbestritten die Frucht unter diesem Todeskampfe leidet, gefährdet ist, die Auscultation den Fötalpuls oft verloren hat, und der Zweck der Operation also verloren sein kann! Die Möglichkeit der Lebensrettung ist aber — wie oben nachgewiesen — noch vorhanden, die Mutter ist gewiss todt, die Operation kann nach ihrem letzten Athemzuge sofort geschehen. Warum also nicht operiren?

2. Die Schwangere erliegt einer akuten oder Entzündungskrankheit. Unter solchen Umständen entscheiden Dauer und Intensität des Leidens, sowie die Wichtigkeit des ergriffenen Organes über den Einfluss der Krankheit auf die Frucht. Aber auch hier ist diese mit der Mutter der Beobachtung des Arztes unterstellt, auch hier ist kein Scheintod der letzteren zu befürchten, also auch hier, wie oben, die Indication zur Operation meist sicher zu stellen.

3. Blutungen und schwere nervöse Erkrankungen oder Erschütterungen des Centralnervensystems, Asphyxie, Syncopœ etc. dürfen hier in sofern zusammen gestellt werden, als sie zu denjenigen Zuständen gehören, welche vorzugsweise zum Scheintode führen können. Metrorrhagien in graviditate et partu schliessen wir indessen aus, da sie kaum je eine Indication für den Kaiserschnitt post mortem abgeben werden. Anderweitige Blutungen, mit Uebergang in Ohnmacht und Scheintod, sowie jene heftigen Nervenleiden, Asphyxien u. s. w., welche eine mehr oder weniger lang fortdauernde Unterbrechung der Erscheinungen jedes organischen Lebens mit sich bringen können, kennzeichnen sich im Allgemeinen so, dass ein möglicher Scheintod als zu wahrscheinlich in die Augen springt, um bei Sachverständigen den Gedanken an einen Kaiserschnitt aufkommen zu lassen. — Hier allerdings ist der Uebergang vom scheinbaren in den wirklichen Tod,

selbst wohl durch die Acupunkturnadel nicht zu bestimmen, bis der Kaiserschnitt zu spät kommt, und hierher mögen jene oben angeführten Fälle vielleicht ausschliesslich gehören, wo die Operirte oder zu Operirende zum Schrecken des Arztes ihre Augen wieder öffnete. Es sind aber auch diese Fälle nicht die von LANGE und ARNETH gemeinten, wo man vor dem sicher erfolgten Tode operiren solle. Kein gebildeter Arzt wird hier über sein Handeln unentschlossen sein selbst auf die Gefahr hin, eine noch lebende Leibesfrucht zu opfern.

4. Plötzliches Absterben einer Schwangern mit keinem oder nur kurzem Todeskampfe in Folge organischer Leiden kann nur da Zweifel über Tod oder Scheintod hinterlassen, wo die Ursache des Zufalles unbekannt oder ungewiss ist, in welchem Falle allein die Frage des Operirens mit nein beantwortet werden muss, bis der letzte Zweifel, wenn auch zu spät, schwindet. In der Mehrzahl der Fälle wird aber die Entscheidung kaum zu schwer halten.

5. Gewaltsame Todesarten lassen meist nach der Art der Gewaltthätigkeit und nach der Bedeutung der erkennbaren Läsionen den Zweifel über Scheintod bald verschwinden, sind aber auch diejenigen, welche die günstigste Prognose für die Operation bieten, wie überhaupt jeder schnelle Tod nach vorausgegangenem relativem Wohlsein.

Auch zugegeben nun, dass Schwangere und Gebärende mehr als Andere der Gefahr des Scheintodes ausgesetzt sind, so sehen wir doch aus obiger übersichtlichen Betrachtung, dass die Verhältnisse, unter welchen dieser Zufall aufzutreten pflegt, im Vergleich zu den übrigen Todesursachen, zu den seltenern gehören, somit die Sectio cæsarea post mortem bei der Mehrzahl der schwangeren Verstorbenen ernstlichst in Frage kommen muss und öfterer seine Anzeige finden dürfte, als gemeinhin angenommen wird. Es muss übrigens auffallen, dass das Resultat dieser Betrachtungen über den Einfluss der Todesarten auf die Frucht, von dem Resultate der statistischen Zusammenstellung nicht allzuweit absteht.

5) In wie weit ist der Arzt zur Vornahme des Kaiserschnittes nach dem Tode verpflichtet? Bekanntlich gieng das — wie man annimmt — von NUMA POMPILIUS herrührende Gesetz: Keine schwangere Verstorbene zu beerdigen, bevor die Leibesfrucht ihr ausgeschnitten worden sei, auch auf das christliche Zeitalter über und spielte namentlich im Mittelalter eine wichtige Rolle.

Heisst es ja doch, dass der Abt BURCARD von St. Gallen, genannt INGENITUS (959), der Bischof GEDHARD von Constanz (980), ROBERT II. von Schottland, ANDREAS DORIA und andere geschichtliche Personen dieser Operation ihr Leben zu verdanken hatten. FRANÇOIS CIVIL, der unerschrockene Hugenotte, und der Cardinal ALEX. FARNESE sollen sogar aus den Leichen ihrer bereits begraben gewesenen Mütter ausgeschnitten worden sein! —

Es wäre interessant genug, zu verfolgen und kritisch zu beleuchten, wie jene Bestimmung der lex regia in die christlichen Gesetzgebungen übergegangen und wie selbst bis auf die neueste Zeit Nachklänge derselben in Form von Verordnungen und polizeilichen Bestimmungen wiedergefunden werden, natürlich modificirt nach dem jeweiligen Stande der Wissenschaft und Civilisation. Und wenn auch viele gegenwärtig bestehenden Gesetzgebungen aus eben angedeutetem Grunde naturgemässer Weise daherige Bestimmungen fallen gelassen haben, so beweist die Geschichte dieser Operation auch in rechtlicher Beziehung doch die grosse Wichtigkeit der Frage an und für sich, sowie die Wichtigkeit der Aufgabe und die Grösse der Verantwortlichkeit für Diejenigen, denen der Staat das verhängnissvolle Vorrecht anvertraut, selbstständig über einen Gegenstand zu entscheiden, welchen die Regierungsgewalt der civilisirtesten Völker während mehr als 2000 Jahren unter ihre spezielle Obhut genommen hatte und zum Theil noch behalten hat.

Der Standpunkt, nach welchem die Gesetzgebung dem Arzte die selbstständige Bestimmung über das Ob und Wie einer Entbindung schwanger Verstorbener überlässt, und ihn nicht durch Reglemente und Gesetze bemaassregelt, ist wohl ohne Zweifel der unsern gegenwärtigen Kenntnissen und Begriffen angemessenste; und es würde sicherlich ein Missgriff und ein grosser Rückschritt gewesen sein, wenn die Akademie zu Paris sich hätte verleiten lassen, dem gewiss gut gemeinten und in vielen Rücksichten sehr begreiflichen, zu Anfange des Jahres 1861 ihr vorgebrachten Vorschlage HATIN's Folge zu geben, den er übrigens nicht einzig vertheidigte, und welcher dahin gieng, die Akademie möchte von der competenten Staatsbehörde eine bestimmte Verordnung auswirken, welche einerseits den Arzt zur Vollziehung des Kaiserschnittes nach dem Tode auffordern und andererseits ihn vor gerichtlichen und theologischen Angriffen, sowie vor den Schwierigkeiten beschränkter Auffassungen und Urtheile der Laien schützen würde. HATIN's Idee gieng ohne Zweifel aus dem Bewusstsein der so schwierigen

Stellung hervor, in welcher sich der Arzt oft, sowohl gegenüber der wissenschaftlichen Welt, als ganz besonders auch gegenüber dem Publikum befindet, wo es sich um die Vornahme der Sectio cæsarea post mortem handelt. In dieser Beziehung erzählt PERIER in der Union méd. (1861 Nr. 60) eine charakteristische Begebenheit. Derselbe wurde nämlich von einem katholischen Pfarrer genöthigt, in Rede stehende Operation vorzunehmen, obschon P. erklärt hatte, dieselbe sei unnütz. Während der Operation aber versammelten sich die Dorfbewohner mit so drohenden Aeusserungen vor dem Hause, dass die Aerzte für gut fanden, sich zum Fenster hinaus quer feldein nach Hause zu flüchten. Es entstand nun das Gerücht, die Schwangere sei eines gewaltsamen Todes gestorben, und wirklich bestätigte die folgenden Tages von denselben Aerzten vorgenommene Autopsie diesen Thatbestand. Der Bezirksrichter beschuldigte aber nun die Aerzte, dass sie ihm durch ihr operatives Eingreifen seine Untersuchungsakten verpfuscht hätten; diese beriefen sich jedoch auf die bestimmte Forderung des Geistlichen, und dieser wieder auf seine unantastbare amtliche Stellung als Seelenhirt, worauf dann der ganze Process liegen blieb.

Dem Arzte allein kann und muss die Entscheidung überlassen bleiben, ob der Kaiserschnitt nach dem Tode vorzunehmen sei oder nicht, auch haben es die meisten Gesetzgeber vollständig begriffen, dass keine Verordnung hier aufzustellen möglich, welche einen andern Sinn haben könnte als denjenigen, den Sachverständigen einfach an seine Berufspflicht zu erinnern, welche aber vor allem darin besteht, Leben zu erhalten, also auch zu retten so weit und so ungetrübt, als Wissenschaft und Kunst es ihm gestatten. Das Fötalleben ist aber ein eben so berechtigtes Leben wie jedes andere, und fällt wie dieses in den Bereich des ärztlichen Wirkens. Nicht ein Dekret, sondern nur ärztliches Wissen und ärztliche Erfahrung können in concreto entscheiden, ob eine Schwangere todt oder scheintodt, ob die Frucht lebt und lebensfähig ist, wie weit eine Operation Hoffnung auf Erfolg bietet, ob die Entbindung durch den Kaiserschnitt oder auf eine andere Weise zu geschehen hat u. s. w. Der Arzt kann also nicht direkt durch eine gesetzliche Verordnung zur Vornahme der Sectio cæsarea post mortem verpflichtet werden, ist es wohl aber indirect, indem ihm der Staat die Ausübung seines Berufes unter der Bedingung gewissenhafter Pflichterfüllung anvertraut hat. Sein Beruf ist aber, so weit Wissenschaft und Kunst es gestatten, die Integrität des Individuums, also selbst eines Embryo, sowohl in

physischer als psychischer Beziehung in möglichster Vollkommenheit zu erhalten•
Wenn somit in Rede stehendes Verfahren a priori schon eine strenge *Berufspflicht* und zwar eine der ernstesten und bedeutungsvollsten des Arztes ist, wozu
denn noch gesetzliche Verordnungen! oder giebt es wohl solche, welche dem
pflichttreuen Arzte höher gelten, als ein ruhiges Gewissen?

In Rücksicht nun auf die Sectio cæsarea post mortem möchte ich somit den
Grundsatz feststellen, dieselbe überall da vorzunehmen, *wo ihre Unterlassung
nicht streng wissenschaftlich gerechtfertigt ist*, die Indicationen zur Operation
also, statt wie üblich positiv, in negativem Sinne etwa folgendermassen formu-
liren; die Sectio cæsarea post mortem ist zu unterlassen:

1) wo eine andere Entbindungsart dieselbe Sicherheit für die Erhaltung der
Frucht gestattet,

2) wo der Tod der Frucht mit Bestimmtheit constatirt ist,

3) wo die Schwangerschaft noch nicht über den vierten Monat hinaus gedauert hat,

4) wo bei Sachverständigen Zweifel über den wirklichen Tod der Schwangern obwaltet.

Unter solchen Bedingungen wird also jedenfalls nicht operirt. Dem Geburtshelfer bleibt über diese hinaus noch eine gewisse Breite selbstständiger, freier
Bestimmung, welche von seiner individuellen Auffassung abhängt, und seiner persönlichen Verantwortung überlassen bleibt, bei der Unentschiedenheit der hier
obschwebenden Fragen aber nöthig ist. Wagt er keinen selbstständigen, über
diese allgemeinen Grundsätze hinaus tragenden Entscheid, so wird er nach diesen
handeln und jedes weiteren Vorwurfes ledig bleiben.

Aber, werden Viele mit DEVERGIE, TARDIEU und Andern einwenden, es bedarf doch jedenfalls der Einwilligung der Anverwandten der Verstorbenen zur
Operation! — Warum? — Doch nicht etwa, um den Arzt vor Verantwortung
sicher zu stellen? Oder kann wohl eine erfolgte Einwilligung den Arzt rechtfertigen, wenn er an einer Scheintodten oder an einer nicht Schwangeren operirt
hat, oder wenn das Kind faultodt zur Welt kommt, oder überhaupt wenn die Operation erfolglos geblieben ist? Oder kann im umgekehrten Falle der Arzt in einer
Verweigerung wirkliche Beruhigung finden, wenn er glaubt, in Folge derselben
ein Kind geopfert zu haben? Ist er wirklich durch diese Weigerung in wissenschaftlicher und sittlicher Beziehung, ja selbst vor dem menschlichen und gött-

23

lichen Richter für die Unterlassung der Operation gerechtfertigt? Gewiss nicht! — Weder der Arzt, welcher rein nach dem Standpunkte seiner wissenschaftlichen Auffassung handeln soll, sein Urtheil also einem unpartheiischen Richter unterstellt, noch die Anverwandten, welche sich durch Sympathien, Vorurtheile oder Eingebungen bestimmen lassen, sind zu einem Lebensabspruche berechtigt, und wäre dieses Leben auch noch so zweifelhaft und scheinbar werthlos. Und nie kann ein sich selbst und seines wichtigen Berufes bewusster Arzt sein Urtheil von demjenigen eines Laien abhängig machen, oder ihm unterordnen, ohne sich selbst aufzugeben oder seine Wissenschaft zu verläugnen.

———

Obige Bemerkungen über den Kaiserschnitt an Todten waren schon seit geraumer Zeit niedergeschrieben, als ich über diesen Gegenstand den interessanten Aufsatz von Hrn. Medicinalrath Dr. Schwarz (in der Monatschr. f. Gebtskd. 1862. Bd. XVIII. Supplement-Heft pg. 121) zu lesen fand, welcher Schriftsteller, obschon von einem dem meinigen ganz entgegengesetzten Standpunkte ausgehend, doch in dem einen Hauptpunkte mit der oben ausgesprochenen Ansicht vollkommen übereinstimmt, dahin gehend, dass Gesetze und polizeiliche Verordnungen über den Kaiserschnitt an Todten nicht mehr in unsere Zeit gehören und dem heutigen Standpunkt unserer medicinischen Wissenschaft nicht mehr angemessen, ja selbst dann vollkommen überflüssig sind, wenn man wähnen sollte, mit solchen gesetzlichen Bestimmungen vielleicht diesem oder jenem unserer Collegen bezüglich Wissen und Gewissen unter die Arme greifen zu können. Denn abgesehen davon, dass man gegen solche unehrenhafte Zumuthung im Namen der Corporation feierlich Protest einlegen müsste, ist es einleuchtend, dass derartige Verordnungen in den Händen ungebildeter oder nicht gewissenhafter Aerzte blos Gefahr brächten, statt ihrem innersten Zwecke humaner und religiöser Vorsorge vollkommenes Genüge zu leisten.

Während nun hier der Grundsatz vertreten wird, dass wo immer Wissen und Gewissen es gestatten, der Arzt die Pflicht zum Operiren auf sich habe, so im Gegentheil ist Dr. Schwarz der Ansicht, dass diese Operation eine „unnöthige und nutzlose", ja gefährliche sei und ist geneigt, mit Landsberg (Henke's Ztschrft. Bd. 52) zu behaupten, dass alle Angaben gelungener Kaiserschnitte an

Todten unglaubwürdig seien. Er lässt sich in seinem Eifer selbst zu dem Ausspruche verleiten: „Es werden für die Ansicht (nämlich des möglichen Fortlebens
der Frucht im Uterus einer todten Mutter) eine Summe von Schriftstellern aller
Zeiten und Völker, die Gesetzgebnng selbst angeführt, als ob dadurch, dass man
an Hexen und Gespenster glaubt, auch die Thatsache gerechtfertigt würde, dass
es desshalb Gespenster und Hexen gäbe." — Höchst schmeichelhaft für jene
Schriftsteller aller Zeiten und Völker! — Die im Juli-Hefte 1862 der Monatschr.
f. Grbtskunde gegebene interessante Mittheilung von Prof. BRESLAU — um nur des
zunächst Gelegenen zu erwähnen — beweist übrigens, wie letzterer richtig bemerkt, die Unrichtigkeit dieser Bemerkung in ihrer Allgemeinheit. Auch wird
wohl Jedermann mit dem Ausspruche BRESLAU's einverstanden sein, wenn er
Hrn. Dr. SCHWARZ erwiedert: „Mag auch in hundert und hundert von Fällen die
Rettung des kindlichen Lebens nicht gelingen, und ereignet es sich auch nur
jedes Jahrzehnt ein Mal, dass ein Kind lebend aus dem Leibe der todten Mutter
geschnitten wird, so ist ein solcher vereinzelt dastehender glücklicher Fall doch
beweiskräftig genug, um immer und immer wieder darauf hinzusteuern, dass
eine Leiche nicht zum Grabe für ein lebendes und zum Leben berechtigtes Individuum werde."

Seien wir aber in unserem Urtheile über Herrn Dr. SCHWARZ etwas nach-
sichtiger, als er es gegen jene Schriftsteller ist, und bedenken, dass sein Eifer
aus einem höchst achtbaren Gefühle und aus berücksichtigungswerthen Motiven
entspringt; er übrigens selbst erklärt, dass der Hauptzweck, warum er den Gegenstand wieder zur Besprechung bringt, der sei, zu schärferen statistischen
Untersuchungen aufzufordern, um die Gesetzgeber von der Nutzlosigkeit daheriger
Verordnungen überzeugen zu können. Auffallend aber ist hiebei, dass Herr Dr.
SCHWARZ von der erst noch zu Anfang des Jahres 1861 stattgehabten interessanten
Diskussion der Pariser-Akademie, welche sich gerade um diesen Punkt drehte, keine
Notiz nimmt. — Seit Jahren vermöge amtlicher Stellung in den Fall gesetzt, wiederholt
die Sect. cæs. p. m. selbst zu verrichten und die Beobachtungen seiner Collegen
controlliren zu können, sah Herr Dr. S. noch keinen einzigen günstigen Erfolg!
Daneben die Schwierigkeiten gehalten, welche bei Ausführung der Operation so
oft vorhanden, das Zartgefühl so oft beleidigen müssen, und dazu noch die durch
das Gesetz bedingte Verantwortlichkeit! Alles dieses sind Verhältnisse, welche
es leicht erklären lassen, warum der Muth zu dieser Operation entsinkt, und

Zweifel in die Richtigkeit der literarischen Angaben aufwachen. Diese Zweifel mussten bei Herrn S. um so mächtiger werden, wenn er die in Kurhessen seit 13 Jahren gewonnenen amtlichen Resultate — wie natürlich — mit in Anschlag brachte. Dieselben lauten nämlich dahin, dass unter 336,941 Geburten 107 Ml. der Kaiserschnitt an Todten vorgenommen wurde (unter circa 25,920 Geburtsfällen jährlich 8 $^3/_{13}$) und unter diesen 107 Fällen kein einziger ein glückliches Resultat lieferte. Wenn nun allerdings in dieser Erfahrung, obschon sie noch allerlei Wenn und Aber gestattet, eine Erklärung für die Abneigung gegen die Operation liegt, so berechtiget dieselbe doch gewiss noch nicht dazu, das Kind mit dem Bade auszuschütten und in das Extrem des Negirens aller glücklicher Beobachtungen, selbst solcher von geachteten Männern zu verfallen. Auch ist wohl nicht zu verkennen, dass Hr. Dr. S. mit dieser Brille des Misstrauens einen kritischen Blick auf die Geschichte dieser Operation wirft, und dass seine wissenschaftliche Beweisführung hinter der Stärke seiner Ueberzeugung weit zurückbleibt. — Durchgehen wir in Kürze diese Beweisführung.

Nachdem Hr. S. gesagt hat, das Glauben an Hexen und Gespenster beweise nicht, dass solche wirklich existiren, verfällt er sofort selbst ein Bischen in die Gespensterfurcht derjenigen, welche überall, wo nach dem Absterben einer Mutter noch Leben oder selbst Ausstossung von Früchten beobachtet wurde, Scheintod voraussetzen. — Eine bequeme Hypothese, aber kein Beweis! Als ein Hauptgrund übrigens, warum nach dem Absterben der Schwangern ihre Leibesfrucht nicht fortleben könne, hält er die Behauptung fest, dass dieselbe kein selbstständiges Leben besitze, sondern nur ein „Mitleben", und nach Scanzonis Ausspruch eben so gut ein Theil des mütterlichen Organismus ausmache, wie jedes andere Organ desselben, somit in dieselbe Kategorie gehöre, wie die übrigen Gebilde des Körpers (Leber, Milz, Lunge, Harnblase etc.!). Abgesehen nun davon, dass nach meinen Begriffen die Bezeichnung „Mitleben" schon zwei besondere Leben anerkennt, die also von einander unterschieden werden können, somit auch gewissermassen getrennt, und also bis zu einem gewissen Grade unabhängig von einander sind, ist auch der Vergleich der Bedeutung des Embryo mit den Gebilden des mütterlichen Organismus nur in der Richtung stichhaltig, dass die organischen Funktionen einer Schwangern harmonisch zur Entwicklung desselben fortwirken, und dessen Existenz umgekehrt die Bedingung gewisser Modificationen des normalen Lebensaktes sind, nicht aber, dass der weibliche Organismus zu

einer gesundheitsgemässen Existenz eines Embryos bedarf. Mit eben so viel
Recht könnte derselbe mit einem Parasiten verglichen werden, wenn überhaupt ein Vergleich statthaft wäre. Ist aber die Abwesenheit jedes selbstständigen Lebens der Frucht nicht bestimmt erweislich, so verfällt auch die
Theorie des sofortigen Mitsterbens derselben mit dem absoluten oder vollständigen Tode der Mutter den Sophismen. Und ganz unstichhaltig ist die Lehre
der Abhängigkeit des Fötallebens von der Wärme der Mutter, sofern man sie
zur Entscheidung über Selbstständigkeit oder Unselbstständigkeit beider Individuen
benutzen will.

Im Fernern dürften wohl nicht alle Aerzte mit dem Satze sich einverstanden
erklären: „Wie die Trennung des embryonalen und mütterlichen Gefässapparates
dem Anatomen unmöglich ist, so auch eine Trennung des mütterlichen fötalen
Lebens dem Physiologen schwer gedenkbar sein dürfte." Meines Wissens unterscheidet eben der Anatome scharf den mütterlichen vom kindlichen Gefässapparat
und somit liesse sich auch eher eine Trennung des mütterlichen vom fötalen
Leben („mütterlich fötales Leben" begreife ich nicht, wird wohl eine Ver-
schreibung sein) annehmen. — Wenn endlich der Verfasser jenes Aufsatzes berechnet, dass das Blut der Frucht in 120 bis 140 Herzstössen per Minute durch
zwei Nabelschlagadern in relativ grosser Menge ausgeführt werde und bei einer todten
Mutter verloren gehe, weil kein Wiederersatz durch die Nabelvene stattfinde, also
das Kind in kürzester Zeit an Anämie zu Grunde gehe, so muss er anderer
Seits die Erklärung geben können, warum ein geborenes Kind ohne zu athmen
längere Zeit fortlebt, wenn es noch mit der losgelösten Placenta in Verbindung
steht und der Pulsschlag im Nabelstrang wenigstens am kindlichen Ende kräftig
fortdauert. Muss nicht auch da seiner Theorie zufolge das Kind sofort verbluten? —
Dieses geschieht aber nicht, wie die tägliche Erfahrung lehrt, und wie anatomische
und physikalische Verhältnisse es so leicht erklären lassen. Die Unabhängigkeit
des fötalen vom mütterlichen Kreislaufe auch ohne Respiration ist unzweifelhaft,
und Anämie erfolgt jedenfalls nicht mechanisch durch Unterbrechung der Placentarathmung. In wie weit aber das Kind die letztere verträgt, ist nicht bekannt; nach
der Erfahrung aller Geburtshelfer immerhin länger als 5 oder 10 Minuten, wie man
nach Dr. S. annehmen sollte. Spricht er ja doch selbst von stundenlangem Pulsiren der
Nabelschnur bei scheintodten Früchten, wobei freilich die einen sich nicht erholen,

andere aber wohl, selbst wenn kaum noch leise Undulationen des Herzens oder
sogar keine Bewegung desselben mehr bemerkt worden.

Wenn ich mir nun schliesslich erlaube, gegenüber Herrn Medicinalrath Dr.
Schwarz mich dahin auszusprechen, dass ich zwar seine Abneigung gegen die
Sectio cæsarea post mortem begreife und an einem Mann von Gefühl und Herz
ehre, mich auch vollständig mit ihm einverstanden erkläre, dass Gesetzesbestim-
mungen, welche den Arzt zur Operation verpflichten, ausser Orts sind, so wird
er es mir doch auch nicht verdenken, dass ich, von meinem Standpunkte ausgehend,
der Ueberzeugung bin, Herr S. sei in der Abläugnung jedes Resultates und in
der „unnöthig" und „nutzlos" Erklärung der Operation zu weit gegangen;
denn einmal sind wir ohne bestimmte Data nicht berechtiget, jedem Autoren
Täuschung zuzumuthen, ferner fehlt zur Stunde noch der positive wissenschaftliche Beweis der Unmöglichkeit des Gelingens der Operation, und endlich darf
man der Diskussion über eine so wichtige Frage nicht durch Negation ihrer Berechtigung den Faden abschneiden, bevor die Akten über dieselbe geschlossen
sind, und ein endgültiger Schluss gestattet ist. Im Gegentheil sollte man eher
zur ernsten Anhandnahme des Gegenstandes aufmuntern, und zu gewissenhafter
Beobachtung auffordern. Hunderte und selbst tausende von Erfahrungen ungünstiger
Erfolge beweisen noch nichts gegen eine einzige, wenn auch selbst problematische
Beobachtung des Gelingens, deren Unrichtigkeit nicht zweifellos bewiesen ist.

II. KAISERSCHNITT AM LEBENDEN.

Die Literatur über den Kaiserschnitt am Lebenden ist bereits so umfangreich,
und das Thema wurde von erfahrenen und geistreichen Männern des Faches
schon von den verschiedensten Standpunkten aus besprochen und beleuchtet, ohne
dass man der Lösung der vorragendsten Fragen über den Gegenstand noch
nahe gerückt ist, dass man mit Recht neuen Abhandlungen das Ohr zu verschliessen
geneigt ist, welche nicht ihre Berechtigung dadurch an der Stirne tragen, dass

sie mit unumstösslichen, auf Thatsachen beruhenden Beweisen die wichtige Lehre ihrem Abschlusse einen wesentlichen Schritt näher bringen. Da ich mich nun leider nicht rühmen darf, durch Erfüllung dieser Bedingung diese Berechtigung zu erweisen, so muss ich als capitatio benevolentiæ dem Nachfolgenden die Bemerkung vorausschicken, dass diese Erörterungen keine höhern Ansprüche machen, als ünter befreundeten Fachgenossen die wichtigen und ernsten Seiten dieser Operation zu besprechen; „je n'enseigne pas, je raconte."

Die Laparohysterotomie ist bekanntlich die Entbindung einer Schwangern durch blutige Eröffnung der Bauch- und Uterushöhle, und hat bei der Lebenden zum Zwecke: *Mutter und Kind* oder *das Kind mit der Mutter zu erhalten; wenn ersteres aber abgestorben sein sollte, die Mutter zu retten, falls die Geburt durch die natürlichen Wege unmöglich oder todtbringend sein sollte.* Dieser Operationszweck zeichnet uns auch deutlich genug die Indication im Allgemeinen, wie sie z. B. LEUMANN mit Ausnahme eines einzigen Wortes richtig ausspricht: „*Der Kaiserschnitt muss überall da unternommen werden, wo die Geburt eines Kindes auf eine schonendere Weise unmöglich ist.*" Das dem Standpunkte gegenwärtig herrschender Auffassung nicht entsprechende Wort dieses Satzes wird der Leser gleich in dem Ausdruck *muss* finden; denn der Arzt kann nicht *müssen* und doch nicht *dürfen*, wo ihm z. B. die Operation verweigert wird. Im Uebrigen schliesst der Satz allerdings die sogenannten „unbedingten" wie die „bedingten" Indicationen in sich ein.

Als *unbedingte Indication* wird im Allgemeinen ein Becken unter zwei Zoll im kleinsten Durchmesser angenommen, wo weder ein lebendes noch ein todtes Kind, selbst nicht zerstückelt extrahirt werden kann. Während indessen die Engländer diese Indication bis auf 1 oder 1½ Zoll im kürzesten Durchmesser herunter setzen, und HOHL z. B. noch bei einer Conjugata des Beckeneingangs von 2 Zoll die Perforation einer todten Frucht gestattet, nehmen viele Andere, wie SPÆTH, SIEBOLD, SCANZONI u. s. w. eine Beckenbeschränkung von 2½ Zoll und darunter als absolut zu enges Becken an, stets vorausgesetzt, dass das Kind reif sei, gleichgültig ob lebend oder todt. Doch sprechen sich in letzterer Rücksicht nicht alle Handbücher deutlich und bestimmt aus.

Ist man schon bezüglich der sogenannten unbedingten Indication nicht allgemein einverstanden, so steht es noch schlimmer mit der *bedingten*. In diese Kategorie werden alle möglichen Geburtserschwerungen gebracht, welche nach allgemeiner oder individueller Auffassung die Entbindung durch die natürlichen Geburtswege unmöglich machen. Leicht begreiflich also, dass über diese Indicationen eine Menge Controversen existiren, die nach allgemeinen Grundsätzen, nach concreten Verhältnissen, oder nach individuellen Ansichten sich geltend zu machen suchen. Wir wollen uns hier in diesen Streit nicht weiter einlassen, sondern einfach am Grundsatz festhalten, dass wo eine Entbindung auf keine „ schonendere " Weise möglich ist, der Kaiserschnitt angezeigt erscheint, es somit eines Jeden Wissen und Gewissen überlassen bleiben muss, wie weit er diese Indication in concreto ausdehnen zu müssen glaubt. Summarisch zusammengefasst, stellen sich diese relativen Indicationen ungefähr folgendermaassen: 1) Beckenbeschränkung im kleinsten Durchmesser von $2''$, $2\frac{1}{4}''$, $2\frac{1}{2}''$, $2\frac{3}{4}''$, selbst bis zu $3''$ und lebendem Kinde; bei todtem Kinde: Perforation. 2) Beckengeschwülste der verschiedensten Art, welche nicht zu beseitigen sind, und eine mechanische Geburtsunmöglichkeit durch Raumbeschränkung bedingen. — 3) Verwachsungen und Degenerationen der Geburtstheile, welche auch auf operativem Wege den Durchgang eines Kindes, namentlich eines lebenden Kindes, unmöglich machen. Und 4) die viel angefochtene sogenannte dynamische Indication, nämlich unüberwindliche Stricturen des Uterus, Tetanus uteri u. dgl. (Fälle von Bœcker und Erhard), welche gewiss öfterer den Müttern unentbunden das Leben kosten, als die Journale uns erzählen. Mir ist ein solcher vor dem Bœcker'schen vorgekommener Fall erinnerlich, wo ich zur Autopsie beigezogen wurde, und wo unter Behandlung mehrerer achtbarer Aerzte eine Dame der Erschöpfung erlag, nachdem wegen Tetanus uteri jeder von meinem Vater vorgenommene Entbindungsversuch vollkommen erfolglos geblieben war. Damals tauchte bei Letzterem ebenfalls der Gedanke an den Kaiserschnitt auf, wurde aber fallen gelassen, weil man an der Berechtigung dieser Indication zweifelte. Hätte hier der Kaiserschnitt nicht Rettungsmittel für die mehrere (wenn ich nicht irre 4—5) Tage lang, unter heftigen Leiden Kreissende werden können, welche übrigens ausser der genannten keine andere Geburtscomplikation darbot, als — wie die Section nachwies — ein ganz ausserordentlich stark entwickeltes Kind? — Allerdings eine höchst gefährliche Indication — diese dynamische, namentlich für unerfahrene und ungeduldige Geburtshelfer!

Durch die ganze Indicationslehre des Kaiserschnittes ziehen sich aber zwei rothe oder schwarze Faden, welche immer bedingungsweise alle einzelnen

Anzeigen modificiren, nämlich *die Frage über das Leben des Kindes* und ferner *die Einwilligung der Mutter oder ihrer Angehörigen zur Operation.* Zwischen diesen Fäden windet sich aber der chamäleonfarbige Streifen der Frage über die Lebensberechtigung des Kindes gegenüber der Mutter durch. — Diese Fragen sind es vorzüglich, welche bei dem Entscheide über Vornahme des Kaiserschnittes oder ihrer stellvertretenden Operationen, nämlich der Perforation, künstlichen Frühgeburt und des künstlichen Abortus vorzugsweise in Berücksichtigung kommen müssen. — Die Symphisiotomie und Pelviotomie lassen wir hier als bereits verurtheilte Operationen fallen.

Ist das Kind abgestorben, so wissen wir, dass die Geburt bei Beckenbeschränkungen bis circa $2\frac{1}{2}$ Zoll auf operativem, und selbst auf natürlichem Wege vor sich gehen kann, ohne die Mutter zu sehr zu gefährden. Bei grösserer Beckenbeschränkung soll der Kaiserschnitt vorgenommen werden, doch lehrt unter andern auch der oben angeführte Fall der Eyer, dass noch bei einer Conjugata von zwei Zoll spontane Geburten faultodter Kinder möglich sind, man also nicht zu voreilig mit der Kaiserschnittoperation bei der Hand sein darf. So werden auch die anderweitigen Anzeigen zum Kaiserschnitt, mit Ausnahme allenfalls der dynamischen, nach denselben Grundsätzen durch den Tod der Frucht ihre Modificationen erleiden.

Von besonderer Wichtigkeit und Schwierigkeit wird aber die Indicationslehre, wenn die Frucht lebt, oder — was gleichbedeutend — wenn der Arzt vom Tode der Frucht nicht vollständig überzeugt ist; denn so lange noch die Möglichkeit des Lebens existirt, ist die Frucht als lebend zu behandeln. Hier hängt der Entscheid des Handelns zunächst von zwei Momenten ab, nämlich erstens: existirt eine sogenannte absolute oder nur eine relative Geburtsunmöglichkeit? und zweitens: in welchem Stadium der Schwangerschaft befindet sich die Mutter?

Es existirt eine absolute Geburtsunmöglichkeit und die Schwangerschaft hat bei lebendem Kinde ihr Ende ganz oder nahezu erreicht. Die Anzeige zum Kaiserschnitt ist unbestritten festgestellt; die Mutter und ihre Angehörigen willigen in die allein noch möglicher Weise Rettung für dieselbe und ihr Kind bringende Operation ein und der Arzt darf ruhigen Gewissens zum entscheidenden Handeln schreiten. Wie aber, wenn nur die Mutter in ihrer Herzensangst die Einwilligung giebt, ihr Ehegemahl aber aus missverstandenem

Mitleiden, oder in der Angst die theure Mutter einer zahlreichen Familie zu verlieren, oder aus andern, seien es materielle oder religiöse Rücksichten entschieden die Operation verweigert, und selbst der beigezogene Geistliche — wie angerathen worden — vermag keine Sinnesänderung zu bewirken, der Mann antwortet: „Gott ist alles möglich!" —? Diese Voraussetzung ist nicht aus der Luft gegriffen, mir ist Aehnliches vorgekommen. – Der Arzt wird sich wohl in diesem Falle ziemlich in derselben Situation befinden, wie wenn Mutter und Anverwandte die Operation verweigern. Soll er in seiner Rathlosigkeit oder in der Gewissheit, dass jede Hülfe unmöglich, thatlos zuwarten und dem Geistlichen das Feld räumen, oder soll er mit der gewissen Aussicht, dass die Mutter ihm unter den Händen entweder im Chloroformtaumel oder unter unsäglichen Schmerzen stirbt, noch die auch für ihn unendlich mühevolle Perforation wagen? — Halte man mir nicht entgegen, dass derartige Fälle nicht vorkommen, es wäre diess einfach eine bequeme Ausflucht zum Schutze unserer hier so schwer compromitirten ärztlichen Berufspflicht und unseres ärztlichen Wissens und Könnens.

Wir haben die absolute Geburtsunmöglichkeit eines reifen Kindes vor Ablauf der ersten Hälfte der Schwangerschaft erkannt, und halten die Frucht für lebend. Unser erster Gedanke ist hier natürlich der Kaiserschnitt nach vollendeter Schwangerschaft; es liegt derselbe unserer ärztlichen Berufspflicht der Erhaltung und des Schutzes jedes Lebenden, ob Fœtus oder Erwachsen, am nächsten. Allein drei wichtige Bedenken erwachen in unserer Seele, nämlich: -- Erreicht wohl die Frucht den Zeitpunkt der Reife ohne abzusterben? — Lassen die Gesundheitsverhältnisse der Mutter einen günstigen Ausgang der Operation hoffen? — Wird die Operation gestattet werden? — Nur in seltenen exquisiten Fällen wird man sich wohl die ersten beiden Bedenken mit einiger Zuverlässigkeit beantworten können; in ihrer grossen Mehrzahl aber werden kaum genügend beweiskräftige Anhaltspunkte zu finden sein, welche das Abwarten bis zum normalen Schwangerschaftsende in Rücksicht auf die Prognose für das Kind verwerflich erscheinen lassen. Bezüglich der Mutter dagegen haben wir meist nur das Schreckbild der gefährlichen Operation vor uns, über dessen Bedeutung man schwer hat, sich gehörige Rechenschaft zu geben, und das individuelle Dispositionen und Anschauungen so gern schlimmer oder günstiger ausmalen. Das dritte Bedenken jedoch scheint a priori leicht und bald gehoben zu sein, indem man einfach die Frage des Operirens oder Nichtoperirens Denjenigen vorlegt, welche man zur Entscheidung ermächtigt hält. Allein die Lösung auch dieses Bedenkens hat seine ausserordentlichen Schwierigkeiten, denn sie hängt von der Art ab, wie der Arzt die Frage vorlegt, und ist nichts Anderes, als eine nur scheinbare Uebertragung seiner Verantwortung auf einen incompetenten Richter. In dieser schwierigen Alternative war es nun höchst natürlich, sich nach einem Aushülfsmittel umzusehen, und worin konnte das anders liegen, als in der *Erweckung des Abortus*, oder der Unterbrechung der Schwangerschaft zu einer Zeit, wo das Früchtchen trotz höchstgradiger Beckenbeschränkung noch geboren werden kann, wenn auch noch nicht lebensfähig; denn zur Lebensfähigkeit bedarf es schon des überschrittenen siebenten Schwangerschaftsmonates, zu welcher Zeit dessen Grössenverhältniss bereits den im Auge gehaltenen Zweck des Durchtrittes durch die höchsten Grade der Raumbeschränkung verfehlen lassen würde. „Die Engländer BARLOW und KELLY haben uns zuerst auf diesen *verführerischen Pfad* geführt," sagt CREDÉ mit Recht, er ist aber nicht nur verführerisch, sondern auch gefährlich, steht der Arzt doch da an der Pforte einer verbrecherischen Handlung, bei deren Ausführung ihn allein die Sanction einer jedenfalls nur beziehungsweise dazu autorisirten Person von schwerer Verantwortung frei spricht, und zwar vermöge eines Grundsatzes, der zwar durch hervorragende Männer des Faches vertreten wird, der aber noch gewichtigen Einwürfen ausgesetzt ist, und dem unbedingte rechtliche und moralische Anerkennung noch nicht zu Theil geworden. —

Am normalen Schwangerschaftsende entdecken wir bei lebender Frucht eine relative Geburtsunmöglichkeit, d. h. das reife Kind kann nach Massgabe der concreten Verhältnisse voraussichtlich nicht lebend, wohl aber todt oder verstückelt durch die natürlichen Geburtswege geboren werden. Das einzig rationelle Verfahren, das dem Arzte zur Erhaltung beider Leben vorgezeichnet ist, besteht wieder in der Vornahme des Kaiserschnittes, die Mutter aber gibt ihre Zustimmung nicht und somit hat der Arzt nur noch zu wählen zwischen dem Zuwarten, um zu sehen, ob die Natur das Unwahrscheinliche leiste, nämlich die spontane Ausstossung der lebenden oder abgestorbenen Frucht, oder ob die Mutter — was voraussichtlich — diesen Akt nicht zu Stande bringt, sondern sich allmälig erschöpft, wenn nicht eine Ruptur des Uterus das unglückliche Ende schneller herbeiführt. Oder der Arzt entschliesst sich zur Perforation des Kindes, bevor Gefahr für die Mutter im Anzug ist, mag das Kind leben oder nicht. Ist es dem Arzte verwehrt, diejenige Entbindungsart vorzunehmen, welche seiner Aufgabe in erster Linie entspricht, nämlich die mögliche Erhaltung beider Individuen, des Kindes mit der Mutter, so tritt ihm ohne Zweifel in zweiter Linie die Pflicht entgegen, nach Aufgeben des einen Lebens nicht auch das zweite aufs Spiel zu setzen. Das Hinopfern des ersten liegt nicht ihm zu verantworten ob, sondern unsern adoptirten und durch allgemeine Uebung sanktionirten Grundsätzen; diese verurtheilen ihn unter Umständen zur bewussten und absichtlichen Tödtung des einen Individuums, um das andere zu erhalten, welche widerstrebenden Gefühle und bittern Betrachtungen über den Stand unseres Wissens und Vermögens bei dieser Handlung auch in ihm aufwachen mögen!

Noch dürfte hier eine Frage in Ueberlegung gezogen werden, nämlich diejenige der *Wendung* bei engem Becken, eine Lehre, über welche das Urtheil der Geburtshelfer noch sehr getheilt ist. Man wird zwar die Einwendung machen, dass die meisten Vertheidiger dieser Operation, wie z. B. Scanzoni, annehmen, dieselbe bei Beschränkung unter 3 Zollen nicht mehr zu wagen, und doch gelang es mir (siehe pag. 146), durch diese Operation bei einer Conjugata von $2\frac{1}{3}$ Zoll eine gut entwickelte lebende Frucht zu extrahiren. Freilich heisst es, *ein* Fall beweist nichts, doch wird ein so auffallender wie dieser wenigstens der Beachtung werth sein und zur Frage über Nachahmung berechtigen. Der unglücklich abgelaufene, oben (pag. 150) erzählte Fall meines Freundes ist nicht beweisend, weil er mit heftigem Krampf, wahrscheinlich Strictur des Uterus complicirt war, wodurch das Einführen der Hand bis zu den Extremitäten unmöglich wurde. Das Becken maass übrigens nur 2 Zoll in der Conjugata, daher wohl rechtzeitig von der Operation hätte abgestanden werden sollen. Aber wie gieng es mir in einem Falle, zu dem ich eben im Momente berufen wurde, als ich die letzten obigen Zeilen geschrieben hatte? Bei 3 Zoll Conjugata machte ich die Wendung, welche ebenfalls durch eine Strictur erschwert wurde, konnte aber nachher die Geburt nur durch eine äusserst schwierige Zangen-Operation vollenden. Das Kind war todt und die Mutter in einem Zustande höchster Erschöpfung, erholte sich indessen merkwürdig schnell. Vier Mal musste ich die ermüdete Hand wechseln, bis mir die Strictur das Fassen des einen Knies gestattete! Wenn mir aber auch die Wendung leicht gewesen wäre, so würde die Frucht an der so schwierigen Entwickelung des zurückgebliebenen Kopfes um's Leben gekommen sein, und es bleibt in Frage, ob das Kind bei Zangen-Application und Extraktion am

vorliegenden Kopfe erhalten worden wäre, was man bei der bedeutenden Zu-
sammenpressung, die der Schädel erlitt, bezweifeln muss, obschon das Kind
bisweilen in dieser Beziehung Unglaubliches aushält. Ein Beispiel dieser Art sah
ich vor längerer Zeit, wo nach fünfmaligen vergeblichen Zangenversuchen eines
als Geburtshelfer gewandten Collegen ich geholt wurde, nun wieder bei hohem
Kopfstande und schwerer Gesichtslage (Kinn nach hinten und links) wegen bereits
Besorgniss erregendem Zustande der Mutter zur Zangenoperation schritt, und wir
nach circa zweistündiger, zwischen mir und jenem Collegen wechselnder Arbeit,
da wir schon das Perforatorium als letztes Aushülfsmittel zur Hand zu nehmen
gedachten, ein sofort kräftig schreiendes Kind zur Welt beförderten, wobei auch
die Mutter erhalten blieb.

Es würde mich hier zu weit führen, die Frage über die Zulässigkeit der
Wendung bei engem Becken und namentlich bei Becken unter 3 Zoll etwas einlässlicher zu besprechen, nur das erlaube ich mir zu bemerken, dass der Bau
des Kindesschädels die Ansicht Beaudeloque's, v. Ritgen's, Hohl's, Simpson's und
Anderer als sehr annehmbar erscheinen lässt, welche dahin geht, dass der Kindskopf, mit seinem Kinn voran in die Beckenhöhle tretend, ein hochgradigeres und,
was ich für besonders wichtig halte, schnelleres Accomodationsvermögen besitze.
Jedem beschäftigteren Geburtshelfer werden Erfahrungen erinnerlich sein, welche zu
Gunsten dieser Annahme sprechen. Von unserem concreten Standpunkte aus auf-
gefasst aber, wo es sich um relativ zu enge Becken und Unausführbarkeit des
Kaiserschnittes handelt, ist es nicht sowohl mehr um die Erhaltung des Kindes,
als um die Entbindung und Erhaltung der Mutter zu thun, und ich fürchte nicht
zu fragen, ob unter gewissen günstigen Verhältnissen ein Wendungsversuch der
Anbohrung des Kindskopfes nicht vorzuziehen wäre?

Endlich dürfen wir hier nicht vorüber gehen, ohne noch der *Zange* zu ge-
denken, obschon ich damit sehr gegen die in fast allen Handbüchern aufgestellte
Lehre verstosse, und ich schon die Herren Theoretiker den Stein gegen mich
aufheben sehe. Allein „bange machen gilt nicht!" Ich wende mich an die praktischen Geburtshelfer, vom Lehrer auf dem Catheder bis zum Empiriker auf der
mühseligen Landpraxis. Hand auf's Herz! — Wie mancher ist wohl, der behaupten
dürfte, in einer ausgedehnteren geburtshülflichen Berufsthätigkeit niemals gegen den
Lehrsatz gesündigt zu haben, die Zange bei einer Beckenbeschränkung unter drei

Zoll nicht in Gebrauch zu ziehen? Nicht viel besser wird es mit der Lehre stehen, dass der Kindskopf in den Beckeneingang eingetreten sein müsse, ja sogar, wie z. B. SPIEGELBERG in seinem Handbuche pag. 320 lehrt, dass der Kopf „mit seinem grössten Umfange schon durch denselben getreten sein" soll, was wohl nichts Anderes heisst, als bei hohem Kopfstande die Zange nie anzulegen, denn in den seltensten Fällen wird hier der grösste Kopfumfang schon den Beckeneingang passirt haben, namentlich bei mechanischen Missverhältnissen zwischen Kopf und Becken. Denken wir uns z. B. den Fall, wo wir es mit einer Beckenbeschränkung von $2\,{}^3/_4$ Zoll zu thun haben, kräftige Wehen drängen den durch stark bewegliche Knochen sehr accommodationsfähigen Kopf in den Beckeneingang herunter, er spitzt sich zu, die Schädelknochen treten stark übereinander und der Kopf keilt sich ein, wenn er der sogenannten harten Krönung nahe zu sein scheint; oder die Wehen nehmen ab, oder dergleichen; es muss zur Geburtsvollendung geschritten werden; ich will sogar ein todtes Kind voraussetzen. Welcher Geburtshelfer wird hier sofort zum Perforatorium greifen, ohne vorher die Zange versucht zu haben? Selten wohl ein praktischer Mann, eher ein unpraktischer, unerfahrener Theoretiker. — Oder ist der Fall, den ich voraussetze, ein unmöglicher oder nur ein unwahrscheinlicher? Im Gegentheil ein solcher, wie ihn die Erfahrung nicht so sehr selten wenigstens auf ganz analoge Weise bietet, und wo die Zange noch wesentliche Dienste leisten kann. Es wird also keineswegs eine Ungereimtheit sein, auch selbst noch die Zange als Aushülfsmittel gegenüber dem Kaiserschnitt anzuführen. Damit man mir aber doch nicht den Vorwurf mache, nur zu hypothetisiren, so möge kurz folgender Fall als Beleg des Gesagten dienen, den ich aus dem Munde meines seligen Vaters kenne. Auf hiesiger geburtshülflicher Klinik wurde vor Jahren bei einer kleinen, etwas verwachsenen, sehr geistesbeschränkten Person die Indication zum Kaiserschnitt wegen Beckenenge gestellt. Kräftige Wehen hatten zwar den Kindskopf im Beckeneingang festgestellt, man hatte sogar schon einen Zangenversuch gemacht, sich aber überzeugt, dass der Kaiserschnitt das einzige hier mögliche Entbindungsmittel sei, daher auch die Zeit zu dieser Operation fixirt wurde. Als mein Vater sich zur bestimmten Stunde einfand, war Operationslager und alles Nöthige bereit. Um seine Meinung befragt, hielt er jedoch die Entbindung durch die Zange noch für möglich, und — zur Ausführung dieser Zangenoperation aufgefordert — extrahirte vor den Augen aller zur Kaiserschnittoperation Eingeladenen, nach zwar etwas mühsamer, aber nicht lange dauernder Arbeit ein reifes Kind. Ob es lebte, weiss ich nicht mehr; die Mutter aber lebt noch — wenn ich nicht sehr irre — brachte wenigstens bis in die letzten Jahre meinem Vater auf einen bestimmten Tag einen nach ihrem Geschmack möglichst schönen Blumenstrauss! — Weit sprechender, ja sogar schreiend ist der Fall, den LEHMANN (Monatsch. f. Gebskde. 1854. VI. pg. 173) in seinem Aufsatze über den BŒCKER'schen Kaiserschnitt mit folgenden Worten erzählt; „Ich selbst bin Zeuge gewesen, wie einer der grössten Fachlehrer der heutigen Zeit sich anschickte, bei einer Rhachitica die Sectio cæsarea zu machen.... Der äusserst erfahrne Lehrer beurtheilte die Länge der Conjugata auf $2\frac{1}{2}$ Zoll. Seit vielen Stunden waren kräftige Wehen zur Austreibung des Kindes unfähig gewesen. Schon lagen die Instrumente mit einem weissen Tuche bedeckt da, schon waren die Rollen der Assistenten bestimmtest vertheilt, schon wurde in dem ärmlichen Hause nach einem passenden Operationstische gesucht und derselbe vorbereitet, da erfolgten nochmals heftige Wehen; es schrie unter der Decke und die $2\frac{1}{2}$ Zoll grosse Conjugata hatte ein trefflich gebildetes, sehr starkes und gut entwickeltes Kind lebendig durchgelassen, ohne dass dasselbe nur scheintodt gewesen wäre." — Kann man nun wohl angesichts solcher Thatsachen den Gebrauch der Zange bei den Kaiserschnitt indicirenden Beckenbeschränkungen unter gewissen Verhältnissen und unter gewissen entsprechenden Bedingungen kurzweg verwerfen?!

Die relative Geburtsunmöglichkeit wird vor Ende der Schwangerschaft erkannt und das Kind lebt.

Hier haben wir ein unbezahlbares Prophylacticum für den Kaiserschnitt in der künstlichen Frühgeburt, welche nach allgemeiner Annahme noch bis zu einer Raumbeschränkung von $2\frac{1}{2}$ Zollen gestattet wird. Ein Mittel, das so schonend als gefahrlos ist! Schade nur, dass das Verfahren von COHEN nie sicher die Verletzung der Eihäute verhütet. Ohne diese Gefahr wären die intrauterinen Injectionen bei jeder Kindslage nicht nur ein sozusagen absolut sicheres, sondern auch eines der schonendsten und leichtesten Verfahren. Erzielte ich doch mit demselben in einer schönen Reihe von Beobachtungen sozusagen überall die spontane Ausstossung des Kindes in Zeit von 12 bis längstens 24 Stunden, wo nicht eigenthümliche von diesem Verfahren unabhängige Complicationen die künstliche Entbindung erforderten, und das Leben des Kindes gefährdeten; ein einziges Mal dasjenige der Mutter.

Vergleichen wir nun noch die prognostischen Verhältnisse der verschiedenen Operationen, welche bei Becken unter 3 Zollen in Frage kommen, nämlich des Kaiserschnittes, der Perforation, des künstlichen Abortus und der künstlichen Frühgeburt, so wird uns wohl auch auf unsere Hauptfrage, nämlich auf die Bedeutung des Kaiserschnittes am Lebenden, etwas bestimmteres Licht geworfen.

Ich werde mich hier des statistischen Nachweises bedienen, wenigstens in Betreff der Sectio cæsarea und der Perforation, obschon mir nicht unbekannt, welche Einwürfe diesem Verfahren mit mehr oder weniger Recht gemacht worden sind. Zwei derselben sind es vor Allem, welche allerdings von Gewicht sind, nämlich der allgemein von den Gegnern des Kaiserschnittes hervorgehobene, dass mehr glückliche als unglückliche Beobachtungen publicirt und somit die Statistik unrichtig werde. Etwas mag an der Sache sein, denn z. B. der oben berichtete Fall meines Freundes H. würde ohne meine Aufforderung kaum publicirt worden sein, dagegen darf ich auch ziemlich keck behaupten, dass es mit dieser Operation dieselbe Bewandtniss gehabt haben würde, wenn sie ein glückliches Resultat geliefert hätte. Auch dann hätte unser zu bescheidene College die Feder nicht ergriffen, um seine Kunst oder sein Glück zu proklamiren. Aehnlich mag es sich mit den meisten der Literatur verloren gehenden Kaiserschnitten verhalten, und somit werden auch glückliche Fälle derselben entgehen. Eine Operation, welche die vollkommenste rationelle Berechtigung, dagegen eine so traurige Reputation in Rücksicht auf Erfolg besitzt, wird heutzutage kaum mehr aus einem andern Grunde verschwiegen als aus Bescheidenheit und es ist wahrscheinlich, dass die Gegner des Kaiserschnittes so bemüht sein werden, die unglücklichen Resultate dieser Operation hervorzuheben, als die Freunde derselben die glücklichen. Auch darf wohl zugegeben werden, dass wo die Beobachtungen bereits zu Hunderten gezählt werden können, einzelne verlorene kleine Ziffern das Resultat der statistischen Berechnung kaum so erheblich modificiren, dass eine wesentliche Differenz in dem Urtheile über ihren Werth hervorgebracht würde, indem 1 oder 2 oder selbst 3 %, mehr oder weniger kaum in Anschlag zu bringen sind.

Gewichtiger ist der auch von den Vertheidigern des statistischen Verfahrens zugestandene Vorwurf gegen die meisten bisherigen Berechnungen, dass sie nämlich zu sehr generalisiren, und dass die concreten Einflüsse auf die Ausgänge der Operation zu wenig genau in Anschlag gebracht werden. Dieser Einwurf ist vor Allem in Rücksicht auf die Eruirung der einzelnen wichtigen Momente, z. B. der Indicationen, der Operationsweise, der Nachbehandlung u. s. w., von Bedeutung und man müsste ihm in dieser Beziehung rückhaltslos beistimmen, wenn nicht die Schwierigkeit dieses Verfahrens zu einleuchtend wäre, indem namentlich die individuelle Auffassung der Bedeutung der intercurrirenden oder dominirenden Momente hier gar zu sehr influenziren muss. Nicht so hoch kann ich das Gewicht dieses Einwurfes in Rücksicht auf das Allgemeine und Ganze anschlagen, da in der grossen Mehrzahl der Fälle der Arzt nicht Herr der Situation ist, die prognostisch ungünstigen Momente ihm stets unter ähnlichen Verhältnissen entgegen treten werden, es jeder Zeit gewandtere und weniger geübte Operateurs geben wird u. s. w. So glaube ich also, dass doch die allgemeinen Mortalitätsverhältnisse für den gegenwärtigen Stand der Prognose aller Beachtung werth, ja selbst maassgebend sind.

Ich beginne mit der statistischen Uebersicht der Mortalität der Mütter beim Kaiserschnitte. Wohl die fleissigste Zusammenstellung, welche man überall citirt findet, ist die von KAISER (Dissert. de eventu sectionis cæsareæ. Havniæ 1841), welche alle vom Jahr 1750 bis 1839 bekannt gemachten Fälle, also auch die von BEAUDELOCQUE, HULL, KLEIN, NETTMANN, MICHAELIS und LEVY zusammengestellten umfasst; es sind ihrer 338, unter diesen 128 glückliche und 210 unglückliche, also ein Mortalitätsverhältniss von 62 %, während MICHAELIS und LEVY von 307 Fällen 135 glückliche und 162 unglückliche zählen, also eine Mortalität von 52 %. Da die Eintheilung dieser Beobachtungen nach Zeitabschnitten von 50, 30 und 9 Jahren eine zu ungleiche ist, so kann man ihr wohl kein besonderes Gewicht beilegen, Hauptsache ist, dass K. von seinen Beobachtungen behauptet, dass sie autentisch seien, dieses übrigens auch jenen von M. und L. zugesteht, welche Sammlung jedoch unvollständig sein soll. Um diese Differenz in Harmonie zu bringen, oder das richtige Mittel zwischen ihnen zu finden, fand POISSON eine Formel, nach welcher Berechnung die Mortalität zwischen 55 bis 69 % schwanken würde; der Unterschied in Privathäusern und Gebärhäusern wäre für erstere kaum 59 für letztere 79 %. WILLENEUVE (De l'avortement provoqué. 1853) giebt eine wohl sehr unvollständige Zusammenstellung von 67 Operationen seit Anfang des Jahrhunderts aus Frankreich, Deutschland, Amerika und Italien, welche folgendes Verhältniss herausstellt:

Frankreich : 30 Operationen, 20 Frauen genesen, Mortalität circa 33 %

Deutschland: 24   „   14   „   „   „   „ 42 %

Amerika: 9   „   5   „   „   „   „ 44 %

Italien :   4   „   3   „   „   „   „ 25 %

     67   „   42   „   „   „   „ 33 %

Wenn aber nach VILLENEUVE von jenen 9 Operationsfällen aus Amerika eine Frau 6 Mal und eine andere 2 Mal operirt wurde, wie sind denn diese Beobachtungen in Berechnung gebracht, um zu dem Verhältniss von 5 : 9 zu stimmen? Anders gestaltet sich das Resultat von 478 Beobachtungen, welche MURPHY folgendermaassen zusammen stellt :

Grossbritanien :   57 Fälle,   10 genesen   46 gestorben, Mortalität 81 %

Amerika: 12   „   8   „   4   „   „ 33 %

Continent: 409   „   158   „   251   „   „ 61 %

Zusammen: 478   „   176   „   301   „   „ 63 %

CHRESTIEN (Bull de Thér. 1850.) stellt aus 11 Jahren 33 Beobachtungen zusammen, unter welchen 26 Frauen (79 %) erhalten wurden und nur 7 starben (21 %). KIETER berichtet in seinem Referate über die Leistungen in der Geburtshülfe während den letzten 15 Jahren in der Med. Ztg. Russlands (1850) von 84 Operationen, an 74 Frauen vollzogen (also 10 doppelte), wobei 20 Mütter starben und 54, oder richtiger 64 am Leben blieben, so dass in Rücksicht auf die Gesammtzahl der Operationen sich eine Mortalität von nur 25 % herausstellt.

Abgesehen nun von BOURGEOIS aus Tourcoing Angaben, welche — wie behauptet worden — unvollständig sind, und nach welchen er annimmt, dass bei zeitlicher Operation ²/₃ der Mütter und alle Kinder gerettet würden; und abgesehen ferner von einzelnen kleinern statistischen Zahlenangaben, z. B. in SICKEL's summarischem Berichte aus 25 Rapporten aus Gebärhäusern etc., nach welchem von 19 Operirten 14 starben (Schm. Jhrbch. 1859, Nr. 10), die Mittheilung von METZ, nach welcher von 8 operirten Frauen 7 am Leben blieben, von STOLZ, welcher von 6 Frauen 4 rettete, PAGENSTECHER, welcher 9 Beobachtungen von Kaiserschnitten mittheilt (nebst e. Laparothomie) und nur 4 Mütter retten konnte, OTTERBOURG, nach welchem von 8 Operirten 7, ARNETH, nach welchem von 6 Frauen 4 erhalten wurden, SENTIN und VAN HUEVEL, welche in Brüssel mehr als 20 Mal unglücklich operirten, wogegen HOLBEKE 13 glückliche Fälle aus seiner Praxis erzählt u. s. w., abgesehen also von dergleichen Mittheilungen ergeben sich nach obigen Autoren Mortalitätsverhältnisse von 63% (MURPHY), 62% (KAISER), 52% (MICHAELIS und LEVY), 33% (VILLENEUVE), 25% (KIETER), und 21% (CHRESTIEN); Differenzen, welche zwischen 21 und 63 schwanken und also sattsam erweisen, dass das Feld der statistischen Beweisführung über unsern Gegenstand noch ernsterer Bearbeitung bedarf.

In dieser Unsicherheit versuchte ich selbst eine summarische Zusammenstellung über die Erfolge der von 1850 bis 1860, also in 10 Jahren bekannt gemachten Kaiserschnittoperationen und brachte es auf die Zahl von 103 sogenannte einfache, d. h. nur ein Mal an derselben Person ausgeführte Kaiserschnitte, von welchen 50 günstig und 53 ungünstig für die Mütter ausfielen, und 11 Beobachtungen, wo an derselben Frau die Hysterotomie 2 (bei 9 Personen) bis 3 Mal (bei 2 Personen) vollzogen wurde, so nämlich, dass an 11 Müttern 25 Mal operirt worden war, sogenannte Doppeloperationen, welche 21 Mal glücklich und nur 4 Mal unglücklich für die Mütter ausfielen, 3 Mal nämlich bei dem erstmaligen und 1 Mal bei dem drittmaligen Eingriff. Für die einfachen Operationen stellt sich demnach eine Mortalität von 51,4%, für die Doppeloperationen eine solche von nur 16% heraus, beide zusammengefasst: 138 Operationen, 71 günstig, 57 ungünstig, also eine Mortalität von nicht ganz 45%[*]).

Interessant ist die von Prof. STOLZ gemachte Zusammenstellung von 38 sogenannten Doppeloperationen aus diesem Jahrhundert, an 17 Frauen ausgeführt, so nämlich dass 14 derselben 2 Mal, 2 Frauen 3 Mal und eine sogar 4 Mal operirt wurde, wobei 36 Mütter erhalten wurden und nur 2, bei der drittmaligen Operation, erlagen (circa 6% Mortalität). Da aber alle diese Operationen in den obigen Berechnungen verwerthet sein sollen, so dürfen sie nicht besonders in Anschlag gebracht werden. In Beziehung auf die Zahl der an denselben Müttern verrichteten Kaiserschnitten werden 3 oder 4 Beispiele von sechsmaliger und ein, wie es heisst, glaubwürdiges, vom Grafen von TRESSAN erzähltes Beispiel von siebenmaliger Operation berichtet.

Werfen wir noch einen Blick auf das *Mortalitätsverhältniss der Kinder*, das immerhin wesentliche Berücksichtigung verdient, obschon bei weitem nicht in dem Grade wie dasjenige der Mütter, indem die Operation an und für sich dem Kinde sozusagen keine Gefahr bringt, und seine Erhaltung in der weitaus grössten

---

[*]) Von den nahezu 140 Citaten wird mich der Leser wohl gerne dispensiren.

Mehrzahl der Fälle von Verhältnissen abhängt, welche vor der Operation auf ihn eingewirkt haben. In diesem Bewusstsein des untergeordneten Werthes dieser Ergebnisse ist denn auch die Statistik im Allgemeinen weit unvollständiger als erstere, indem einestheils in den Operationsberichten sogar vergessen ist, das Leben oder der Tod des Kindes anzumerken, viele Kinder, die kurz nach ihrer Extraktion starben, bald so, bald anders in der Statistik verwerthet wurden u. s. w., so dass nur grosso modo ein Schluss gestattet ist.

KAISER kennt von seinen 338 Operationen bei 281 den Zustand der Kinder und findet — die todschwachen zu den todten gezählt — 195 lebend und 86 todt, also eine Mortalität von 30 %. MICHAELIS und LEVY kennen unter ihren 307 Fällen nur bei 146 den Zustand der Kinder, nämlich 106 lebend und 40 todt, also 27 % Mortalität. VILLENEUVE giebt über die 30 in Frankreich beobachteten Operationen an: 12 Kinder lebend, 5 todt geboren, 8 unbekannt (d. h. wohl 13 unbekannt). Unter den 10 für die Mütter unglücklich abgelaufenen Fällen waren 6 mit Erhaltung der Kinder. Nehmen wir das Verhältniss von 5 : 12, so ist das Mortalitätsverhältniss 29 %. In Deutschland wurden bei den 24 Operationen 15 Kinder lebend, also 9 todt geboren, macht 33 %, im Mittel also 31 % Mortalität. MURPHY's Bericht lautet:

Grossbrittanien	57 Operationen	34 Kinder erhalten	25 gestorben	44 %
Amerika	12 „	6 „	„ 4 „	33 %
Continent	409 „	251 „	„ 110 „	43 %
Zusammen:	478 „	291 „	„ 139 „	27 %

oder, da 48 Mal die Angabe fehlt, diese zu den todtgebornen gezählt: 187 todtgeborne Kinder also 39 % Mortalität. CHRESTIEN giebt auf 33 Operationen 20 für die Kinder glückliche Fälle an, also 13 todt geboren, 39 % Mortalität.

Als Mortalitätsverhältnisse für die Kinder stellen sich somit heraus: 30 % (KAISER), 27 % (MICH. und L.), 29 % und 33 % (VILLEN.) 39 % (MURPHY) und 39 % (CHREST.); zwischen 27 und 39 schwankend. Nach meiner eigenen Zusammenstellung ergiebt sich für die 103 Fälle, den einzigen unbestimmten Fall zu den Todtgeborenen gezählt, im Uebrigen alle lebend zur Welt gebrachten Kinder, abgesehen von ihrem frühern oder spätern Absterben (dieses kann offenbar nicht in Rechnung gebracht werden) zu den lebend Gebornen gerechnet — mit 2 Zwillingsschwangerschaften — 105 Kinder, 72 lebend und 33 todtgeborne, also eine Mortalität von 32 %. Bei den 25 sogenannten Doppeloperationen fand ich im Ganzen 15 lebend und 10 todtgeborne Kinder, also 40 % Mortalität (bei den erstmaligen 11 Operationen 7 lebend 4 todt, zufällig ebenso bei den zweitmaligen 11 Operationen, während bei der drittmaligen beide Kinder verloren giengen. Beide Zahlen zusammengefasst ergeben also 128 Operationen, 130 Kinder, 87 lebend und 43 todt geboren, also 33,5 %. Nach der Zusammenstellung von STOLZ wurde bei den 38 Doppeloperationen 33 Kinder gerettet und nur 5 todt gefunden (4 bei der erstmaligen und 1 bei der zweitmaligen Operation) 13 %.

In Beziehung auf die *Gesammtzahl der durch die Operation erhaltenen Individuen* ergeben sich auf 100 Operationen oder 200 Individuen nach

	Mütter		Kinder		Individuen	
	gestorben	erhalten	todtgeb.	lebend geb.	gestorben	erhalten
KAISER	62	38	30	70	92	108
MICHAELIS und LEVY	52	48	27	73	79	121
VILLENEUVE	33	67	31	69	64	136
CHRESTIEN	21	79	39	61	60	140
KIETER	25	75	—	—	—	—
MURPHY	63	37	39	61	102	98
	256	344	166	334	397	603

		starben		wurden erhalten
Von 600 Müttern		256, circa 43 %		344 oder 57 %
Von 500 Kindern		166, „ 33 %		334 „ 67 %
Summa obiger Ziffern von 1000 Individuen	397, „	39,7 %	603 „	60,3 %
Summa meiner Tabelle von 258 „	100, „	38,6 %	158 „	61,3 %

Das ziemlich übereinstimmende Prozentenergebniss zwischen ersterer Zusammenstellung und der meinigen ist auffallend, kann aber wohl nur zu Gunsten der Berechnung gedeutet werden, und giebt derselben ohne Zweifel um so mehr Werth.

MARTIN hält diese, wie überhaupt die bisherige Art der Statistik für unrichtig und in Beziehung auf ihre Resultate für zu ungünstig, indem sie sich anders gestalten würden, wenn man die Statistik nach den in der Operation liegenden oder sie complicirenden Gefahren klassificiren würde, die er in nothwendige und zufällige eintheilt. Zu den erstern zählt er die Eröffnung des Bauchfells, die Blutungen, die Abscessbildungen und die Bauchbrüche, zu letztern die Läsionen des untern Uterinsegmentes durch vorhergegangene Entbindungsversuche, bestehende Cachexien und verschiedene Erkrankungen des Genitalsystems. Nach Elimination der zufälligen Todesursachen, meint MARTIN, würde sich die Mortalität günstiger stellen als 40 %. Allerdings würde dieselbe bei derartiger Berechnung im Allgemeinen geringer sein, aber diese sogenannten zufälligen Todesursachen sind eben wesentliche mitwirkende Momente, welche in ihrer grossen Mehrzahl von vornherein gegeben, also keineswegs zufällig sind, sondern oft die Indication zur Operation bedingen, und daher aus der allgemeinen Berechnung nicht weggelassen werden dürfen, im Gegentheil wichtige Momente zur Mortalitätsbestimmung liefern müssen. — Auch PIHAN-DUFEILLAY spricht sich in ähnlichem Sinne aus wie MARTIN, indem er bemerkt, dass das Verzeichniss der unglücklichen Ausgänge mit allen Unglücksfällen beladen werde, welche von der Operation unabhängig seien: Folgen des Gesundheitszustandes der Person im Allgemeinen, der vorausgegangenen Entbindungsversuche, intercurrirender Verhältnisse, der puerperalen Diathese u. s. w. Aber auch PIHAN-DUFEILLAY muss man dasselbe erwiedern, was ich eben auf MARTIN's Einwendungen bemerkte. Auch geht PIHAN-DUFEILLAY wohl zu weit, wenn er am Schlusse seiner „Etudes sur les statistiques de l'opération césarienne" sagt: unter den meisten grossen Operationen sei die Hysterotomie unter den von ihm angeführten Bedingungen (welche eben kaum zu realisiren) und abgesehen von zufälligen Todesarten, für welche sie nicht anzuklagen, diejenige, welche „das schönste Verhältniss von Heilung" biete.

Wichtiger für die Richtigkeit der Statistik wäre es, wenn alle diejenigen Operationen eliminirt werden könnten, wo ein ungeschicktes Verfahren, sei es in Beziehung auf die Wahl des Zeitpunktes der Operation, der Operationsweise, oder der Nachbehandlung, eingeleitet worden ist. Wer will sich aber da zum competenten Richter aufwerfen?! Es ist a priori einleuchtend, dass abgesehen von der ungeschickten Behandlung der Gebärenden vor, während und nach der Operation vor Allem die constitutionellen Verhältnisse der Mutter, möglichste Integrität ihres physischen und psychischen Zustandes, Abwesenheit mephitischer Einflüsse und das Glück des Nichteintretens schwieriger Complicationen das Gelingen des Kaiserschnittes begünstigen; dessen Gefahr an und für sich aber darin liegt, dass er in der Lädirung höchst wichtiger und vulnerabler Gebilde besteht, also einen tiefen Eingriff in das organische Leben mit ausserordentlichen consecutiven Erscheinungen involvirt, daher auch leichter von mannigfaltigen,

höchst wichtigen intercurrirenden Momenten begleitet und mit schweren Folge-
zuständen complicirt ist. Die allgemeine und örtliche Vulnerabilität des Individuums
spielt offenbar für den Ausgang der Operation eine Hauptrolle, sowie die schon
erwähnten Einflüsse mephitischer Art, z. B. in Spitälern, Gebärhäusern und grössern Städten, womit freilich nicht ganz leicht in Einklang zu bringen, was
Stolz erzählt, dass anno 1788 in Paris 5 Frauen lebten, an welchen der Kaiserschnitt gemacht worden war, während in den ersten 50 Jahren dieses Jahrhunderts dort kein einziger glücklicher Fall vorgekommen sei!

Bei Besprechung der prognostischen Verhältnisse der Perforation
und Cephalotripsie sollten wir zunächst diese beiden Operationen auseinander
halten und uns in den Streit über den Werth der Cephalotribe einlassen, denn
die Vertheidiger der letztern werden die Mischung beider nicht zugeben wollen.
So lange jedoch ein wesentlicher Vorzug der Cephalotribe nicht allgemein zugestanden ist und sie — wie die Frage heute steht — genau betrachtet nur ein
Erleichterungsmittel der Operation der Kopfzertrümmerung ist, also fast nur eine
Zugabe zu den alten Perforationsinstrumenten, so lange darf die Cephalotripsie
nicht Anspruch machen, neben oder über die Perforation gestellt zu werden,
sondern kann höchstens die Tugend beanspruchen, letztere prognostisch günstiger
zu stellen, was übrigens auch noch nicht positiv erwiesen ist. Nebstdem ist der
Cephalotripter fast nur noch ein in Gebärhäusern vorkommendes Instrument,
während die Perforatorien (nebst Knochenzangen) ein Bestandtheil jedes geburtshülflichen Besteckes ausmachen.

Im Allgemeinen steht die Perforation in bedeutend weniger schlimmem Rufe
als der Kaiserschnitt, vor dem alle Welt fast sich bekreuzigt. Wir wollen
sehen, ob sie diesen bedeutend höhern Kredit in der That verdient. Zwar fehlt
es hier an sorgfältigen statistischen Zusammenstellungen bezüglich des Erfolges
der Operation, und man muss sich an einzelne beschränktere halten, sowie
an Aeusserungen gewisser hervorragenderer Geburtshelfer. Beaudelocque
z. B. sagt, dass von den in der Pariser Maternité während 16 Jahren gemachten Perforationen über die Hälfte der Mütter starben; Breit giebt an, dass
von 61 im Gebärhause zu Wien durch Perforation Entbundenen 30 starben.
Von den 7 Beobachtungen, welche Credé in der Montschr. f. Gbiskde. 1851
mittheilt, hatten 3 einen tödtlichen Ausgang; Schreider giebt an, dass in den
Gebärhäusern zu Fulda, Marburg, Dresden, Pavia, Würzburg, Wien, Berlin

und Breslau auf 2 Perforationen 1 todte Mutter komme, in Kurhessen 1 Sterbe-
fall auf 3 Operationen, und dass die Mortalität der Mütter von Busch und Moser
wie 1 : 3 angegeben werden (3 Operirte oder 3 Gerettete?). Joulin ferner
zählt auf 60 in 10 Jahren in der Maternité zu Paris vorgenommenen Perforationen 17 Todesfälle, also 28,2 %, wogegen Tyler Smith eine solche von
1 : 5 oder 20% für Englands Craniotomien angiebt, welche Angabe hier indessen
übergangen wird, da bekanntlich die Indicationen zu dieser Operation sich in
England ganz anders gestalten als in Frankreich und Deutschland.

Nehmen wir somit das Minimum der soeben angegebenen Mortalitätsverhältnisse von 1 Gestorbenen zu 3 Geretteten an für die Mütter und rechnen dazu,
dass jedenfalls alle Kinder zu Grunde gehen, so ergäbe sich für die Gesammtzahl
der interessirten Individuen eine Mortalität von 125 Individuen auf 100 Operationen.

Diese Angaben mögen genügen, um zu beweisen, dass die Operation der
Perforation mit ihren Consequenzen den Ruf nicht verdient, den sie geniesst und
durch die Lehren der meisten Handbücher genährt wird, indem sie einfach von der
Anbohrung des Kopfes sprechen und diese als eine „vollkommen gefahrlose" ja sogar, wie v. Siebold sich ausspricht, als eine „äusserst milde und schonende Operation" bezeichnen. Ja freilich, wenn es sich zur Entbindung einer Kreissenden durch
Perforation nur darum handelte, nach einigen „schonenden" Zangenversuchen einfach den Kindskopf zu öffnen, worauf die Entwickelung der Frucht sich sozusagen
von selbst machte, dann allerdings wäre die Geburtsvollendung durch Perforation
für die Mutter ein gefahrloses, mildes und schonendes Verfahren; dem ist aber
nicht also! Zwar giebt sich z. B. Scanzoni viele Mühe auseinander zu setzen
und nachzuweisen, dass die von ihm de facto eingestandenen ungünstigen Mortalitätsverhältnisse für die Mütter von unpassender, ja selbst ungeschickter Leitung
der Geburt überhaupt herrühre, und man sollte dieser Auseinandersetzung zufolge
glauben, dass es in der Regel dem Geburtshelfer ein Leichtes wäre, die Gefahren
solcher Geburtsverhältnisse zu umgehen. In praxi gestaltet sich die Sache aber
ganz anders, als sie am Studiertische geordnet und gemodelt werden kann; wenn
übrigens die Extraktion des verkleinerten Kindskopfes eine so schonende und leichte
Operation wäre, so würde gewiss schneller ein geeignetes Instrument hiefür
entdeckt worden sein, und man fände nicht täglich noch sogenannte Verbesse-
rungen der Cephalatribe vorgeschlagen, oder gar Instrumente, wie z. B. die
Forceps-scie von van Huvel, den Diviseur céphalique von Joulin, den Cranioclast

oder Cranioclasm von Simpson, welche die Cephalotribe ersetzen sollen. Wagner hat nicht so ganz unrecht, wenn er sagt, dass im Vergleich zu der Dauer und den Qualen einer Entbindung durch Perforation der Kaiserschnitt, besonders unter Gebrauch von Chloroform, eine „höchst humane, vergleichungsweise schmerzlose" Behandlung sei.

Die Perforation wird sozusagen ausschliesslich bei mechanischen Missverhältnissen zwischen Kopf und Geburtswegen vorgenommen, und zwar kann der Geburtshelfer bei allen Graden der Beckenbeschränkung dieselbe wenigstens zu versuchen in den Fall kommen, denn was bleibt ihm Anderes übrig, wo die Mutter z. B. bei Beckenenge unter 2 Zoll den Kaiserschnitt verwirft und von künstlichem Abortus nicht mehr die Rede sein kann? Es sei denn, dass er nach der mohamedanischen Lehre des Fatums die Unglückliche der Vorsehung überlassen will! Dass unter solchen Umständen die Operation zu den schwierigsten, verletzendsten und gefährlichsten gehört, wird wohl Niemand bezweifeln, das Kind mag leben oder nicht! Bei Beckenbeschränkung unter 2 $^1/_2$ Zoll wird nicht nur die „Operation äusserst schwierig, nicht ausreichend, sondern es wird auch dann die Extraktion zu einer *Quälerei, die weit schlimmer in ihren Folgen ist als der Kaiserschnitt,"* wie Wagner sagt. Ist aber das mechanische Missverhältniss nicht so gross, so tritt der Fall ein, von welchem ich oben pag. 190 gesprochen und von welchem Siebold sagt: „welcher Geburtshelfer wird nicht, sofern es nur irgend möglich ist, vorher einen Versuch mit der Geburtszange machen....," indem die Zange die Accommodation des Kindskopfes ganz gewiss sehr unterstützt, freilich nicht durch Compression, wie man gemeinhin annimmt, sondern durch Zug, selbst beim quer verengten Becken, daher die Lehre des zeitweisen Lüftens der Zange, wo dasselbe wegen Gefahr des Abgleitens des Instrumentes erlaubt ist, allerdings in der Art und Weise, wie diese Accommodation allmälig zu Stande kommt, ihren Werth hat. — Diese Fälle von Zangenoperationen fallen in Beziehung auf ihre Vermögen die Indication zur Perforation zu begründen mit denjenigen ziemlich vollständig zusammen, wo ohne wesentliche Beckenbeschränkung die Extraktionsversuche fruchtlos bleiben und die Perforation das letzte Entbindungsmittel bleibt. Wann aber soll man von den Zangenversuchen absiehen und zum Perforatorium greifen? Mit andern Worten: wie lange und wie kräftig dürfen die Zangentraktionen fortgesetzt werden, um sich von der Fruchtlosigkeit derselben zu überzeugen? — Diese Frage ist noch nicht beantwortet, und immer noch der Entscheidung des praktischen Taktes des Geburtshelfers anheim gestellt. Kein sicheres Regulativ für so viele Fälle ist noch von Denjenigen aufgestellt worden, welche mit so grosser Aengstlichkeit vor den Gefahren forcirter Zangengeburten warnen, und nur die gemässigtste Kraftanwendung gestatten wollen. Mit mehr Vertrauen, obschon auch ohne fixe Regel, operiren Diejenigen, welche eine ausgedehntere Wirkung mit diesem Instrumente für statthaft halten. — Die beiden wesentlichsten entscheidenden Momente sind hier der Kräftezustand der Mutter und das Leben der Frucht. Ist Letztere positiv abgestorben, so wird die Entscheidung bedeutend erleichtert, denn man hat nicht mehr mit der Gewissensfrage zu thun, ob man das Kind opfern dürfe, und es bleibt sozusagen nur noch das technische Moment in Rücksicht. Man weiss aber, dass das Compressionsvermögen des Kindskopfes um so grösser, je länger die Frucht abgestorben, dagegen die Haltbarkeit der Zange um so geringer; während also die Geburtsthätigkeit, wenn sie intakt bleibt, oft noch vermögend ist, ohne Kunsthülfe den Kopf durch den engen Raum durchzubringen, wie in userm oben pg. 137 erzählten Falle, wird dagegen die Zange weniger Hoffnung bieten, die Indication zur Perforation schneller eintreten, diese aber von weniger erheblicher Folge sein, indessen bei den in diesen Fällen meist ziemlich entkräfteten Müttern ein wenig günstigeres Prognostikon bieten, als man a priori annehmen dürfte. Wenn aber die Frucht lebt, wie verhält es sich da mit Zange und Perforatorium? Bei den vielen Erfahrungen, dass namentlich bei nur in *einer* Appertur verengtem Becken lange, sogar Stunden lang andauernde forcirte Zangenversuche noch lebende Kinder liefern und wohl eine eben so grosse Zahl von Müttern als bei der Craniotomie, wenn nicht eine weit grössere, gerettet werden; dass Verletzungen der Weichtheile häufiger schadlos bleiben als zugestanden wird, übrigens diese Verletzungen, ja sogar Beckenzerreissungen bei leichtern Zangengeburten verhältnissmässig so häufig beobachtet werden als bei richtig geleiteten sehr angestrengten und lang dauernden Zangenentbindungen; wenn man ferner die Schmerzen und die Gefahren der Verletzung, nicht durch das Anbohren des Kopfes, sondern durch die darauf folgenden instrumentalen und manualen Entbindungsversuche, mit dem Leiden und den Gefahren fortgesetzter Extractionsversuche vergleicht, und endlich weiss, dass die erfahrensten Geburtshelfer sich in concreto sehr energischer Zangenwirkungen bedienen, so muss es als Scrupulosität oder Aengstlichkeit erscheinen, ja sogar als Leichtfertigkeit, die Grenzen der Kraft, welche mit der Zange in Anwendung gebracht werden darf, in enge Schranken zwingen zu wollen; warum? um die Prognose für die Perforation günstiger zu stellen, welche immerhin zweifelhaft genug bleibt, dafür aber sicherlich manches Kindesleben zu opfern, oder die bereits schon genügend zahlreichen Beobachtungen von lebend gebornen perforirten Früchten zu vermehren, was vorzüglich den Engländern vorgehalten wird, aber auch in Frankreich und Deutschland beobachtet wurde, wie MAURICEAU, DE LA MOTTE, PEU, CRANZ, WISTRAND, MEISSNER, HEISTER, BEYER, LAURENTIUS, LABORIE etc. berichten.

Erspriesslicher für die Menschheit und die leidenden Mütter wäre es, statt mit Aengstlichkeit die Kraft der Zangenwirkung beaufsichtigen zu wollen, die Hülfskräfte der Natur genau zu beobachten, die Lehren für die erlaubte Anwendung des Instrumentes pünktlicher und schärfer den Schülern und angehenden Geburtshelfern einzuprägen, und sie in der schonenden und geschickten Ausführung der Operation, namentlich an Lebenden, zu üben, denn die unzeitige Anlegung der Zange und die oft rohe, dem concreten Fall nicht entsprechende Handhabung derselben, bringen mehr Kinder und Mütter zu Grabe, als mit Umsicht geleitete kraftvolle und andauernde Traktionsversuche.

Es fehlt uns also ein bestimmter Maassstab zur Bestimmung der Zeit, wann zur Perforation geschritten werden soll, denn wo das Allgemeinbefinden der Gebärenden bereits zur Lebensgefahr sich verschlimmert hat, da bietet auch die Entbindung durch Perforation kaum noch eine günstige Prognose. Darf man aber vorher ein lebendes Kind zerstückeln? Ein lebendes Kind im Mutterleib bei noch möglicher Erhaltung der Mutter umzubringen, — und diese mögliche Erhaltung der Mutter geht hier oft sehr weit — ist aber eine der Aufgabe des Arztes: „zu erhalten“ unwürdige, rechtlich unerlaubte und moralisch verwerfliche Handlung, und doch kommt der Arzt zur Initiative: entweder — oder! — Mutter oder Kind werden erliegen müssen! — Warum ist nicht auch hier, wie beim Kaiserschnitt, dem Arzte die Pflicht auferlegt, die Mutter um Entscheid anzufragen, bevor noch periculum in mora!

Ueber die Prognose des künstlichen Abortus äussern sich die Schriftsteller in sehr allgemeinen Ausdrücken, meistens nur bemerkend, dass sie ungünstiger stehe, als wenn der Abortus spontan erfolge, und zwar wegen der gefahrdrohenden Blutungen, der nachfolgenden entzündlichen Leiden des Genitalsystems und anderer Folgekrankheiten, welchen die Frauen schliesslich erliegen;

auch bemerkt Villeneuve, dass bei Zuzählung der der Operation erliegenden Mütter zu den geopferten Früchten die Gesammtzahl der verlornen Individuen *sehr wachse*. Ausser dem oben (pag. 139) erzählten, glücklich abgelaufenen Falle, der indessen doch beweist, wie schwierig die Ausführung dieser Operation oft werden kann, und ferner einer Beobachtung eigenthümlicher Art, wo ich den Abortus durch Secale cornut. und Uterindouchen nicht zu Stande brachte, weiss ich nur noch von einem äusserst traurigen Fall, dessen Einzelnheiten mir jedoch unbekannt blieben.

In Beziehung auf den zweiten angedeuteten Fall mag die Notiz bezüglich der Wirkung der Douchen nicht ohne Interesse sein, dass das zunächst in ziemlich energischer Weise angewandte Secale cornut. den zu Ende des fünften Monates schwangern Uterus zu ordentlich kräftigen Contraktionen vermocht hatte, so dass der Mutterhals sich vollkommen verstrich. Da sich aber das mit einem callösen Rande umgebene Orificium nicht eröffnen wollte, so wurde zum Gebrauche häufiger und kräftiger Uterindouchen geschritten, unter deren Anwendung jedoch die Wehen wieder zurücktraten, mehr unbestimmte, lästige Schmerzen im Kreuze entstanden, und das Collum uteri sich ganz regelmässig wieder hervorbildete. Nach Aussetzen der Douchen fühlte sich die Dame bald so behaglich, dass sie von Bern abzureisen wünschte, was ich ihr nicht abrathen mochte.

Der künstliche Abortus darf also auch in alleiniger Rücksicht auf die Mutter keineswegs als ein mildes und gefahrloses Mittel betrachtet werden, sondern bedarf so ernster Erwägung, dass verschiedene Autoren dem behandelnden Arzte anempfehlen, diese Handlung nicht auf alleinige Verantwortung vorzunehmen, sondern erst in Folge eines Consiliums mit bewährten Collegen. Wenn wir also bedenken, dass bei dieser Operation alle Kinder geopfert werden, und nicht selten (Zahlenverhältnisse sind mir keine bekannt) auch die Mütter erliegen, so ergiebt sich jedenfalls eine Mortalität, welche derjenigen der Perforation nicht weit nachstehen wird. Zeigt nun diese *im Minimum* eine Mortalität von 25 % für die Mütter, so dürfen wir wohl für den künstlichen Abortus im Mittel eine Mortalität von 20 % als nicht zu hoch gegriffen ansehen.

Günstiger, ja wohl am günstigsten gestalten sich die prognostischen Verhältnisse der künstlichen Frühgeburt, welche Operation, obschon bereits seit dem 16. Jahrhundert bekannt, doch erst in den letzten Decennien einer besonders sorgfältigen Berücksichtigung sich erfreut, und nun dahin gediehen ist, dass ihre

Lehre sowohl bezüglich der Indicationen als der Verfahren, im Vergleich zu andern wichtigen Abschnitten der Geburtshülfe, als eine ziemlich abgerundete sich darstellt.

Im Jahre 1819 stellte REISINGER die erste vollständigere Statistik auf und zählte auf 74 Beobachtungen einen einzigen Todesfall (1,3 %) auf Seite der Mütter. unglücklicher war die Operation für die Kinder, von denen 30 „vor und bei " der Geburt starben, 24 bald nach der Geburt, zusammen 73 ^{0} $_0$, und 20 am Leben erhalten wurden. SCHIPPAN stellte 1831 eine Tabelle von 90 Beobachtungen auf, unter welchen 7 Mütter starben, circa 8 ^{0} $_0$ oder 1 : 13, 17 Kinder todt 1 : 5 oder 19 ^{0} $_0$, und 73 lebend geboren wurden, von denen 55 erhalten blieben (im Allgemeinen also eine Kindermortalität von 39 ^{0} $_0$, oder 1 : 2,7). MELY zählte im Jahr 1846 auf 235 Operationen 78 todt, 33 %, und 157 lebend geborene Kinder, also 1 todtes Kind auf 3, und von 186 operirten Frauen 11 Todesfälle und 175, die erhalten wurden, also 1 auf 17 bis 18, circa 6 %. STOLZ berichtet, dass auf 211 Fälle die Hälfte der Kinder und 1 auf 15 Mütter erlagen, 6 %. Die neueste und vollständigste Zusammenstellung, die wohl am maassgebensten ist, liefert KRAUSE (1855), nach welcher aus allen Theilen Europas und aus Amerika 1026 Fälle zusammengestellt sind, unter diesen 57 Todesfälle der Mütter, also 1 : 18 oder 5 ^{0} $_0$, und 293 der Kinder, dagegen 616 lebend geboren wurden, über 119 ist der Zustand unbekannt; das Verhältniss der bekannten todt Geborenen zu den lebend Geborenen würde demnach nur 1 : 2 oder genauer 47,5 ^{0} $_0$ betragen. Unter den 15 Beobachtungen, welche mein sel. Vater anno 1847 in der schweizerischen Zeitschrift mittheilte, waren alle für die Mütter glücklich und 8 Kinder wurden erhalten, während diese Frauen früher stets todte Kinder zur Welt gebracht hatten, 7 Kinder wurden todt geboren, 46,6 ^{0} $_0$.

Als Mortalitätsverhältnisse für die Mütter finden wir also 1,3 % (REISINGER), 8 % (SCHIPPAN), 6 ^{0} $_0$ (MELY und STOLZ), 5 ^{0} $_0$ (KRAUSE), also 8 % nicht übersteigend; und für die Kinder : 73 % (REISINGER), 39 % (SCHIPPAN), 33 % (MELY), 50 ^{0} $_0$ (STOLZ), 47 % (KRAUSE) und 46 ^{0} $_0$ (HERMANN), also zwischen 33 und 73 % schwankend, im Mittel circa 48 %. Dass übrigens die Prognose sich in concreto wesentlich modificirt, je nach dem Allgemeinbefinden der Schwangern, der Methode und Zeit der Operation, der Fruchtlage, dem indicirenden Momente, namentlich dem Grade der Raumbeschränkung u. s. w., versteht sich wohl von selbst.

Wenn ich endlich oben einige Bemerkungen über *Wendung* und *Zangen-anlegung* bei Beckenbeschränkung höheren Grades mir erlaubte, so konnte es natürlich nicht in dem Sinne geschehen, diese Operationen in irgend welche Parallele mit dem Kaiserschnitte bringen zu wollen, daher wir denn hier über deren prognostische Verhältnisse nicht einzutreten haben.

Stellen wir nun die Resultate obiger Untersuchungen über die Prognose des Kaiserschnittes, der Perforation, des künstlichen Abortus und der künstlichen Frühgeburt zusammen, so ergiebt sich folgender Ueberblick der Mortalität nach Prozenten:

	Mütter			Kinder			Gesammtzahl der Individuen		
	Maxim	Minim.	Mittel	Maxim.	Minim.	Mittel	Maxim	Minim.	Mittel
Kaiserschnitt	63	21	43	39	27	33	102	48	76
Perforation	50	25	43	100	100	100	150	125	143
Künstlicher Abortus	—	-	20	100	100	100	—	—	120
Künstliche Frühgeburt	8	0	4	73	33	48	81	33	52

Rücksichtlich der Zahlenverhältnisse der durch diese Operationen erhaltungsfähigen Individuen, ergäbe sich also im Mittel für den Kaiserschnitt 124, für die Perforation 57, für den künstlichen Abortus 80 und für die künstliche Frühgeburt 148.

Obschon nun diese Zahlen nicht Anspruch auf absolute Richtigkeit machen können, so haben sie doch wenigstens einen vergleichenden Werth. Vor Allem muss im höchsten Grade das Verhältniss zwischen Kaiserschnitt und Perforation auffallen. Das Maximum der Mortalität für die Mütter steht nämlich bei der Perforation hinter demjenigen des Kaiserschnittes nicht allzuweit zurück, sie übertrifft sogar im Minimum die Zahl des letztern und hält sich im Mittel zwischen beiden gleich! Sind diese Zahlen nicht grundfalsch, was noch zu beweisen bliebe, so würde aus denselben hervorgehen, dass nicht einmal für die Mutter die Perforation ein Erhebliches vor dem Kaiserschnitt voraus hat, was von der höchsten Bedeutung ist, indem ja die Perforation einzig im Interesse der Mutter dem Kaiserschnitt substituirt wird. Es würde diesem Zahlenverhältnisse nach also schon in Rücksicht auf die Erhaltung der Mütter fast erwiesen sein, dass die

Perforation kein berechtigtes Ersatzmittel des Kaiserschnittes ist. Immerhin ist aber so viel einleuchtend, dass bei der Entscheidung, ob Kaiserschnitt oder Perforation, man sich bezüglich der letztern keinen Illusionen hingeben darf noch sie gegenüber der erstern besonders befürworten. — In Rücksicht dann auf die Kinder kann natürlich nie in Frage kommen, welches der beiden Verfahren diesen günstiger sei, da bei letzterem alle geopfert werden müssen, dagegen bei ersterem noch eine nicht unerhebliche Zahl von 61 bis 78% oder im Mittel 67% Aussicht auf Erhaltung gewinnen. Wollte man aber einzig nach der Gesammtzahl der geretteten oder möglicherweise zu rettenden Individuen einen Schluss über den Werth beider Operationen sich erlauben, so würde das ziemlich allgemein anerkannte Resultat, dass durch den Kaiserschnitt bei Weitem die grössere Zahl, nach obiger Tabelle im Mittel sogar weit über die Hälfte erhalten werden, ganz ausschliesslich und sehr entschieden zu Gunsten des Kaiserschnittes sprechen.

Beim künstlichen Abortus gestaltet sich das Verhältniss etwas günstiger als beim Kaiserschhnitt, doch ist die Mortalität für die Mütter immer noch annähernd die Hälfte derjenigen des Kaiserschnittes; die Gesammtzahl der durch letztern rettungsfähigen Individuen dagegen übersteigt ungefähr um $\frac{1}{4}$ die Zahl der durch den Abortus wahrscheinlich zu erhaltenden. Bezüglich der Mutter hat also der Abortus einen Vorzug von halbem Werth (wenn man so sagen darf), gegenüber der Gesammtzahl der interessirten Individuen einen Nachtheil von circa $\frac{1}{4}$ Werth.

Bei der künstlichen Frühgeburt findet sich das gegenüber dem Kaiserschnitt ungünstigere Verhältniss grösserer Mortalität der Kinder; dasjenige der Mütter ist dagegen so unverhältnissmässig geringer, dass die künstliche Frühgeburt evident ein so vollkommen geeignetes Ersatzmittel für den Kaiserschnitt ist, dass letzterer nicht einmal in Frage kommen darf, wenn erstere möglich ist.

Gegen solche mathematische Beweisführung wird man, wie billig, einwenden, dass hier nicht nur Zahl gegen Zahl gehalten werden dürfe, sondern dass namentlich ein wichtiges Moment zur Beurtheilung im individuellen Werthe jedes einzelnen Individuums, vor Allem aber in dem wesentlichen Unterschiede des Werthes zwischen einem ungeborenen oder neugeborenen Kinde und seiner Mutter liegen müsse. Jeder Denkende und Fühlende wird das a priori zugestehen, will er aber in eine Definirung dieser Unterschiede individuellen Werthes eintreten, so verirrt er sich in ein Labyrinth von religiösen, sozialen, rechtlichen und individuellen Anschauungen, Theorien und Grundsätzen, dass ihm fast schwindlig wird, und er den Faden der Ariadne kaum mehr finden kann, um wieder auf sicheren Pfad zu gelangen. Es ist ein alter Satz, der auch in die Rechtspraxis übergegangen, und der in der modernen Zeit mancher Kindsmörderin schon über Verdienen zu Gute gekommen, dass ein Erwachsener mehr gilt, höheren sozialen und selbst moralischen Werth besitzt als ein Kind, eine Mutter also mehr Berechtigung ihrer Erhaltung zu beanspruchen hat, als ihre Frucht; ein Satz, der in der geburtshülflichen Praxis ebenfalls adoptirt ist, und missverstandener Weise vielleicht schon manchem Kinde das Leben gekostet hat. Er gilt für den Geburtshelfer aber offenbar nur für die Fälle, wo es sich um den Tod des Einen oder des Andern, nicht aber, wo es sich um die mögliche Erhaltung beider Individuen handelt. In letzterem Falle steht benannter Grundsatz auf bösen Füssen, oder — richtiger gesagt — auf gar keinen. Weder göttliches noch menschliches Gesetz bietet uns hier einen festen Anhaltspunkt. Was geschieht also? Jeder handelt nach demjenigen Gesetze, welches Allvater in jede menschliche Brust gelegt hat, d. h. nach seinem Gefühle, seinem sittlichen Bewusstsein, seinem Gewissen. Auf welche Irrwege, oder in welche Sackgasse solches Handeln jedoch führen kann, zeigt uns oben erzähltes Beispiel der Eyer. Die Person kam im fünften Monate ihrer zweiten ausserehelichen Schwangerschaft in die Anstalt, wissend, dass sie einen wichtigen Entscheid über ihr und ihres Kindes Schicksal zu gewärtigen habe, denn die Indication auf künstlichen Abortus oder Kaiserschnitt war unzweifelhaft, und die Person mit der drohenden Gefahr bekannt. Nach allseitiger Erwägung der Verhältnisse, wobei ich vom Standpunkte des rationellen Arztes und im Bewusstsein der Pflicht des Erhaltens mehr auf Seite des Kaiserschnittes mich neigen musste, entschieden die Herren Studirenden dennoch einstimmig für den künstlichen Abortus, und zwar sicherlich einzig aus Mitleiden, nach dem Gefühle der Theilnahme und im Interesse der Erhaltung der Unglücklichen, die sie kannten, da zweifelsohne für sie die Beobachtung eines Kaiserschnittfalles interessanter gewesen wäre, als die eines künstlichen Abortus. Was beschlossen, wurde glücklich vollzogen. Wie aber nun, wenn die Person zum dritten schwanger sich zur Erweckung des Abortus stellt? Soll ich der leichtsinnigen, gleichgültigen Person alle Jahre eine Frucht abtreiben? oder soll ich mich zum Sittenrichter aufwerfen, und aus Grund der Moral die Person den Kaiserschnitt bestehen lassen? Soll Moralität oder Immoralität zur Indication des Kaiserschnittes erwachsen? oder soll ich mich zu einer Art Fruchtabtreiber herabwürdigen?! — Eine ärztliche Berathung kann wohl in der Bedeutung dieser Fragen nichts ändern, sondern nur höchstens dadurch aus der Verlegenheit helfen, dass die zu Rathe gezogenen Collegen statt mir die Verantwortung übernehmen, welche an sich die gleiche bleibt, während ich die Verantwortung für die erste Operation den Herren Studirenden überbinden könnte! — Das sind offenbar leere Illusionen! Auch muss ich offen bekennen, dass ich an dem Beispiele der Julie Gros, welche drei Mal, jeweilen von einem andern Geburtshelfer, nämlich von Cazeaux, Dubois und Lenoir, den künstlichen Abortus erlebte, kein Vorbild zu nehmen geneigt bin, trotz den zustimmenden Verhandlungen der Pariser Akademie.

Anders verhält sichs aber, wenn die zu Behandelnde eine Familienmutter, die Seele des häuslichen Glückes, die begabte Erzieherin ihrer Kinder, kurz eine den Ihrigen sozusagen unersetzliche Stütze und Hülfe ist. Hat hier die bürgerliche Gesellschaft nicht weit mehr Interesse an der Erhaltung dieser Mutter, als an der Erhaltung ihres Kindes? ist sie selbst nicht zu höhern Ansprüchen an das Leben berechtigt, als das rücksichtlich seiner Fortexistenz und in seiner Entwicklungsweise noch zweifelhafte Früchtchen unter ihrem Herzen? — Wer darf da mit Nein antworten? — Und doch wo ist der Titel, der vom rein rechtlichen und moralischen Standpunkte aus ihr höheres Lebensrecht zugesteht, als ihrer ebenfalls lebenden, von ihr selbst gezeugten Frucht? Wo soll der Arzt zu solchem Urtheile die Abstufung und Grenze finden, zwischen unersetzlichen Weibern, ersetzlicheren oder gar denjenigen, die ein eigentliches Gebrechen der Menschheit darstellen? Kann ein Unterschied gemacht werden, zwischen ehelich und ausserehelich Schwangern in Rücksicht auf Lebensberechtigung? Darf überhaupt der Arzt als solcher in dergleichen Erwägungen eintreten, kann er sich zum Richter aufwerfen in solchen Fragen? — Wo ist aber hiefür der competente Richter auf Erden? —

Um sich nun aus dieser schwierigen Stellung und Verlegenheit heraus zu winden, griff man zu dem auf den ersten Blick sehr einfachen und dennoch höchst casualen Aushülfsmittel, die Entscheidung über die Wahl der Operation der Mutter zu überlassen, bei Unzurechnungsfähigkeit derselben ihrem Ehemanne oder den nächsten Anverwandten. Dieser Grundsatz ist nun allgemein adoptirt und in den geburtshülflichen Lehrbüchern sogar vorgeschrieben. Er ist von der höchsten Wichtigkeit, denn er involvirt die Anforderung an den Arzt, unter Umständen einen Kindsmord zu vollbringen, abgesehen von andern Verumständungen der höchsten Bedeutung. Wie verhält es sich aber mit der Begründung, dem absoluten Werthe und der Berechtigung dieses Grundsatzes? Liegt in diesem Vorgange nicht einfach eine Uebertragung der eigenen Verantwortung auf die Schultern eines Andern? und ist diese Uebertragung eine reelle oder eine nur scheinbare? Ist der gewählte Richter ein competenter oder nicht?

Juristen und Aerzte haben sich mit diesem Gegenstande von ausserordentlicher Tragweite befasst, die Verhandlungen aber noch nicht zu einem definitiven Abschlusse gebracht, daher auch erwähnter Grundsatz streng genommen nur noch provisorisch zu Rechte besteht. MITTERMAYER nimmt für die Mutter den Nothstand, das Recht der Nothwehr oder der Selbsthülfe an, eine Ansicht, die im Allgemeinen wenig Anklang fand, und gegen welche z. B. LEBLEU kurz erklärt; „la mère n'est nullement dans le droit de légitime défense." Die Einwendung DUNTZER's, dass hier keine Nothwehr vorhanden, weil die Mutter nicht selbsthandelnd auftreten könne u. s. w., ist ein Sophismus, der kaum in die Waagschaale gelegt werden darf. Von Gewicht ist dagegen der Einwurf, dass derselbe Grundsatz auch für das Kind geltend gemacht werden könne, ist doch seine Existenz als Mensch eine ebenso berechtigte, und ist doch seine Persönlichkeit ausser Zweifel, wenn sie die Juristen freilich nur als eine persona incerta bezeichnen! — Unter obwaltenden Verhältnissen, ist aber wohl auch die Mutter eine persona incerta! — Man könnte ferner hervorheben, dass der zur Ausführung der Selbsthülfe von der Mutter herbeigerufene Arzt als solcher zugleich auch der Fürsprecher und Vertheidiger des Kindes sein soll, oder kann vielleicht der Mutter als Berechtigung zur Nothwehr vindicirt werden, dass — weil sie dem Kinde das Leben gegeben — es auch ihr zustehe, ihm dasselbe wieder zu nehmen, wenn es ihre Existenz gefährdet? Dieselbe Berechtigung müsste wohl dem Vater ebenfalls zugestanden werden; wo aber würde diese Theorie in praxi hinführen! — Sonderbar klingt die Hypothese, welche JANOULI zum Zwecke der Beweisführung aufstellt, dass der Arzt zur Perforation des lebenden Kindes befugt sei, indem er sagt, dass bei Eingehung einer Ehe ein stillschweigender Vertrag zwischen Braut und Staat bestehe, kraft dessen Erstere das Recht habe, von Letzterem zu ihren Gunsten die Berechtigung der Tödtung des Kindes zu verlangen! Von einem solchen Vertrage, der an und für sich wohl zu den Unmöglichkeiten gezählt werden darf, ahnt wohl weder Braut noch Bräutigam, und ebensowenig rechtfertiget die Kriminalgesetzgebung eine solche Annahme. Beherzigenswerth für das Weib und sittlich wie rechtlich wahr ist dagegen der Ausspruch MENDE's: „ Indem ein Mädchen eine Ehe eingeht, ja indem es sich überhaupt nur auf Begattung einlässt, übernimmt es an und für sich schon die Gefahren, die mit dem Fortpflanzungsgeschäfte verbunden sein können, und die Verpflichtung, sich ihnen nicht durch Beeinträchtigung der Gesundheit und des Lebens des in seinem Schoosse Erzeugten zu entziehen. " Wenn DUNTZER diesen Ausspruch dadurch in seinen Consequenzen zu schwächen sucht, dass er auf die fast unwiderstehliche Macht des Geschlechtstriebes hinweist, welcher das Weib selbst dann noch vom Coitus nicht abzuhalten vermag, wo es die ihm dadurch erwachsende Lebensgefahr kennt, was allerdings durch viele Beispiele zu erweisen ist, so muss dieser Reflexion entgegen gehalten werden, dass das Weib als Mensch und sittliches Individuum zugleich auch von der Vorsehung oder durch die „ anordnende Weisheit der Natur " — wie DUNTZER sich ausdrückt — die Fähigkeit der freien Selbstbestimmung erhalten hat, die bei einem sich selbst bewussten Geschöpfe jene Naturtriebe in geziemenden Schranken zu halten vermag, es also im Bewusstsein der Consequenzen handelt, wenn es jenem Triebe folgt. Doch ist es wohl schwer diese Parallele consequent festzuhalten. Ein Individuum ist intellektueller entwickelt als das andere und hat richtigere Begriffe, ja es giebt solche, die sozusagen gar keine solchen besitzen, und im blinden Vertrauen, dass es nun einmal der Gang der Welt und ihre Bestimmung sei, die Ehe eingegangen haben. Ein Weib gehorcht vielleicht gegenüber einem brutalen rücksichtslosen Mann und gegen seine Neigung oder Ueberzeugung seiner ehelichen Pflicht. Eine Ehefrau hat glücklich eine Anzahl Geburten bestanden, sie ahnet nicht, dass die kommende ihr ausserordentliche Gefahren bringt; sie weiss nicht, dass obschon sie die frühern Kinder mit Leichtigkeit geboren hat, ein folgendes eine absolute Geburtsunmöglichkeit findet und ihr Leben in Frage stellt u. s. w. Welche Verantwortlichkeit kann unter dergleichen Verhältnissen der unglücklichen Schwangern zufallen? Ist es doch eine der gütigsten Anordnungen der Vorsehung, dass das Weib mit allen den ihr möglicherweise in Schwangerschaft und Geburt drohenden Gefahren nicht bekannt sein kann, und diejenigen, die es ahnet, nicht zu verwerthen vermag. — Aber — um auf unsere Frage zurück zu kommen — berechtigt das Alles das Weib zum Lebensabspruch über ihre Frucht bei Gefahr für ihre eigene Existenz? Liegt es im Geiste der schöpfenden Natur, dass das Gezeugte zur Erhaltung des Zeugers geopfert werde? — Zu competenter Entscheidung gehört übrigens wesentlich ein unbefangenes freies Urtheil und klare Einsicht in die Lage der Verhältnisse, sowie in die physischen und moralischen Consequenzen des Urtheils, dem schwangeren oder gebärenden Weibe kommt weder das Eine noch das Andere zu. „ Die meisten Schwangern, sagt CREDE, um so mehr die Gebärenden sind psychisch unvermögend zu entscheiden und werden es immer mehr, je weiter die Geburt vorrückt. " Die Mutter urtheilt nach Neigung und Gefühl, nach Furcht oder Hoffnung, aus aufopfernder Hingebung oder Liebe zum Leben, nach religiösen Auffassungen, sogar nach momentaner Eingebung etc. etc. Sind das anerkennenswerthe Motive zur Entscheidung so ernster Fragen? Kann nach solchen Beweggründen ein competentes Urtheil erfolgen? — Nimmermehr. — Man hat als Grundsatz aufstellen wollen, in Rede stehende Entscheidung die Betreffende nur zu einer Zeit vornehmen zu lassen, wo die direkte Gefahr noch nicht auf sie influenziren kann, also während der Schwangerschaft, in einem ruhigen Zustande, oder selbst schon vor derselben. Abgesehen davon, dass dieser Grundsatz in den seltensten Fällen in Anwendung gebracht werden kann, so verfehlt er auch dann seinen Zweck, wo diess möglich ist, denn vor Eintritt der Schwangerschaft erhält die Frage eine ganz andere Bedeutung; welche Schwangere aber wird mit Ruhe und Umsicht sich zu entschliessen vermögen, ob sie das Kind unter ihrem Herzen hinopfern oder zu seinen Gunsten in eine lebensgefährliche Operation einwilligen wolle? Wie befangen und nüchternen Urtheils unfähig übrigens selbst der mit den Verhältnissen und ihrer Bedeutung Vertraute wird, wenn es sich um sein eigen Fleisch und Blut handelt, beweist die naive und äusserst charakteristische Mittheilung CREDE's, wo er (Montschr. f. Gbtskd. 1851. XXX pg. 346) erzählt: „ So setzte es mich in nicht geringe Verlegenheit, als mich der Ehemann der Frau T., nachdem ich ihm auch die glücklichen Seiten des Kaiserschnittes, von dem er durchaus Nichts wissen wollte, auseinandergesetzt hatte, auf mein Gewissen fragte, ob ich unter ähnlichen als die vorliegenden Umstände, auch bei meiner Frau den Kaiserschnitt würde machen lassen? Als Arzt hatte ich zugeredet, als Mann musste ich entschieden verneinen!" — Wie reimt sich da das Gewissen des Arztes mit dem des Ehemannes, die Urtheilsfreiheit und Urtheilsfähigkeit des Arztes, der den Kaiserschnitt für angezeigt hielt, mit der Urtheilsfreiheit und Urtheilsfähigkeit des in derselben Person repräsentirten Ehemannes, der ihn aus Furcht zurückwies? Entweder hatte der Arzt Unrecht, oder der Ehemann war befangen und incompetent zu urtheilen! Ersteres dürfen und können wir Crede als Arzt nicht zutrauen, das Letztere aber müssen wir von ihm als Ehemann glauben und ihm zu Gute halten, als Mensch ja sogar in ihm ehren. — Es beweist aber dieser Vorgang deutlich entweder die Krüppelhaftigkeit unserer Lehre vom Kaiserschnitt, welche solch gefährlicher Krücke, wie der Entscheid der Kranken oder ihrer Angehörigen, bedarf, um ehrbar durch die Welt zu hinken, oder aber die Unrichtigkeit in Rede stehenden Grundsatzes. — Ich halte zu letzterer Anschauungsweise.

Uebrigens ist der tiefere Grund dieser Selbstentscheidung der Mutter, ich meine die Entladung des Arztes von der Verantwortung seines Handelns, ein sozusagen rein illusorischer, wenigstens gegenüber Laien, welche seinen Räthen und Ansichten Gehör schenken, wie er wünschen muss, und welche dann offenbar nach *seinen* Ansichten urtheilen und nach *seinem* Sinn handeln werden. Der *Arzt* hat also die Art der Entscheidung herbei geführt, *er* hat gewissermaassen selbst entschieden. Wie man aber vom Laien ein Urtheil verlangen mag, ohne ihm den wahren Sachverhalt mit dem ganzen Gewicht seiner Consequenzen nach vollkommenster Ueberzeugung mitzutheilen und ohne in dem Verschweigen der wichtigsten Momente, denn diese fürchtet man aufzudecken, eine absichtliche Täuschung zu erblicken, das will mir nicht klar werden.

Aus dem Gesagten glaube ich bezüglich der Indicationslehre des Kaiserschnittes Folgendes resumiren zu dürfen.

Der Kaiserschnitt ist bei absoluter Geburtsunmöglichkeit das einzige rationell gerechtfertigte Verfahren. — Diese absolute Geburtsunmöglichkeit liegt aber nicht immer und allein, obschon in der Regel, in mechanischen Verhältnissen begründet. — Eine genaue Definirung der absoluten Geburtsunmöglichkeit kann nicht gegeben werden. — Will man für die mechanische Geburtsunmöglichkeit eine Norm feststellen, so dürfte für todte Kinder eine Raumbeschränkung unter 2 Zoll, für lebende Kinder unter $2^1/_2$ Zoll, ausnahmsweise bis 3 Zoll die entsprechendste sein. — Bei lebendem, ja vielleicht selbst bei todtem Kinde kann der Kaiserschnitt durch dynamische Verhältnisse auch bei günstigen Beckenverhältnissen als angezeigt anerkannt werden, obschon diese Indication nur mit grossem

Rückhalt angenommen werden darf. — Die Perforation kann nur bei todtem Kinde und günstigen Verhältnissen, namentlich bei Raumbeschränkung nicht unter 2 bis 2 ½ Zoll als rationelles Ersatzmittel für den Kaiserschnitt gelten. — Das Anbohren eines lebenden Kindes ist eine dem ärztlichen Berufe zuwiderlaufende, eine wissenschaftlich kaum je zu rechtfertigende Handlung, wenigstens in Rücksicht auf seine Beziehung zum Kaiserschnitte. — Die Uebertragung des Entscheides über die Wahl der Entbindungsart auf die Mutter oder ihre nächsten Angehörigen ist eine illusorische Entladung des ärztlichen Gewissens, ein Dunst, in welchen sich die Unvollkommenheit der ärztlichen Kunst einzuhüllen sucht; ein Akt scheinbarer Humanität, der weder durch göttliche noch menschliche Gesetze bestimmt sanktionirt ist. Die Umgehung dieses Aktes von Seite des Arztes ist also kein Fehler, für den er zur Verantwortung gezogen werden darf; seine Verantwortlichkeit reicht nicht weiter, als über ein klar bewusstes Handeln nach dem Standpunkte unserer Wissenschaft — Glaubt aber der Arzt, dass er sich selbst und den Betheiligten schuldig sei, erwähnte Entscheidung den letztern zu überlassen, so mag er es dem allgemein adoptirten Satze zu Liebe thun; wird der Kaiserschnitt verweigert, so bleibt ihm nur noch die Aufgabe der Erhaltung der Mutter, und er hat somit die Competenz zur Opferung des Kindes erhalten, indem er entweder den künstlichen Abortus bewirkt, oder das lebende Kind im Mutterleibe zertrümmert. — Traurige Aufgaben, von welchen jeder Fühlende mit Dr. GREPPIN sagen muss: „Malgré tout l'intérêt qu'ils offrent, je ne désire jamais être ni le spectateur, et encore moins l'acteur d'une pareille scène. "

Betrachten wir nun einige **Hauptmomente der Operation des Kaiserschnittes** selbst, welcher der Ehrenname der Krone aller Operationen nicht ganz mit Unrecht ertheilt wurde, ist sie doch jedenfalls die bedeutendste aller anerkannt berechtigten geburtshülflichen Operationen und steht in Beziehung auf die Subtilität ihrer Ausführung, der Wichtigkeit der intercurrirenden Momente, der hohen Bedeutung der zu lädirenden Gebilde u. s. w., wohl wenigen der bedeutendsten chirurgischen Operationen nach; hat aber vor allen die hohe Aufgabe voraus, unter den schwierigsten Verhältnissen nicht nur die Erhaltung des Lebens eines einzelnen Individuums zu suchen, sondern zwei Leben zu retten, zweien Menschen sozusagen das Leben zu schenken, indem beide ohne sie dem sichern Tode verfallen zu sein pflegen.

Ehe wir aber auf das Operationsverfahren selbst eingehen, können wir nicht umhin dem namentlich um Gynäkologie und Geburtshülfe hochverdienten Manne unsern wärmsten Dank auszusprechen, der uns den Gebrauch des Aethers und Chloroforms als Anæsthetica gelehrt hat. Wenn SIMPSON in Edinburg nur dieses Verdienst um unsere Wissenschaft hätte, so wäre schon sein Name ein unvergesslicher. — In der geburtshülflichen Praxis ist das Chloroform wie in der Chirurgie, ja vielleicht noch in höherem Maasse, eine Wohlthat, welche nicht nur vom Leidenden mit dem tiefsten Dankgefühle genossen wird, sondern welcher auch der Geburtshelfer viel und oft das Gelingen seiner schwierigen Aufgabe zu verdanken hat, ein Mittel das keiner mehr missen möchte. Zwar unterliegt auch dieses am richtigen Orte unschätzbare Mittel dem Schicksale aller derjenigen, welche eine vorragende Stellung einnehmen; auch es wird durch Missbrauch entwürdigt und in seinem wahren Werthe gefälscht! — Bei der Sectio cæsarea wird das Chloroform seit seiner Einführung als Anæstheticum allgemein in Gebrauch gezogen, indem die zu Operirende in vollständige Narcose versetzt wird, und es erfüllt hier in vollem Maasse die doppelte Aufgabe: Patientin von jedem bewussten Schmerzgefühl so vollständig frei zu halten, dass sie nach ihrem Erwachen keine Ahnung von dem hat, was mit ihr vorgegangen ist, sogar wähnt, auf natürliche, leichte und schonende Weise entbunden worden zu sein, und in dankbarer Rührung die milde Hand des Operateurs segnet! — Anderer Seits aber soll das Chloroform die noch folgewichtigere Wirkung besitzen, theils durch die Beseitigung des erschöpfenden Schmerzes, theils durch Aufhebung der Reizempfänglichkeit des Gesammtnervensystems den tiefen verletzenden Eingriff in das organische Leben so wichtiger Gebilde, wie des Uterus im Geburtsakte, des Peritoneums etc., leichter zu vertragen und nicht die hochgradige und gefährliche nervöse Erschöpfung und Irritabilität zurückzulassen, wie es ohne Chloroform der Fall sein würde. In allen drei Fällen, die ich zu beobachten Gelegenheit hatte, fühlten sich die Individuen unmittelbar nach der Operation wenig ergriffen, ja sogar wohler und fast kräftiger als vor derselben, wenigstens bedeutend erleichtert; ich will daher in erwähnter Rücksicht das Verdienst des Chloroforms nicht in Abrede stellen, obschon allerlei Wenn und Aber angebracht werden könnten, und der fernere Verlauf des Wochenbettes kaum mehr Erhebliches zu Gunsten des Chloroforms anführen lässt; mit welcher Bemerkung ich indessen keine Anklage desselben beabsichtige.

Was die Operationsmethode anbetrifft, so hat die Erfahrung hierüber bereits ihr Urtheil gefällt, denn von allen 6 Methoden, die in den Lehrbüchern figuriren, wird nur noch diejenige in der Linea alba geübt, gemeiniglich die Methode von DELEURYE (1779) geheissen, nach VON SIEBOLD aber schon 1410 von PETER DE LA GERLATA oder DE LARGELATA angegeben. Nur bei aussergewöhnlich starker Seitenlagerung des Uterus, wo es beim Schnitt in der Mittellinie schwierig würde, die Coïncidenz der Haut- und Uteruswunde zu erhalten, auf welche besonders geachtet werden soll, und ferner — was wohl wichtiger — der Vorfall der Unterleibseingeweide auch weniger zu verhüten wäre, wählt man statt der weissen Linie eine dem Uterus entsprechende seitliche, der Linea alba parallele und dieser möglichst nahe Linie zur Incision, Seiten- oder Lateralschnitt von LEVRET. Die Vorzüge der Operation in der weissen Linie sind einleuchtend, und bestehen vorzüglich in Vermeidung der Verletzung bedeutenderer Gefässe, wie der Durchschneidung grösserer Muskelschichten, welche bei stark seitlichem Schnitte stets ein stärkeres Klaffen der Wunde herbeiführt. Ferner soll bei diesem Medianoder Lateralschnitt der Ausfluss der Wundsekrete leichter von statten gehen und die Vernarbung besser, vollständiger und fester sich machen. — Mit jener Coïncidenz der Wunden hat es aber eine eigene Bewandtniss; sie liegt keineswegs in der Macht des Operateurs, selbst wenn er dem — man möchte fast sagen — abenteuerlichen Rathe von METZ folgen wollte, die Frau nach der Operation auf den Bauch zu legen. Diese Coïncidenz wird in dem seltensten Falle eine vollständige sein, oft sogar total fehlen, wie z. B. in dem oben berichteten Falle der Katharina Bill. Die Erklärung liegt nahe, und zwar einerseits in der bedeutend grösser gewordenen Beweglichkeit des leeren Uterus, in dessen ausserordentlichen Volumsabnahme, welche die Stellung des Schnittes um ein nicht Geringes nach unten verrücken muss, und in der Axendrehung der schwangern Gebärmutter, welche nach ihrer Entleerung, wenn nicht vollkommen aufgehoben, doch um ein Wesentliches verringert wird, und wodurch die Uteruswunde sich seitlich verschiebt.

Bevor man zur Operation schreitet, vergesse der Operirende nie, das Operationslager, sowie alle zurechtgelegten Utensilien, von Messer, Pincette, Ligaturen etc. etc., bis zu Wasser, Schwamm, Nabelstrangligatur u. s. w. zu untersuchen und zu ordnen, denn das Fehlen eines einzigen noch so unwichtig scheinenden Stückes kann eine fatale Störung, ja sogar das Missglücken eines

Theiles der Operation bedingen. Und ferner wähle und instruire der Operateur seine Assistenten mit Sorgfalt, denn von ihrer geschickten Hülfleistung hängt wesentlich der Erfolg der Operation ab. Namentlich haben die beiden Assistenten, welche das Fixiren des Uterus und der Bauchwandungen besorgen, eine äusserst wichtige, schwierige und selbst mühsame Aufgabe, vorzüglich im Momente der Eröffnung der Bauchhöhle, und mehr noch während und nach der Entleerung des Uterus, bis nach Anlegung der Naht. Diese zwei zuverlässigen Gehülfen sind unentbehrlich, auch derjenige, der das Anæsthesiren besorgt, kann nicht leicht ein Laye sein, denn weder der Operateur und noch weniger einer der beiden schon erwähnten Assistenten können die Wirkung des Chloroforms genugsam beaufsichtigen. Kaum weniger wichtig ist die Aufgabe desjenigen, der die Ligaturen bereit hält und dem Operirenden bei einzelnen Eventualitäten hülfreiche Hand bieten soll. Die übrigen Hülfeleistungen können nöthigen Falls nicht sachverständigen intelligenten Personen übertragen werden.

Als passendster Moment zur Operation gilt das Ende der Eröffnungsperiode. Man macht sich aber unter dieser Bezeichnung leicht ein irriges Bild von dem Stand der abzuwartenden Geburtsverhältnisse, indem man sich z. B. eine wohlgebildete Blase, mit 3—4 Querfinger weit eröffnetem Muttermunde vorstellt. Dem ist aber nicht also, denn die Stellung des Uterus, namentlich seiner Vaginalöffnung, zum ausserordentlich engen Beckeneingang lässt derselben meist keine bedeutende Dilatation zu, und diese geht meist sehr langsam von Statten. Man muss sich gewöhnlich mit einer mässiger Eröffnung begnügen, die dem Lochialfluss und andern Secretionen Abfluss gestattet, was hinlänglich. Hauptsache ist, dass die Uterusthätigkeit zu kräftigern, allgemeinen und regelmässigen Contraktionen sich erhoben hat, welche nach Entleerung des Organes eine schnelle Reduktion seines Volumens und damit Verschliessung der blutenden Wunde und Blutstillung möglichst rasch herbei führt. Sobald der Uterus diese Fähigkeit erreicht hat, und der Muttermund mässig eröffnet ist, so säume man nicht mehr mit der Operation, denn durch längeres Zuwarten wird wenig mehr gewonnen, dagegen verhältnissmässig zu viel aufs Spiel gesetzt, nämlich grössere Entkräftung der Mutter, Abfluss der Fruchtwasser und die Gefahr des Leidens und Absterbens des Kindes. PIHAN-DUFEILLAY geht noch weiter, indem er sagt, man solle operiren, sobald die Diagnose gestellt und die Unmög-

lichkeit der Geburt erkannt ist. Er wird ohne Zweifel mit dieser Maxime glücklicher sein als die Zauderer.

Die möglichste Integrität des physischen und psychischen Kräftezustandes der
zu Operirenden ist anerkanntermaassen eines der wichtigsten Momente für eine
günstige Prognose, daher jede Minute, in welcher an dem Allgemeinbefinden
der Frau etwas verschlimmert wird, diese einen Schritt näher zum Grabe führt.
So namentlich das unnütze Verarbeiten der Wehen und die der Gebärenden
Besorgniss erweckenden, sie beängstigenden Unterhandlungen über pro und contra
der Operation — und doch soll man mit ihr sprechen, ihr den Entscheid über
dieselbe anheimstellen! — Freilich — aber auf eine Weise, dass sie bei gutem
Muthe bleibt! — Diess erfüllen und der Frau dazu ehrlich die Wahrheit sagen,
wie es Pflicht und Gewissen gebieten, ist gewiss eine Aufgabe, die Wenige zu
lösen vermögen werden! — Diese Erhaltung der Kräfte der Mutter und ihres
guten Muthes ist eine höchst einleuchtende und schwer zu bezweifelnde Bedingung
des günstigen Erfolges der Operation und doch haben wir oben zwei Beobachtungen glücklicher Ausgänge für die Mütter, wo diese Bedingung absolut fehlte,
während die zweite Operation an der Frau Hirschi missglückte, obschon — im Vergleich zu der ersten — unter ganz günstigen Umständen ausgeführt. Aehnlich der
Fall der Weber, obschon hier allerdings vielleicht zu lange Zögerung vorgeworfen
werden könnte. — Die Beobachtungen Nr. 1, 4, 6 und 7 entsprechen dagegen
ziemlich vollständig dem aufgestellten Satze.

Die Gefahr des Abfliessens der Fruchtwasser durch Zuwarten ist allerdings
gross, denn in der Mehrzahl der Fälle fliessen diese frühe ab, meist schon bei
kaum eröffnetem Muttermunde, ehe man sich's versieht. Glücklicherweise ist diese
Gefahr aber für das Gelingen der Operation und ihre Ausführung so wichtig nicht,
im Gegentheil wird um so weniger desselben bei Eröffnung des Eihautsackes
durch die Wunde in die Peritonæalhöhle sich ergiessen können; die Verletzung
des Kindes durch das den Uterus eröffnende Messer wird wohl kaum einem vorsichtigen Operateur begegnen; und so bleiben nur zwei Momente, welche bei zu
frühem Wasserabfluss fatal werden können, nämlich Lädirung des untern Uterinsegmentes durch Pressung zwischen Kindskopf und Becken, und für das Leben
des Kindes gefährliche Umschnürung desselben durch das sich fest contrahirende
Organ. Obschon nun im Allgemeinen die Gefährdung des Kindeslebens nach
Abfluss der Fruchtwasser viel zu hoch angeschlagen wird, so tritt hier erfah-

rungsgemäss das eigenthümliche Verhältniss ein, dass in Kaiserschnittfällen die Früchte verhältnissmässig schneller zu Grunde gehen. Die Erklärung dafür ist nicht leicht zu geben, doch scheint mir der plausibelste Grund der zu sein, dass, nach dem Gesetze der proportionalen Contraktionskraft des Uterus zum sich ihm bietenden Widerstande, nach Abfluss der Wasser die Wehen rasch zu einer relativ bedeutenden Höhe sich steigern und das Kind also schnell zu leiden beginnt, während in den meisten gewöhnlichen Fällen von vorzeitigem Wasserabfluss ein mehr oder weniger hoher Grad von Atonia uteri die Wehen langsam sich verstärken lässt, diese selten zu bedeutender Kraft sich steigern, und so das Kind oft Tage lang ohne Gefährdung im sozusagen wasserleeren Eihautsacke zurück bleiben kann. Uebrigens mag in vielen Fällen, z. B. bei osteomalecischen Frauen, die Frucht sich auch nicht voller Resistenzkraft gegen schädliche Einflüsse erfreuen, wofür das verhältnissmässig öftere Absterben derselben bei noch stehenden Wassern und das so frequente Vorkommen scheintodt extrahirter Kinder zu sprechen scheint, obschon Gründe dafür aus den Geburtsvorgängen nicht zu ersehen sind. — Nach abgeflossenem Liq. amnii zögere man also nicht lange mehr mit der Operation.

In einem möglichst geräumigen, reinen, gut ventilirten, nicht zu warmen Lokale wird die Leidende nach Entleerung des Mastdarmes und der Blase auf dem Operationslager in vollständige Anästhesie versetzt. Hierauf spannen zwei Gehülfen die Bauchwandungen mässig über den gleichzeitig zu fixirenden und nicht zu sehr aus seiner angenommenen Lage zu verrückenden Uterus, nachdem alle Darmschlingen vorsichtig zur Seite gedrängt worden waren, und nun führt der Operateur die Incision mit einem Schnitte durch das Corium. Dieser Schnitt muss eine Länge von 6 bis 7 Zoll haben, oben unter, oder — wo die Raumverhältnisse es erfordern — wo möglich links neben dem Nabel beginnen, und 1 bis $1\frac{1}{2}$ Zoll über der Symphyse enden. Es ist keine Pedanterie, wenn man vorher die Incisionsstelle genau in Rücksicht auf Ort und Länge sich vorzeichnet, denn das Augenmaass trügt leicht, und sehr unangenehm ist es, wenn man nachträglich in Erfahrung bringt, dass man z. B. den Schnitt zu klein oder zu gross gemacht hat. Nach vorsichtiger Trennung der unterliegenden Fett- und Muskelschichte bis auf das Bauchfell stellt sich dieses in der circa einen Zoll lang und in der Mitte des Hautschnittes gemachten Oeffnung wie eine kleine Blase oder ähnlich einer sich durch die Oeffnung vordrängenden Darmschlinge dar und man kann sich bisweilen fast nur dadurch vergewissern, dass man es mit dem Parietalblatt des Peritonæums zu thun hat, dass man seine Adhärenz mit der Bauchwandung constatirt. Es ist diess ein kritischer Augenblick, wo die grösste Vorsicht nöthig. Dieses blasen- oder darmähnliche Vordrängen macht sich vorzüglich durch einen bei Kaiserschnitten selten fehlenden, leicht gelblichen, serösen Erguss in der Bauchhöhle, welche Flüssigkeit das Peritonæum in die Oeffnung vordrängt. Ist man über die Art dieses Gebildes nicht sicher, so wähle man lieber eine geeigneter scheinende Stelle des Schnittes zur Bloslegung und Trennung des Bauchfelles. Nachdem dieses durch Aufheben mit der Pincette und Incision der Falte geschehen, so wird man wohl sicherer die Verletzung nahe liegender Gebilde, namentlich des Netzes und der Blase, verhüten, wenn man die Wunde auf dem eingeführten und das geknöpfte Bistouri leitenden Finger als auf der Hohlsonde nach oben und unten erweitert. Zur sicherern Verhütung des Vorfalles der Eingeweide lasse man die Wunde nicht mehr klaffen, als durchaus nöthig ist, um sicher auf dem Uterus selbst operiren zu können, dessen eigenthümliche Färbung, Consistenz und Grösse ihn mit keinem andern Gebilde leicht verwechseln lässt. — Von nun an muss, bis wenigstens zur Extraktion der Frucht, rasch vorgeschritten werden. Mit leichten Zügen trennt man die Uteruswand bis auf die Eihäute, erweitert die Wunde dann nach oben und unten auf dem Finger oder auf der Hohlsonde, schiebt, falls man die Placenta treffen sollte, diese bei Seite, indem man sie nöthigen Falls theilweise lostrennt, öffnet nun die in eine Falte gehobenen Eihäute und extrahirt darauf sofort vorsichtig und nicht zu rasch das Kind so oder anders, je nach der Art, wie es sich in der Wunde präsentirt. — Bei centralem Vorliegen der Placenta in der Wunde, kann dieselbe auch wohl vollständig losgelöst und vor dem Kinde extrahirt werden. — Das Eröffnen der Eihäute durch die Vagina ist eine die Operation in einem wichtigen Augenblicke, wo rasches Vorgehen nöthig ist, wesentlich verlängernde und erschwerende Scrupulosität. — Warum man als Regel aufstellt, das Kind bei den Füssen zu fassen und an diesen zu extrahiren, ist mir nicht einleuchtend, wenn man eben so leicht den Kindskopf zuerst entwickeln kann. Muss doch in beiden Fällen die ganze Hand eingeführt werden, und um den Kindskopf neben derselben hervorzuheben, bedarf es nicht so erheblicher Raumverhältnisse, wogegen man die Garantie hat, dass keine das Kindesleben gefährdende Striktur denselben zurückhält, indem sich die Wundränder um den Hals schnüren. Uebrigens drängen die Uterincontractionen den theilweise aus der Wunde gehobenen Kopf beinahe ohne weiteres Zuthun der Kunst aus dem Uterus. Und ferner kommt hier das wichtige Moment in Berücksichtigung, dass das Kind nicht plötzlich oder rasch aus der Gebärmutter entfernt werden darf, sondern vorsichtig und allmälig, im Verhältniss, wie sie sich über der Frucht contrahirt. Ist es nun unter solchen Verhältnissen nicht günstiger für die Frucht, wenn man durch vorausgehende Entwickelung des Kopfes die wahrscheinlich schnell eintretende Respirationsthätigkeit ermöglicht? Die nicht zu schnelle, nicht übereilte Entleerung der Gebärmutter ist ein wichtiges Moment zur Verhütung ihrer Atonie mit ihren fatalen Folgen. daher weder die Frucht rasch ausgezogen, noch die Placenta sofort entfernt werden darf; doch ist auch Säumniss gefährlich. Die Blutung und das Verhalten der Contraktionsthätigkeit des Gebärorganes dienen hier zur Richtschnur.

Nach der Extraktion des Kindes vergesse man über der Besorgung desselben nicht die Mutter, sondern beeile sich lieber zu sehr als zu wenig mit dem Abnabeln, damit man seine ganze Aufmerksamkeit der Operirten zuwenden kann. Die zu frühe Trennung des Kindes ist wohl nicht Schuld, wenn es unter passender Behandlung sich nicht erholen will. Sobald die Contraktionen der Gebärmutter sich befriedigend machen, so hole man vorsichtig die Nachgeburt, und suche nöthigen Falls durch schonend angebrachte mechanische Reizmittel die Reduktion des Uterus möglichst schnell in möglichst hohem Grade herbei zu führen.

Wigand's Rath, die Placenta per vaginam zu entfernen, hat keinen rationellen Werth und ist unpraktisch; sowie auch der Rath, den mit seiner Mitte vorliegende Mutterkuchen zu durchbohren, aus triftigen Gründen keinen Anklang gefunden hat. — Dagegen mag das Verfahren unter Umständen zweckmässig sein, die Wundränder des Uterus mit jenen der Bauchwandungen festzuhalten, um namentlich das Vorfallen der Gedärme zu verhüten, und wohl auch die Blutung zu mässigen, bis die Gebärmutter entleert ist. Bei starken Blutungen kann es nöthig werden, selbst Uterusgefässe zu unterbinden, wozu v. Siebold eine Methode angegeben haben soll, obschon Kilian dieses Verfahren verwirft. Indessen lehrt doch z. B. oben erzählter Fall von Dr. Ihlttbrunner, dass diese Unterbindung allerdings nöthig werden kann.

In Beziehung auf die Frage, ob die Uteruswunde zweckmässiger mehr in der Richtung gegen den Fundus erweitert werden solle, oder aber gegen das untere Segment hin, darüber wird der einzelne Fall wohl bald den Entscheid

geben. Letzteres hat nur den Vortheil der weniger gefahrdrohenden Blutung, dagegen den Nachtheil, klaffenderer Wundränder, während die obern stärkern Parthien des Uterus den allerdings bedeutenderen Bluterguss durch kräftigere Contraktionen schneller beseitigen, hiedurch auch die Wunde mehr verkleinern, und
die Wundränder an ihren äussern Kanten vollständiger aneinander legen. Die
Wunde wird übrigens stets mehr den untern Abschnitt des Organs treffen, und
daher kein so erheblicher Unterschied sein, ob man etwas mehr oder weniger
nach oben oder nach unten dilatirt; immerhin ist die Gefahr, den Placentarsitz
zu treffen, oder den Vorfall der Eingeweide zu erleichtern, bei stärkerem Vordringen nach oben ein wohl zu berücksichtigendes Moment. Wogegen aber
in den Fällen, wo das untere Uterinsegment bereits bedeutend gelitten hat, die
Heilungsverhältnisse des hier stattfindenden Schnittes ungünstig werden.

Da nun die möglichste Vereinigung der Uteruswunde ein wesentlicher Umstand ist, das Klaffen derselben, wenigstens an ihrer äussern Kante, zu verhüten,
welches Klaffen so häufig gefunden wird, sei es als Folge der überwiegenden
Thätigkeit der Circularfasern, was bei der Verfilzung aller Muskelbündelchen
nicht sehr wahrscheinlich, oder in Folge eines mehr mechanischen Momentes,
indem der schlaff gewordene Uterus auf den Lendenwirbeln aufliegt und sich
nach vorn in der Wunde öffnet (DAMBRE), oder aber auf dem engen Beckeneingang sich gleichsam staut (STEIN D. J.), genug zur Verhütung dieses Klaffens
wurde von LAUVERYAT angegeben, und von DIDOT und GODEFROY befürwortet,
die Wunde durch eine Naht zu vereinigen, deren Fadenenden durch die
Vagina nach Aussen geführt werden; ein Rath, von dem PAGENSTECHER meint,
er dürfte wenigstens versucht werden. Einen andern Rath gab PILLORE 1854,
dahin gehend, den Uterus an die Bauchwandung anzuheften; und neuerlichst
empfahl VAN AUDEL, das Visceralblatt mit einer kleinen Muskelschicht des Uterus
daumensbreit abzupräpariren und mittelst GÉLY's Darmnaht zu vereinigen, das
Parietalblatt aber durch die Kürschnernaht und schliesslich die Hautwunde durch
die unterbrochene Naht. Wenn KILIAN den erstern Rath einen abenteuerlichen
Vorschlag nennt, so dürfte wohl letzteren Räthen kein viel besseres Schicksal zu
Theil werden, denn bedenkt man die Schwierigkeit der Ausführung, das Eigenthümliche der Wundverhältnisse, den physiologischen Reduktionsprozess des Uterus
in puerperio, mit welchem ein sozusagen neues Organ gebildet werden soll, ferner
die sich mit der ersten Contraktion desselben bis zu seiner vollständigen Rück-

bildung stets modificirenden Lageverhältnisse der betreffenden Gebilde, so wird man sich durch die Genialität der Ideen kaum zu deren Nachahmung versucht fühlen, welche auch — meines Wissens — noch nie vorkam. Interessant wäre es jedenfalls genauere Untersuchung anzustellen, über die Art des Heilungsprozesses der Wunde im Uteringewebe selbst, denn nur in Beziehung auf den Bauchfellüberzug der Gebärmutter ist nachgewiesen, dass vorzüglich dieser durch Verdickung und mehr oder weniger feste, meist nicht sehr umfangreiche Adhærenz mit dem Parietalblatte der Bauchwandung der Narbe ihre Festigkeit gebe, die jedoch nicht absolut, indem in einer folgenden Schwangerschaft Zerreissung und selbst Austritt der Frucht in die Bauchhöhle beobachtet worden sein soll.

Der Rath, nach Entleerung der Uterushöhle diese selbst, sowie die Peritonæalhöhle, mittelst Schwämmen, oder gar mit der hohlen Hand von dem vergossenen Blute und der Amniosflüssigkeit zu reinigen, ist sicher ein gut gemeinter, und Reinigung der Wunde immerhin nothwendig, aber auf letztere wird sich diese ganze Operation meist beschränken müssen, denn wie soll man jenes Ausschöpfen ordentlich vornehmen können, falls wirklich bedeutendere Ergüsse durch ungenügendes festhalten der Assistenten erfolgt zu sein schienen, ohne durch starke Eröffnung der Wundspalte den Vorfall von Darmschlingen und namentlich auch des Netzes zu begünstigen? Und ebenfalls scheint mir der Rath, vor Anlegung des Verbandes eine Pause, ein Moment der Ruhe und Erholung eintreten zu lassen, mehr im Interesse des Operateurs gegeben zu sein, der nun gewissermassen etwas aufathmen kann, als im Interesse der im Chloroformschlafe verharrenden Patientin, für welche es wichtig ist, dass sie sich so bald möglich erholen kann; auch werden die Wundverhältnisse durch diese Verzögerung kaum günstiger, abgesehen davon, dass sich die haltenden Assistenten gewiss nach Vollendung des Verbandes sehnen. Vor Vorfällen ist man übrigens bis nach Anlegung der Hefte nie sicher.

Bevor man zur Schliessung der Wunde schreitet, suche man alle Gebilde möglichst in ihre normale Lage zu bringen, aber wie soll das mit Sicherheit geschehen? Das Einzige, was man hier mit Bestimmtheit leisten kann, ist, dass kein Gebilde in die Nath mitgefasst wird, wobei namentlich das Netz öfter Schwierigkeit zu bieten pflegte, welches Pagenstecher ein Mal mit Glück unterbunden hat. — Der Rath von Michaelis: den Uterus zu exstirpiren, sowie derjenige von BLUNDEL, von KILIAN befürwortet: vermittelst Durchschneidung der Tuben ihre Obliteration zu bewirken, und endlich der Rath FRORIEP's: die Tubenmündungen durch Cauterisation zu schliessen, um fernere Schwangerschaften zu verhüten, wollen wir stillschweigend übergehen, da jedenfalls erst dann ein competentes Wort hierüber gesprochen werden kann, wenn die Lehre vom Kaiserschnitt ihrem Abschlusse nahe ist, und hier zunächst nur darüber zu disculiren wäre, in wiefern der Arzt zu solchem Einschreiten berechtigt sei, oder ob er darüber auch die Frau selbst oder ihren Ehemann nach ihren daherigen Ansichten vulgo Wünschen befragen solle.

Man beginnt also zur sicherern Verhütung der Darm- oder Netzvorfälle im obern Winkel der Bauchwunde mit der Naht, sei es die Knopf- oder eine andere Naht, je nach dem Ermessen des Operateurs, da kaum die eine oder die andere der vorgeschlagenen einen wesentlichen Vorzug beanspruchen darf. Wichtiger sind die Fragen, ob man das Bauchfell mitfassen und ob man den untern Wundwinkel zum Ausfliessen der Wundsekrete offen erhalten soll. Weder über die eine noch über die andere dieser Fragen hat die Erfahrung noch ein entscheidendes Urtheil gefällt. Man sah schnelle und leichte Heilungen mit und ohne Einziehen des Bauchfells in die Hefte, mit und ohne Offenhalten des untern Wundwinkels, wobei die Ursache des günstigen oder ungünstigen Erfolges rücksichtlich der genannten Verhältnisse unentschieden blieb. A priori ist man wohl geneigt, das Nichtfassen des Bauchfells und das Offenhalten des untern Wundwinkels zu befürworten, die meisten Autoren sprechen sich auch dafür aus, und der Fall der Herren Doktoren TIÈCHE und KAISER z. B. scheint für letzteres Moment einen berücksichtigungswerthen Beleg zu liefern (vid. pag. 45). In CHAILLY's Handbuch der Geburtshülfe soll empfohlen sein: „à faire passer par la plaie utero-abdominale une longue bandelette que l'on attire à l'extérieur par les organes génitaux, pour la nouer au devant du pubis", worüber PÉRIN bemerkt, dass ein solches Haarseil unter dem Vorgeben, den Secretionsflüssigkeiten leichtern Ausfluss nach oben und unten zu verschaffen, nicht anderes als eine weite Pforte zu einer schnellen und sichern Infection „de toute l'économie" darstelle, „et portant à la mort." In die offen gelassene Wundstelle legt man eine beölte Charpiewicke, unterstützt die Naht durch zwischen den Heften sich kreuzenden, um den ganzen Leib gehenden Heftpflasterstreifen, oder durch Collodialstreifen, auf die Naht wird eine leichte Compresse oder Charpiestreifen gelegt, und das Ganze mittelst einer Leibbinde gehalten, welche lieber zu breit als zu schmal sein darf. Es ist aber kaum zweckmässig, die Verbandstücke fest anzuziehen und den nun sehr schlaffen Leib zu pressen, oder gar zu schnüren; dieselben sollen einfach zur Unterstützung der Nath dienen. — ALLUIN erzählt zwar einen Fall von glücklichem Erfolge des Kaiserschnittes, wo er die Bauchwunde nicht geheftet hatte, weil er den Heften vorwirft, dass sie durch Reizung und Hinderung des Ausflusses der Sekretionen mit zu den häufigen unglücklichen Ausgängen beitragen. Er legte nur Longuetten zu beiden Seiten des Schnittes, über diese und die Wunde einen Ceratlappen, dann Charpie und hielt das Ganze durch eine Leibbinde. In 22 Tagen war die Wunde vernarbt. — Auch BERNIER erzählt im Monit. d. Hôpit. 1856 eine ähnliche Beobachtung. — Allein dieses Verfahren hat sich aus leicht erklärlichen Gründen keine Anhänger erworben, obschon auch BOURGEOIS in T. es befürwortet, und ALLUIN selbst giebt zu, dass bei Husten, Erbrechen und unruhigem Verhalten die Nath nothwendig sei. — Und der fast nie fehlende Meterismus?

Die Nachbehandlung bildet, wie C. VON SIEBOLD richtig sagt und allgemein anerkannt ist, die schwierigste Aufgabe für den Geburtshelfer, „ sie bildet den wichtigsten Theil der ganzen Operation, deren eigentliche Ausführung am Ende doch nur von einem ausgebildeten technischen Geschicke abhängt, während die Nachbehandlung die vollste ärztliche Ueberlegung und Einsicht in Anspruch nimmt." Diese Nachbehandlung ist ein gordischer Knoten, der noch nicht gelöst ist, obschon sowohl auf praktischem als auf theoretischem Wege seine Entwirrung mannigfach von tüchtigen Aerzten versucht wurde. Ueberblickt man die daherige Literatur und namentlich die Behandlungsmethoden der glücklichen Operationen, so wird wenigstens der Skeptiker mit wehmüthigem Achselzucken sich unbefriedigt abwenden und vielleicht das bekannte Lied in den Bart brummen: Wer nur den lieben Gott lässt walten . . . .

Allein selbst der ärgste Zweifler kann unter obwaltenden Umständen die Hand nicht müssig in den Schooss legen, und auch der liebe Gott würde wenig Wohlgefallen daran finden, daher sich Jeder alles Ernstes nach dem richtigen Wege umsehen wird, den er ferner einzuschlagen hat, mag er wenig oder viel Vertrauen in die Nützlichkeit seiner Behandlungsart setzen. — Die ersten 2 bis 3 Tage sind die wichtigsten, entscheidensten und schwierigsten in therapeutischer Beziehung; hat man Patientin über diese weg und bis in die zweite Woche gebracht, so wird die Prognose günstiger, die Krankheitsverhältnisse vereinfachen

29

sich und die Behandlung erhält eine sicherere Richtschnur. Was dieselbe in den ersten Tagen so schwierig macht, ist die Complication der Verhältnisse. Ein in seinem Nervenleben sehr ergriffenes Individuum, eines Theils erschöpft, andern Theils ausserordentlich sensibel und erregbar, droht durch die wohl rein sympathischen, durch die Uterusverletzung erregten Erscheinungen von mehr oder weniger heftigem und häufigem Aufstossen, Eckel und oft fast unstillbarem Erbrechen von Stunde zu Stunde mehr erschöpft zu werden; die Verletzung disponirt zu Blutungen, welche plötzliche Todesgefahr bringen können, wie z. B. Lebleu's Beobachtung beweist und die Vulnerabilität der verwundeten Theile, vor Allem des Peritonæums, weit weniger des Uterus, lassen eine heftige reaktive Entzündung mit grösster Wahrscheinlichkeit voraussehen. — Die sympathischen Eructationen folgen nicht immer sofort auf die Operation, sondern können erst nach Stunden erscheinen, auffallender Weise nicht selten in Begleit meteoristischer Auftreibung. Diese Letztere, welche meist nach wenigen, circa 6, wohl auch erst nach 12 und mehr Stunden zu beginnen pflegt, steht offenbar nicht im Zusammenhang, wenigstens nicht in ausschliesslichem, mit der eintretenden Peritonitis, denn sie stehen nach Vergleich ihrer Symptome in keinem Verhältniss zu einander, was auch die Sectionsbefunde lehren. Ist dieselbe vielleicht Folge der veränderten Innervation des Abdominalnervensystems, einer Lähmung der Darmperistaltik, oder perversen Thätigkeit derselben, mit den antiperistaltischen Bewegungen in Zusammenhang stehend? Bei heftigem Meteorismus mag übrigens auch der mechanische Druck das Seinige zur Hervorbringung des Brechens alles Genossenen beitragen. Auch die oft ohne erheblichen Meteorismus auftretende Unruh, Aengstlichkeit, selbst Athemnoth, werden kaum anders als durch die veränderte Innervation zu erklären sein. Zwar darf man wohl nicht läugnen, dass der Peritonitis ihren Antheil an dem Meteorismus auch zugesprochen werden muss, welche in ihren ersten Symptomen, nämlich stechenden Schmerzen und Gefühl von Hitze, schon $\frac{1}{2}$ oder 1 bis 2 Stunden nach der Geburt sich einstellt, was aber dennoch die obige Behauptung des Missverhältnisses zwischen den Graden der Affektionen und ihren Erscheinungen nicht umstösst. Die Peritonitis nimmt übrigens in der Mehrzahl der Fälle einen mehr chronischen als rapiden Verlauf, und die Ausschwitzungen machen sich nicht mit der Schnelligkeit und in der Menge wie bei den meisten perniciösen Puererperalperitonitiden.

Diesen Angriffen, möchte ich sagen, der sympathischen und reaktiven Krankheitserscheinungen auf den in seiner Resistenzkraft sehr depotenzirten Gesammtorganismus erliegen die Operirten meist in den ersten Tagen. Sind diese aber überstanden, so vereinfachen sich die Verhältnisse meist in der Weise, dass jene Erscheinungen allgemeinen Ergriffenseins des Nervensystems mehr oder weniger zurücktreten und die einfacheren Wundverhältnisse, complicirt mit den Erscheinungen der Peritonitis und Metritis verschieden Grades in den Vordergrund rücken, welche zwar keineswegs ganz einfache Verhältnisse darbieten und eine sichere Therapie kaum einschlagen lassen, indessen doch auf einfacheren Grundlagen eine bestimmtere Behandlungsmethode gestatten. — Dass aber die Lebensgefahr nicht nur durch die hier eigenthümlich modificirten Puerperalprocesse, sondern auch durch die noch möglicher Weise unerwartet eintretenden Ereignisse gegeben ist, zu welchen selbst bis zur vollständigen Reconvaleszenz noch Disposition in aussergewöhnlichem Grade vorhanden ist, beweisen zahlreiche Erfahrungen; und eigenthümlich, in dem daherigen Berichte nicht erklärt, ist in letzterer Beziehung die Beobachtung von GREENHALGH (Canstatt's Jahresbericht 1858), wo die Mutter erst nach 14 Tagen in Folge von Zerreissung des Colon transvers. und Erguss der Faeces ins Peritonæalcavum plötzlich starb.

Die nächste Aufgabe, welche nach vollbrachter Operation dem behandelnden Arzte obliegt, besteht in der Ueberwachung, Verhütung oder Unterdrückung jener ersten Folgeerscheinungen, gegen welche fast einstimmig eine sedative Behandlungsweise empfohlen wird. Die Mittel, welche hier eines besonderen Kredites sich erfreuen, sind vor Allem das Opium, als Tinktur in reichlichen Gaben besonders von KILIAN empfohlen, welcher diesem Präparate neben der beruhigenden, auch eine gewissermaassen stärkende Wirkung zuschreibt, wenigstens keinen Collapsus davon fürchtet; ob mit Recht, lasse ich dahin gestellt, obschon ich zum Zweifeln geneigt bin. Neben dem Opium in Substanz oder als Tinktur steht sein Alkaloid, das Morphium, in grossem Rufe für vorliegende Fälle. Ausser diesen wurde ferner empfohlen die Aq. Laurocerasi, das Extr. Hyosciami, die Belladonna. Opium und Morphium verdienen wohl ohne Zweifel den Vorzug, namentlich ersteres, welches neben der allgemeinen sedativen Wirkung und der Beschwichtigung der reaktiven oder sympathischen Magenerscheinungen, wohl auch seinen Werth bei Peritonitis und Mentritis beanspruchen darf, obschon nicht in dem bedeutenden Maasse, wie einige Autoren und Aerzte ihm vindiciren wollen. Sein unbedingter und rücksichtsloser Gebrauch, wie er oft genug vorkommt, kann indessen auch in unserm Falle kaum statthaft sein, denn einerseits wird bei dem schon vorhandenen Schwächezustand der unvorsichtige Gebrauch narkotischer Substanzen den Collapsus befördern, einer der gefahrdrohendsten Zufälle, anderer Seits wirkt das Opium auf die Contraktionsthätigkeit des Uterus mehr zurückhaltend, was nicht nur die Gefahr einer Nachblutung vermehren, sondern auch auf den Rückbildungsprocess dieses Organes und auf dessen Wundverhältnisse einen ungünstigen Einfluss üben kann. Lieber schmerzhafte Nachwehen als gar keine oder nur ungenügende. In der Absicht jene collabirende Wirkung des Opiums zu verhüten empfiehlt SCANZONI die Verbindung von gr. $^1/_6$ Morphium mit gr. ii Chinin. sulph., sogleich nach Uebersiedelung der Operirten ins Wochenbett zu verabfolgen und nach Umständen zu wiederholen und behauptet, nach seiner Erfahrung, durch dieses Mittel „Beruhigung des Gemüthes, Mässigung des Schmerzes und Hebung der Kräfte der Kranken" „in der Regel" beobachtet zu haben. Es steht mir nicht zu, diese Behauptung bestreiten oder kritisiren zu wollen, da ich diese Medication nach Kaiserschnitt nicht in Anwendung brachte, aber in analogen Fällen sympathischen Erbrechens wollte mir das Chinin — freilich ohne Opium — nicht die gewünschten Dienste leisten, im Gegentheil verschlimmerte sich eher der Complex der Erscheinungen und ich gewann mehr Vertrauen auf eine vorsichtig angewandte einfach sedative Behandlung.

Eine andere wichtige Behandlungsmethode ist diejenige mittelst der Kälte, namentlich des Eises äusserlich und innerlich, da die kalten Fomente einestheils in ihrer Wirkung dem Eis weit zurückstehen, unbequem in ihrer Anwendung sind, und mit gröster Sorgfalt beaufsichtigt werden müssen, auch durch ihr Nässen der Bettstücke höchst unangenehm, ja selbst nachtheilig werden können. Dieselbe Einwendung wird auch der Irrigation „à jet continu" nach BERNARD und NÉLATON gemacht werden können, welche auch DAMBRE empfiehlt, deren Wirkung übrigens, nach Analogie der Wirkung permanenter Wasserbäder bei Wunden zu schliessen, vielleicht eine vortheilhafte sein könnte. Das Eis hat, namentlich örtlich angewendet, einen mehrfachen Nutzen, es wirkt einigermassen tonisirend auf die erschlafften Fasern, befördert die Contraktilität des Uterus, verhütet dadurch die Nachblutung und lindert die Schmerzen, dämpft namentlich das Gefühl von Hitze und Brand in den Unterleibsorganen, oder in der Wunde. Patienten, denen das Eis aus irgend einem Grunde weggenommen wird, wenn sie es auch nur kurze, oder schon längere Zeit gebraucht hatten, verlangen oft sehnlichst wieder nach demselben, wie z. B. in den beiden von mir ausgeführten Kaiserschnittfällen, und wie ich bei Puerperalperitonitis schon oft beocachtet habe. Es übt dasselbe offenbar einen auffallenden, beruhigenden, sedativen Einfluss, der denn auch deutlich beim innerlichen Gebrauch als Pillen gegen das sympathische Erbrechen sich kund giebt, wo es meist mit Vorliebe genossen wird. Charakteristisch ist in dieser Beziehung auch die nicht seltene Beobachtung, dass in dergleichen Fällen dieselben Substanzen, wie z. B. Thee und Brühe, kalt vertragen werden, während sie Patient auch nur lau genossen sofort wieder ausbricht. Diese örtlich sedative Wirkung breitet sich aber unstreitig auch auf den Gesammtorganismus aus, was sowohl durch das subjektive Allgemeingefühl des Kranken, als durch die Temperatur und namentlich durch den Puls, diesem wichtigen Barometer des Zustandes des Nerven- und Gefässsystems, deutlich erkannt wird. Diese deprimirende Allgemeinwirkung aber ist eben wieder ein Moment, das bei der Anwendung des Eises hoch in Anschlag zu bringen ist, und worüber sich die Aerzte streiten, ob es sofort nach der Operation, oder erst mit Eintritt der reaktiven Erscheinungen, sei es Fieber, Hitze oder Erbrechen, in Anwendung gebracht werden soll. Dass es aber ein Hauptmittel ist, darüber ist man einverstanden; meiner Ansicht und Erfahrung nach, steht es über Opium und Morphium, da ihm die eigentlich narcotisirenden Wirkungen abgehen, während es doch zu beruhigen vermag. Der Schlaf der Narcose ist ein Nothbehelf, und nur in sofern von Werth, als von zwei Uebeln das geringere stets vorzuziehen ist.

Die sofortige, d. h. unmittelbar auf die Operation folgende Application des Eises will mir nicht als geeignet erscheinen, ja selbst als irrationell, sowie die sofortige Administration des Opiums oder irgend eines Mittels. Lasse man vor Allem die Operirte zu sich selbst kommen, und beobachte den Einfluss der Operation und den Gang der Erscheinungen, denn so viele glücklich abgelaufene Fälle zeichnen sich dadurch aus, dass die Reaktionserscheinungen meist bei vollkommen expectativem Verfahren höchst unbedeutend blieben, und a priori lässt sich in keinem Falle der Grad und die Zeit ihres Eintrittes feststellen. Eine eingreifende Therapie kann hier also nur schaden und nichts nutzen. Kalte Fomentationen beunruhigen nur den Kranken und bringen keinen entsprechenden Vortheil. Auch bei eintretenden Reaktionserscheinungen ist wohl das Einschreiten mit

Holzschlägel und Waldsäge nicht gut gewählt, sondern eine vorsichtige Wahl der Mittel aus der angeführten Reihe scheint geeigneter; nur mit den Eisaufschlägen und der mässigen Verabfolgung der Eispillen möchte ich nicht zu lange warten. Gegen die Eructationen und das Erbrechen that mir eine Mixtur von Natr. carb. dp. ʒii, Acid. citr. ʒiβ, Syr. diacod. ʒi auf ʒv Wasser mehrmals sehr gute Dienste, bei drohender Erschöpfung Champagnerwein oder auch leichtern Burgunderwein mit Selterswasser. Von besonderer Wichtigkeit ist aber die von Anfang an zweckmässig geleitete Diät, in welcher Rücksicht ich der englischen Methode guter Ernährung und kräftiger, doch nicht für englische Magen berechneter Kost zugethan bin, wozu sowohl die Folgezustände der Operation im Allgemeinen, als die bei den meisten Operirten anzutreffenden constitutionellen Verhältnisse einladen. Kraftbrühen in kleinen abgemessenen Dosen, aber oft gereicht (z. B. halbstündlich oder stündlich 2 bis 3 Löffel voll), und namentlich — worauf sehr zu achten — nie warm, bei eingetretenem Brechreiz ganz kalt, mögen jedenfalls geeigneter sein, als magere Kindbetterinnendiät! Mit Wein, Kaffe (diesen lieber als jenen) und analeptischen Getränken dürfte man wohl vorsichtig umgehen, aber sie nicht verachten. Wasser ist das passendste Getränk, wie bei den Wöchnerinnen im Allgemeinen, aber stets in kleinen Dosen, statt diesem auch leichte Limonade oder dgl. — Sollte trotz des Eises eine Nachblutung sich einstellen, so würde wohl das Secale cornutum das geeignetste Mittel dagegen sein, wie aber WAGNER das Einführen der Hand per vaginam oder von vier Fingern durch die Wunde in die Uterushöhle zur Reizung ihrer Wandungen anempfehlen kann, ist mir unbegreiflich.

Was nun die fernere Besorgung der Wöchnerin anbelangt, so richtet sich dieselbe nach ähnlichen Grundsätzen wie eben besprochen, vornehmlich nach den vorragendsten Symptomen und der Deutung, die man ihnen giebt. Eigenthümlich, ja irrationell erscheint auf den ersten Blick das Verfahren HASSE's (De sectione cæsarea etc. 1856) die passendsten Mittel auf statistischem Wege durch Zusammenstellung von 193 Beobachtungsfällen ausfindig zu machen, und doch giebt uns diese Statistik einen nicht uninteressanten Fingerzeig; sie lautet in Rücksicht auf die besten Erfolge: 1) Clysmata 90 %; 2) Sorge für Milchabsonderung 73 %; 3) Vegetabilische Mittel gegen Obstruction 71 %; 4) Eis innerlich 70 %; 5) Eis äusserlich 65 %; 6) Venæsectionen 63 %; 7) Morphium 60 %; 8) Blutegel 59 %; 9) Calomel 58 %. Auffallend ist bei dieser Zusammenstellung, dass das Morphium nach den Venæsectionen an die Reihe kommt, die Clysmata aber und eröffnende Mittel oben an stehen, und endlich das Calomel, wohl unverdienter Weise zuletzt kommt, da doch z. B. Blutentziehungen, namentlich Venæsectionen von Vielen und mit Recht als sehr gefährliche Mittel angesehen werden. Betrachten wir uns den gewöhnlichen Gang der Verhältnisse etwas genauer, so wird unsere Anschauung von obigem Schema, namentlich in Rücksicht auf den Werth der Blutentziehungen differiren müssen.

Die quälendste Erscheinung neben dem Brechen ist die bedeutende Auftreibung, die wegen des Verbandes an der untern Bauchgegend besonders die obere trifft, und daher die beängstigenden Beschwerden des Brechens und der Athemnoth höher steigert, als bei gleichem Grade von Meteorismus, wenn er sich über den ganzen Unterleib vertheilen kann. Was hier die grösste Erleichterung zu bringen pflegt, sind Stuhlentleerungen, auf welche oft nach grosser Athemnoth und Unterdrückung des Pulses zur Unzählbarkeit, plötzlich Ruhe, Erholung und Hebung des Pulses bis zur Regelmässigkeit und Weichheit eintritt. Offenbar thun hier Clysmata die besten Dienste, da salinische Abführmittel, Ol. Ricini und Calomel meist des Brechens wegen nicht in Anwendung zu bringen sind. Wo die Schmerzhaftigkeit und andere Symptome keinen erheblichen Entzündungsgrad des Bauchfelles voraussetzen lassen, sollen aromatische Fomente oder Einreibungen und innerlich ähnliche auf den Meteorismus wirkende Arzneien nach Umständen selbst Analeptica in Anwendung kommen, von denen ich jedoch wenig oder keinen Erfolg sah, indessen wohl passender sein mögen als Opium (vielleicht hatte ich nicht die richtigen gewählt). Bei vorragenden Entzündungserscheinungen, wobei man sich aber vor Täuschung hüten mag, ist der antiphlogistische Heilapparat in Anwendung zu bringen, aber mit grosser Vorsicht und steter Berücksichtigung des Allgemeinzustandes. Eher noch als bei gewöhnlicher Peritonitis puerperalis kann hier eine unzeitige Aderlässe, oder ein unpassender Blutegelgebrauch, raschen Collapsus und Tod in kürzester Zeit bringen. Trotz HASSE's Statistik muss ich zweifeln, ob überhaupt bei 63 % der Operirten die Indication zur Venæsection als begründet auftritt, ja kaum in 59 % die Anzeige zu Blutegeln, sei es in frühern oder spätern Stadien des Wochenverlaufes.

Dagegen sind Mercurialien vortreffliche Mittel, namentlich das Calomel in mittleren Dosen, mit Opium, oder — wo der Magen es erlaubt — mit einem kleinen Zusatz von Sulph. aural; mag auch WAGNER dagegen eifern, indem er behauptet,

Mercurialien verschlimmern den dyscrasischen Zustand, wo er vorhanden, oder erzeugen einen solchen, und bringen schnelle Erschöpfung; ist ja doch der Beginn des Speichelflusses bei Puerperalperitonitis oder selbst beim Puerperalfieber ein gern gesehenes Symptom sich ziemlich zuverlässig einstellender Besserung des lebensgefährlichen und zwar durch Blutzersetzungen lebensgefährlichen Krankheitsprocesses.

Von Wichtigkeit ist offenbar die Sorge für regelmässige, lieber zu öftere als zu seltene Stuhlentleerungen, wogegen jedoch colliquative Diarrhœ raschen Collapsus bringt. Man könnte fragen, ob es zur Schliessung der Uteruswunde namentlich, aber auch zu Verklebung derjenigen der Bauchwandung nicht zweckmässiger wäre, jede Peristaltik zu unterdrücken und vollständige Ruhe ihnen zu gönnen. Allerdings wäre dieses Verhalten zweckmässiger, wenn möglich; aber der heftige Meteorismus treibt die Hautwunde selbst bis zum Einreissen der Nähte auseinander und die Peritonitis und Metritis höherer Grade sind dem Leben des Individuums gefährlicher, als eine mässige, wenig erhebliche peristaltische Darmbewegung, welche die Situation der Peritonœalflächen zu einander wenig und nur momentan verschiebt, den Uterus aber kaum zu bewegen vermag; obschon auch in dieser Rücksicht eine zu heftige Peristaltik misslich werden kann.

Eine besondere Sorgfalt muss der Wunde gewidmet und in dieser Rücksicht nicht nur das Wundsekret, sondern auch der Lochialfluss genau beobachtet werden. Die Behandlung geschieht nach den allgemeinen Regeln jeder Wundbehandlung und hier namentlich ist die grösste Reinlichkeit von besonderer Bedeutung, da die Wundsekrete, sowie der Lochialfluss meist bald eine ziemlich üble Beschaffenheit, ja einen höchst penetrirend stinkenden Geruch annehmen. Von Wichtigkeit scheint auch die Erleichterung oder Förderung der Entleerung jener in die Bauchhöhle ergossenen, anfänglich mehr blutig serösen, später mehr purulenten, bräunlichen bis chocoladefarbigen Flüssigkeit, und daher das zeitweise wechseln des eingelegten Sindons. Fleissiges reinigen der Genitalien ist wohl das einzige hier thunliche Verfahren zur Beseitigung der Excretionen aus der Vagina; Injectionen, so wünschenswerth sie auch sein mögen, sind misslich, da mit der grössten Sorgfalt ihr Eindringen in die Uterushöhle und Erguss durch die Uteruswunde kaum zu vermeiden sein wird. Sollten sich durch Einlagerung von Darmstücken in die Uterus- oder Abdominalwunde Einklemmungserscheinungen einstellen, so muss die Naht, soweit nöthig, gelöst und der Darm reponirt werden.

Allgemein gilt die Regel, die Hefte nicht frühe zu entfernen und nach ihrer Ablösung den Leib selbst bis längere Zeit nach der Vernarbung, ja sogar stetsfort, durch eine passende Bandage zu unterstützen, zur Verhütung des Wiederaufbruches der Wunde, der Entstehung von Hernien u. dgl., indem z. B, Goodman von einer Beobachtung erzählt, wo noch im Vernarbungsprocess der Bauchwunde eine Darmschlinge sich vordrängte und ein künstlicher After gebildet wurde, der sich jedoch bis zur folgenden Schwangerschaft ziemlich vollständig geschlossen hatte. Fistelöffnungen kommen übrigens nicht selten vor, so z. B. beobachtete Stolz, wie in Folge der Verschliessung des Muttermundes durch starke Anlagerung an die Beckenwand, ein Mal die erste Menstruation durch die erst später sich verschliessende Fistel stattfand.

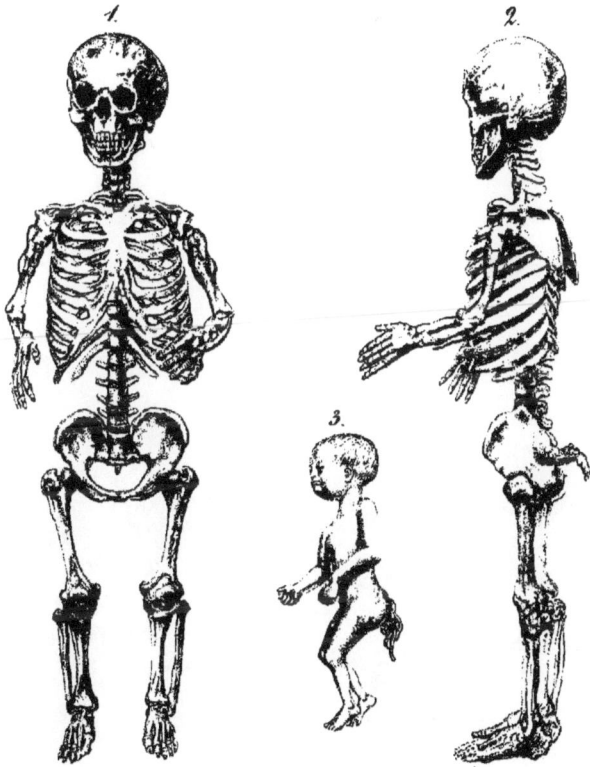

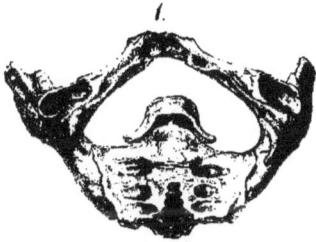

1.

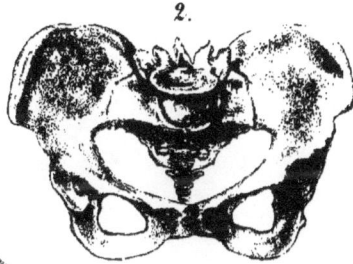

2.

5.

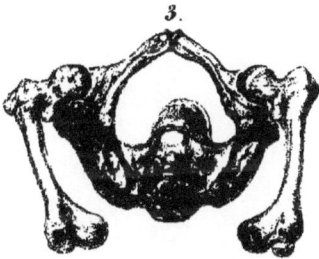

3.

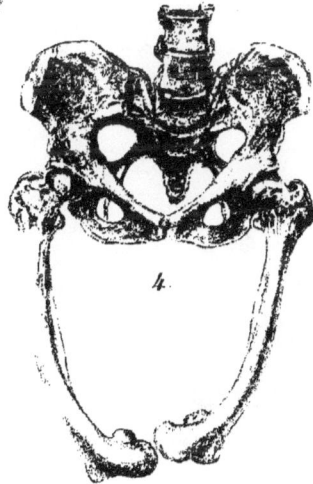

4.

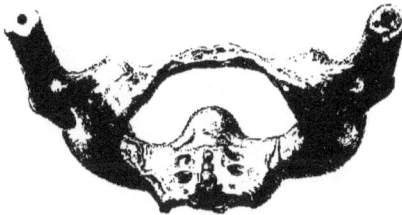

Fig. 1.

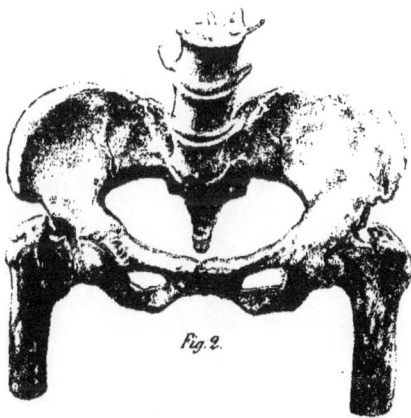

Fig. 2.

www.ingramcontent.com/pod-product-compliance
Lightning Source LLC
Chambersburg PA
CBHW021526210326
41599CB00012B/1400